高职高专土建专业“互联网+”创新规划教材

第三版

建筑工程质量事故分析

主　编◎郑文新　杨瑞华
副主编◎颜　军　贾胜辉
参　编◎侯经纬　王立伟

北京大学出版社
PEKING UNIVERSITY PRESS

内 容 简 介

建筑工程，百年大计，质量第一。从事建筑业的工程技术人员和管理人员都迫切需要了解影响建筑工程质量的各种缺陷，以及可能出现的各种事故。

本书对建筑工程中经常出现的缺陷和事故进行介绍和分析，并概述其处理措施。本书共 10 个项目，其中项目 1 为总论；项目 2 概述了建筑工程检测的基本方法；项目 3 至项目 8 分别较为系统地讨论了土方、地基、基础工程，砌体结构工程，钢筋混凝土工程，特殊工艺及钢结构工程，防水工程，装饰装修工程的质量控制和可能出现的缺陷、事故，每个项目均有较为详细的案例分析；项目 9 概述了结构缺陷的处理方法；项目 10 概述了常见自然灾害引发的建筑事故及其处理。

本书可作为高职高专院校土建类专业的教材，同时也可作为继续教育的培训教材，适合从事建筑工程设计、施工监理、质量检查和管理方面的工程技术人员学习应用。

图书在版编目 (CIP) 数据

建筑工程质量事故分析 / 郑文新，杨瑞华主编．—3 版．—北京：北京大学出版社，2018.8

（高职高专土建专业“互联网 +”创新规划教材）

ISBN 978-7-301-29305-8

Ⅰ．①建…　Ⅱ．①郑…②杨…　Ⅲ．①建筑工程—工程质量事故—事故分析—高等职业教育—教材　Ⅳ．① TU712.4

中国版本图书馆 CIP 数据核字 (2018) 第 036582 号

书　　名	建筑工程质量事故分析（第三版） JIANZHU GONGCHENG ZHILIANG SHIGU FENXI
著作责任者	郑文新　杨瑞华　主编
策划编辑	杨星璐
责任编辑	伍大维
数字编辑	贾新越
标准书号	ISBN 978-7-301-29305-8
出版发行	北京大学出版社
地　　址	北京市海淀区成府路 205 号　100871
网　　址	http://www.pup.cn　新浪微博：@ 北京大学出版社
电子邮箱	编辑部：pup6@pup.cn　总编室：zpup@pup.cn
电　　话	邮购部 62752015　发行部 62750672　编辑部 62750667
印 刷 者	北京虎彩文化传播有限公司
经 销 者	新华书店 787 毫米 ×1092 毫米　16 开本　17 印张　390 千字 2010 年 2 月第 1 版　2013 年 9 月第 2 版 2018 年 8 月第 3 版　2024 年 1 月修订　2024 年 1 月第 4 次印刷（总第 13 次印刷）
定　　价	49.00 元

第三版 前言

建筑工程的质量不仅是施工企业关注的焦点，也是项目参与各方的共同责任，更与人民群众的生活、工作休戚相关。工程质量缺陷会给用户带来使用功能和使用成本等方面的不利影响，而工程质量事故则会给国家和人民的生命财产造成巨大的损失。确保工程质量，及时对质量问题进行分析和处理，已成为全社会的共识。

《建筑工程质量事故分析》(第二版)已发行4年，被许多高职院校和科技人员选用。质量管理具有很强的技术性，做好质量工作的关键就是管理。质量管理工作具体包括哪些事项？如何去做？如果理论过于深奥，可能会“让人学好”，但却不一定“让人好学”。鉴于目前高校课时普遍减少的趋势，假如选用的教材不好学，学生恐怕就很难学好。《建筑工程质量事故分析》(第三版)编写的出发点就是“让人好学”，注意从“学”的角度而不是“教”的角度出发，即在内容的选择、表达方式和难易程度的把握上，从普通一线施工管理人员的角度出发，以期更接近他们平时遇到的具体问题，切合他们的工作实际，这样才能更容易学，更好用。此外，本书在修订时融入了党的二十大报告内容，突出职业素养的培养，全面贯彻党的二十大精神。

解答“做什么”“如何做”是本版的重点内容。本课程一般为选修课，课时少，所以我们以服务者的心态去面对学生，也希望在学生服务于基层时，本书能为他们提供帮助。

本书由宿迁学院郑文新、上海城建职业学院杨瑞华任主编，宿迁学院颜军、贾胜辉任副主编，东南大学侯经纬、山东诸城水务局王立伟参编。具体编写分工为：郑文新编写项目1、项目2，杨瑞华编写项目3，颜军编写项目4、项目7，贾胜辉编写项目5、项目6，侯经纬编写项目8，王立伟编写项目9、项目10。

限于编者水平，加之时间仓促，书中难免有疏漏与不足之处，敬请专家、同人和广大读者批评指正。

编　者

【资源索引】

第二版前言

《建筑工程质量事故分析》（第一版）已发行3年，先后印刷了4次，已成为许多高职院校相关专业的教材和工程技术人员的技术参考书。

近几年来，一系列新规范的实施，以及人们对质量问题认识的提高，对建筑工程的质量提出了更高的要求。尽管在广大建筑工作者的努力下，工程质量治理已取得了一定成效，但是工程质量仍然是新的投诉热点。尤其是近几年多起严重的建筑工程质量事故以及由自然灾害引发的建筑工程事故，再次引起了社会的广泛关注。为杜绝此类事故，确保工程质量，必须对出现的质量问题进行及时的分析与处理，这已成为全社会的共识。

为了适应这一新形势的要求，编者收集、整理了大量最新的工程实例，经过分析、归纳、提炼后，充实到本书中，同时删除了第一版中已经陈旧和不适当的内容，使新版书更加丰富和适用。

在编写本书时，增加了结构耐久性鉴定、抗震鉴定、脚手架施工技术、混凝土结构连续倒塌事故、砌体结构加固技术、混凝土结构加固技术等内容，同时增设了火灾、地震灾害、水灾、风灾、雪灾等自然灾害防治项目。

本书由宿迁学院郑文新担任主编，新疆农业职业技术学院王建、广州华商职业技术学院郭宝利、哈尔滨铁道职业技术学院孙伟担任副主编，宿迁学院侯经纬、巩艳和左工参编。具体编写分工如下：郑文新编写项目1、项目5，侯经纬编写项目2、项目6，巩艳编写项目4、项目7，左工编写项目3、项目9，王建编写项目8，郭宝利和孙伟编写项目10。编写时还参阅了一些施工经验总结和参考资料，特此向提供这些素材的作者致谢。

由于建筑工程范围广，缺陷种类繁多，同时限于编者实践经验不足，理论水平有限，加之时间仓促，书中难免存在缺点和不当之处，敬请专家、同人和广大读者批评指正。

编　者

2013年7月

第一版前言

改革开放以来，我国的建筑业蓬勃发展，已成为国民经济的支柱产业。随着城市化进程的加快、建筑领域科技的进步以及市场竞争的日趋激烈，建筑业急需大批建筑技术人才。人才紧缺已成为制约建筑业全面、协调、可持续发展的严重障碍。

为配合技能型紧缺人才培养培训工程的实施，满足教学需要，我们编写了本书。本书编写体现了教育部、住房和城乡建设部大力推进职业教育改革和发展的办学理念，有利于职业院校从建设行业人才市场的实际需要出发，以素质为基础，以能力为本位，以就业为导向，加快培养建设行业迫切需要的高技能人才。

建设工程的质量与安全不仅是施工企业关注的焦点，也是项目参与各方的共同责任。党和政府历来十分关心和重视工程的质量与安全问题，并制定了一系列方针、政策、法律法规、规范标准与强制性条文，为建设工程的质量与安全管理工作提供了强有力的保障。

建设工程的质量和安全与人民群众的生活、工作休戚相关。工程质量缺陷会给用户带来使用功能和使用成本等方面的不良影响，而工程质量事故和安全事故则会给国家和人民生命财产造成巨大损失。这将不利于国泰民安，不利于安定团结，不利于构建和谐社会。

本书根据教育部、住房和城乡建设部联合制定的“高等职业教育建设行业技能型紧缺人才培训指导方案”中的专业教育标准、培养方案及主干课程教学基本要求，并按照国家现行的相关规范和标准编写而成。

本书由郑文新副教授主编，国务院政府特殊津贴获得者、华侨大学张云波教授主审。宿迁学院郑文新编写项目1、项目3、项目4、项目5、项目6，哈尔滨铁道职业技术学院孙伟编写项目9，厦门至信工程咨询有限公司泉州分公司陈晓聪编写项目2，刘连芬编写项目7，南安市第一建设有限公司陈小成高级工程师编写项目8。

限于编者水平，加之时间仓促，书中难免有缺点和不足之处，敬请专家、同人和广大读者批评指正。

编　者

2009年8月

目录

项目1 质量事故相关知识

教学目标

本项目重点阐述了涉及质量与质量事故的几个重要概念(术语)，从理论上强化了对工程质量事故分析的把握。通过学习本项目，要求能灵活地运用工程质量事故分析的方法。

教学要求

能力目标	知识要点	权重
了解相关知识	(1) 质量与质量事故有关的几个重要概念 (2) 工程质量事故分析的作用、依据	15%
熟练掌握知识点	(1) 对工程质量事故特点的理解 (2) 摸索、总结影响工程质量的主要因素和规律 (3) 分析事故产生的原因	50%
运用知识分析案例	工程质量事故分析的方法	35%

引例

上海在建楼倒塌事故

建筑工程质量事故是一种社会警示。在我国经济快速发展的今天，不断发生的土木工程质量事故已经成为全社会不和谐、不安宁的因素。下面为上海在建大楼倒塌事故的分析。

2009年6月27日凌晨5点30分左右，当大部分上海市民还在睡梦中的时候，家住闵行区莲花南路、罗阳路附近的居民却被“轰”的一声巨响吵醒，伴随而来的还有一些震动。没过多久，他们发现不是发生了地震，而是附近的“莲花河畔景苑”小区中一栋13层的在建住宅楼倒塌了(图1.1)。

图1.1　倒塌事故现场

2009年7月3日，上海市政府召开新闻发布会称，事故主要原因为楼房北侧短期内堆土高达10m，而南侧正在开挖4.6m深的地下车库基坑，两侧压力差导致过大的水平力，超过了桩基的抗侧能力。

事故发生后，有关部门即下发通知对全市在建土方、基坑工程进行“地毯式”检查，同时纳入检查的还有建设工程钢筋混凝土中的钢筋质量问题。住房和城乡建设部也发出通知，要求全国各地区立即开展在建住宅工程质量检查。

上海“在建楼房倒塌”事故给房地产界带来不小的震动。这一事故使购房者更重视房屋施工及质量问题，也提醒开发商、施工方注意：越是楼市热销，就越要把安全施工、保证质量放在突出位置。

长期以来，人们对房地产投资属性的过多渲染，使得普通的购房者都在买房时最先考虑“房子有没有升值空间”这样的问题。然而一栋13层在建楼房的突然倒塌则为买房自住的人提醒了一个常识：安全才是第一位的。投资客买房的黄金准则是“地段、地段、地段”，而自住者的首要要求应该是“质量、质量、质量”。

该楼房倒塌事故再次警醒人们：无论任何时候都要把安全施工、保证质量放在突出位置。

进入21世纪后，我国城市发展进入了一个崭新的阶段，城市的数量、规模和人口数量都有了飞速的发展。新的高楼大厦、展览中心、铁路、公路、桥梁、港口航道及大型水利工程在祖国各地如雨后春笋般地涌现，新结构、新材料、新技术被大力研究、开发和应用。发展之快、数量之巨，令世界各国惊叹不已。作为城市发展的产物之一，高层建筑物不仅在数量上越来越多，而且在高度上也越来越高。据初步统计，我国已建成 20 层以上的高层建筑物 10 000 多栋，200m 以上的高层建筑 50 多栋，有 20 多栋超过 300m。其中已开工建设的“上海中心”位于浦东陆家嘴地区，主体建筑结构高度为 580m，总高度 632m，是目前中国国内建设中的第一高楼。与地面高空发展相对应，城市地下空间建设的深度也越来越大。例如，上海世博会 500kV 大容量全地下变电站地下建筑直径(外径)为 130m，地下结构埋置深度为 34m。随着城市人口数量的增加和规模的扩大，城市建筑正在向空间超高、地下超深的三维空间发展。

伴随着城市建设的高速发展，各种工程质量事故也时有发生。其中，既有自然原因引发的事故(如唐山地震、汶川地震、玉树地震、洪水灾害、台风灾害、大雪灾害等)，又有很多人为原因造成的重大事故(如辽宁盘锦市燃气爆炸事故、石家庄特大爆炸案、广东九江大桥被撞垮塌事故)等；既有结构性破坏事故(如宁波招宝山大桥施工时的主梁断裂工程事故、上海闵行区莲花河畔景苑楼盘在建楼倒塌事故)，又有土木建筑工程的耐久性事故(如建筑物梁、柱的钢筋锈蚀，桥梁冻融破坏，栏杆严重破坏，高速公路严重损坏，机场跑道严重剥蚀事故等)。

我们正处在一个规划爆炸、建设飞速的年代，但也是一个建筑“短命症”流行的时代。因为规划短视、设计缺陷、偷工减料，我国建筑的平均寿命出现“50 年罕见、30 年普遍”的现象，不及国家标准规定最低使用年限的 60%。

我国著名土木工程专家、工程院院士、清华大学教授陈肇元先生在《土建结构工程的安全性与耐久性》一书中指出：短命建筑的后果相当严重，我们会陷入永无休止的大建、大修、大拆与重建的怪圈之中。现在商品房住宅的产权是 70 年，比其平均使用寿命周期要长 40 年，建筑“短命”所造成的“权证在、物业亡”的脱节现象，将引发一连串的社会问题。而相比中国 30 年左右的平均建筑寿命，发达国家如英国的建筑平均寿命达到了 132 年，而美国的建筑平均寿命已超过 74 年。

2008 年 5 月 12 日发生的汶川大地震是中华人民共和国成立以来影响最大的一次地震，震级是自 1950 年 8 月 15 日西藏墨脱地震(8.5 级)和 2001 年昆仑山大地震(8.1 级)后的第三大地震，直接严重受灾地区达 10 万平方千米。这次地震危害极大，共遇难 87 000 多人，受伤 374 643 人。据民政部门统计，截至 2008 年 5 月底，四川、陕西、甘肃等 10 个省(市)共倒塌房屋 696 万余间，直接经济损失达 8 450 多亿元。

2009 年我国相继出现了“楼歪歪”“楼脆脆”等建筑质量问题。例如，2009 年 7 月中旬的一场大雨后，成都市“校园春天”小区原来相距很近的两栋楼房居然微微倾斜，靠在了一起，造成路面、围墙开裂，如图 1.2 所示。

上述灾难和事故的发生，究其根本原因是我国设计标准偏低。我国的房屋结构设计标准是从第二次世界大战后苏联的相关规范中得来的，它适应当时受到战争重创的苏联迅速重建的需要，也符合当时我国的政治经济情况，在结构设计的安全性设计上采用了最低标准。可是，这个最低标准一直执行了 50 多年，没有根本的变化，现已不能适应当前城市建设高速发展的国情。

随着我国城市化的快速发展，我们将要面对一个大建设、大加固、大拆除的土木工程建设局面。作为土木工程建设者，将要肩负起重大而光荣的任务，也要面临严重的挑战。所谓任务，即全国城乡开展的大规模的工程建设，可为我国经济的迅速发展做出重大贡

图 1.2　成都市“校园春天”小区 6 号楼和 1 号楼

献；所谓挑战，即面对可能发生的各种工程质量事故，要予以足够的重视，并采取相应的措施，以减少对国家财产造成的重大损失，保障人民群众的生命财产安全。

1.1　土木工程质量的特性

【建筑工程质量管理条例】

1. 工程质量问题的定义

按照国际标准化组织(ISO)和我国有关质量、质量管理和质量保证标准的定义，凡工程产品质量没有满足某个规定的要求，就称之为质量不合格。

凡是土木建筑质量不合格的工程必须进行返修、加固或报废处理，由此造成直接经济损失低于 5 000 元的称为土木建筑工程质量问题；直接经济损失在5 000 元(含 5 000 元)以上的称为土木建筑工程质量事故。

2. 土木建筑工程产品的特性

土木建筑工程产品的特性是土木建筑物、构筑物的安全性、适用性和耐久性的总和，主要体现在以下 4 个方面。

(1) 应能承受正常施工和正常使用时可能出现的各种作用，即建筑物中的各种结构构件及其连接构造要有足够的承载力，关键部位要有多道防线及足够的可靠度。

(2) 在正常使用时具有良好的使用性能，即建筑物要满足使用者对使用条件、舒适感和美观方面的需要。

(3) 建筑材料和构件在正常维护条件下具有足够的耐久性，即建筑物在正常使用期限内受到环境因素长期作用的抵御能力。

(4) 建筑物在偶然事件发生时及发生后，仍能保持必需的整体稳定性，不会完全失效以致倒塌，即建筑物对使用者生命财产的安全保障。

3. 土木建筑工程事故发生的原因

土木建筑工程事故发生的原因多种多样，从已有的工程事故分析，主要有以下几个方面。

1）设计问题

(1) 结构承载力和作用估计不足，施工时或使用后的实际荷载严重超越设计荷载，环境条件与设计时的假定相比有重大变化。

(2) 所采用的计算简图与实际结构不符，施工时或使用后结构的实际受力状态与设计严重脱节。

(3) 所确定的构件截面过小或连接构造不当；施工时所形成的结构构件或连接质量低劣，甚至残缺不全；使用后对各种因素引起的构件损伤缺乏检验，不加维修，听任其发展。

2）施工问题

(1) 施工工艺。没有按照施工程序进行或者工序颠倒、施工工艺不成熟等。

(2) 施工技术。在施工时辅助的施工机具或者支撑体系承载力不够，导致还没有承载能力的建筑物垮塌。

(3) 施工质量。在施工中检查不够，或者成品保护不够，导致施工时受力构件达不到设计受力要求，但是其材料没有问题。

3）材料问题

设计时按照国家标准材料计算，但施工时选用的材料达不到相应要求。

4）勘测问题

设计时无勘测资料，或没有设计资料即施工，盲目套用相邻建筑物的勘测资料，实际上有很大问题。

此外，还可能有以下问题。

(1) 管理不善，责任不落实，监管不到位，如开发区、高教园区的工程和村镇建设工程以及房屋拆除工程管理体制不顺，存在监管盲区。

(2) 使用、改建不当。使用中任意增大荷载，如将阳台当作库房，住宅楼改为办公楼，办公室变为生产车间，一般民房改为娱乐场所；随意拆除承重隔墙，盲目在承重墙上开洞，任意加层等。

(3) 安全技术规范在施工中得不到落实。以触电事故为例，其都是因为未能按照《施工现场临时用电安全技术规范》(JGJ 46—2005)的要求，对穿过施工现场的外电线路进行防护，造成在施工中碰触高压线的事故。

(4) 有章不循，冒险蛮干。有些工程项目对分项工程既不编写施工方案，又不做技术交底，有章不循，冒险蛮干。例如，2004 年发生在河南安阳的井字架拆除时倒塌事故，就是因为没有编制拆除方案，没有考虑有关规定的要求，盲目采用人工拆除，又不设置任何防止架体倾倒的设施，冒险作业，致使架体倒塌，造成了 21 人死亡的事故。

(5) 以包代管，安全管理薄弱。很多工程项目都是低价中标，中标企业为了取得利润将工程转包给低资质的企业。有的中标企业虽然成立了项目班子，但施工由分包单位自行组织，分包单位为了抢工期、节约资金，一切从简，工程项目即使有施工组织设计也只是为投标而编制的，不是用于指导施工的，至于其他的安全管理制度，如三级教育、安全交底、班前活动、安全检查、防护用品、安全措施等能免则免，不能免的也只是走走形式。

(6) 一线操作人员安全意识和技能较差。当前，很多工程项目无论具有多高资质等级的施工企业中标，基本都是由在劳务市场上招聘来的农民工施工。这些农民工没有经过系统的安全培训，特别是那些刚从农村出来务工的农民工，他们不熟悉施工现场的作业环境，不了解施工过程中的不安全因素，缺乏安全知识、安全意识、自我保护能力，不能辨别危害和危险，有的农民工第一天来上班，第二天甚至是当天就发生了死亡事故。当然，因缺乏培训和经验，由他们建造的土木工程的质量，也就可想而知了。

由此可见，建筑结构质量事故的发生既有可能是设计原因造成，又有可能是施工原因造成，还有可能是使用原因造成。同时，既有可能是技术方面的原因造成，又有可能是管理方面的原因造成，还有可能是体制方面的原因造成。因此重大事故的发生，往往是多种因素综合在一起而引起的。

1.2 建筑工程中缺陷、破坏、倒塌、事故的概念

工程质量事故应该理解为：凡工程质量没有满足规定的要求，即质量达不到合格标准的要求而发生的事故。不合格（不符合）的定义：未满足《质量管理体系 基础和术语》（GB/T 19000—2016）的要求。

工程质量缺陷指凡工程“未满足与预期或规定用途有关要求”（GB/T 19000—2016）。

工程质量问题一般可分为工程质量缺陷和工程质量事故。酿成工程质量事故的缺陷一般是对工程结构安全、使用功能和外形观感等影响较大、损失较大的质量损伤。从广义上讲，工程质量问题都是程度不一的工程质量缺陷，质量缺陷达到一定的严重程度就构成了质量不合格。任何质量缺陷的背后都有导致这一缺陷的行为人的错误和疏忽行为。这种错误或疏忽行为可以发生在整个建筑过程的任何一个阶段，主要包括：设计和技术监理过程、现场施工过程、移交时关于维护和使用建筑物的指导过程。

在工程建设整个活动过程中，质量事故是应该防止发生的，也是能够防止发生的。而质量缺陷却存在发生的可能性。例如，建筑结构完全能满足功能所有要求，钢筋混凝土结构受拉区出现了规范允许的细微裂缝，只能界定为质量缺陷。但这并不是说质量缺陷完全可以忽视。事物的发展是量变到质变的过程，有些质量缺陷会随着时间的推移、环境的变化，趋向严重性。例如，某地区餐厅屋面长期漏水，没有得到根治，3 年之后某深夜该餐厅瞬间倒塌。发生这起重大质量事故的原因主要是结构计算存在重大错误。从倒塌的屋面显示，钢筋严重生锈、严重腐蚀，局部混凝土与钢筋失去了握裹力，屋面承受不了荷载。由此可见屋面漏水也是事故诱发原因之一。

建筑物在施工和使用过程中，不可避免地会遇到质量低下的现象，轻则看到种种缺陷，重则发生各种破坏，甚至出现局部或整体倒塌的重大事件。当遇到这些现象时，建筑工作者应该善于分析、判断它产生的原因，提出预防和治理措施。要做到这些，必须对它们有一个准确的认识。建筑工程中的缺陷是由于人为的（勘察、设计、施工、使用）或自然的（地质、气候）原因，建筑物出现影响正常使用、承载力、耐久性、整体稳定性的种种不

足的统称。它按照严重程度不同，又可分为3类。

(1) 轻微缺陷。它们并不影响建筑物的近期使用，也不影响建筑结构的承载力、刚度及其完整性，但却有碍观瞻或影响耐久性。例如，墙面不平整，地面混凝土龟裂，混凝土构件表面局部缺浆、起砂，钢板上有划痕、夹渣等。

(2) 使用缺陷。它们虽不影响建筑结构的承载力，却影响建筑物的使用功能，或使结构的使用性能下降，有时还会使人有不舒适感和不安全感。例如，屋面和地下室渗漏，装饰物受损，梁的挠度偏大，墙体因温差而出现斜向或竖向裂纹等。

(3) 危及承载力缺陷。它们或表现为采用材料的强度不足，或表现为结构构件截面尺寸不够，或表现为连接构造质量低劣。例如，混凝土捣固不实，配筋不足，钢结构焊缝有裂纹、咬边现象，地基发生过大的沉降等。这类缺陷威胁到结构的承载力和稳定性，如不及时消除，可能导致局部或整体的破坏。

这3类缺陷可能是显露的，如屋面渗透；也可能是隐蔽的，如配筋欠缺。后者更为危险，因为它有良好外表的假象，一旦有所发展，后果可能很严重。

缺陷的发展是破坏，而破坏本身又经历着一个过程。它对建筑装饰来说，是指装饰物从失效、毁坏到脱落的过程；对建筑结构来说，是指结构构件从临近破坏到破坏，再由破坏到即将倒塌的过程。

建筑结构的破坏，是结构构件或构件截面在荷载、变形作用下承载和使用性能失效的协议破坏标志。

(1) 截面破坏指构件的某个截面由于材料达到协议规定的某个应力或应变值所形成的破坏。例如，钢筋混凝土梁正截面受弯破坏，是指该截面受拉区钢筋到达屈服点，相应受压区混凝土边缘达到极限压应变时的受力状态；破坏时该截面所能承受的弯矩不能再增加。但超静定构件某个截面发生破坏并不等于该构件发生破坏。

(2) 构件破坏指结构的某个构件由于达到某些协议检验指标所形成的破坏。上述钢筋混凝土梁，如果受拉主筋处的最大裂缝宽度达到1.5mm，或挠度达到$L/50$(L指跨长)时，即认为该梁发生破坏。同理，超静定结构的某个构件发生破坏，并不等于该结构发生破坏。

特别提示

正因为破坏是一种人为的协议标志，所以要十分注意结构构件或构件截面的受力和变形处于设计规范允许值和协议破坏标志之间的状态，并将它称为临近破坏(如钢筋混凝土梁受拉区的裂缝宽度在0.9～1.5mm时)。临近破坏是破坏的前兆，有这种破坏前兆的(如混凝土适筋梁的弯曲破坏)称为延性破坏；无这种破坏前兆的(如无腹筋混凝土梁的剪切破坏)称为脆性破坏。在进行建筑物的结构设计时，要避免发生脆性破坏；对有破坏前兆的临近破坏的质量问题，要及时发现并及时处理，予以纠正。这些在实际的建筑工程设计和实践中，都具有极其重要的意义。

建筑结构的倒塌是建筑结构在多种荷载和变形共同作用下稳定性和整体性完全丧失的表现。其中，若只有部分结构丧失稳定性和整体性的，则称为局部倒塌；若整个结构物丧失稳定性和整体性的，则称为整体倒塌。倒塌具有突发性，是不可修复的；它的发生，一般都伴随着人员的伤亡和经济上的巨大损失。但倒塌绝不是不可避免的，因为，建筑结构的倒塌一般都要经过以下几个规律性的阶段：结构的承载力减弱；结构超越所能承受的极限内力或极限变形；结构的稳定性和整体性丧失；结构的薄弱部位先行突然破坏、倾倒；局部结构或整个结构倒塌。

有时，这些阶段在瞬时连续发生、发展，表现为突发性倒塌；有时，这些阶段的发生和发展是渐变的，它使破坏有一个时间过程。因此，如果人们能在发生轻微缺陷时就及时纠正，在有破坏征兆时就及时加固，做到防微杜渐，倒塌往往是可以避免的。

建筑结构的临近破坏、破坏和倒塌，统称质量事故，简称事故。破坏称为破坏事故，倒塌称为倒塌事故。

纵览以上分析，建筑结构的缺陷和事故，虽然是两个不同的概念，即事故表现为建筑结构局部或整体的临近破坏、破坏和倒塌，缺陷仅表现为具有影响正常使用、承载力、耐久性、完整性的种种隐藏的和显性的不足，但是，缺陷和事故又是同一类事物的两种程度不同的表观：缺陷往往是产生事故的直接或间接原因；而事故往往是缺陷的质变或经久不加处理的发展。

1.3 工程质量事故的分类

为了准确把脉工程质量事故的症结所在，精确分析其原因，总结带有共同性的规律，了解和掌握质量事故的分类方法是非常必要的。

建设工程质量事故的分类方法有多种，既可按造成损失的严重程度划分，也可按其产生的原因划分，还可按其造成的后果或事故责任划分。各部门、各专业工程，甚至各地区在不同时期界定和划分质量事故的标准尺度也不一样。国家现行通常采用的分类如下。

1. 按造成损失的严重程度分类

1）一般质量事故

凡具备下列条件之一者为一般质量事故。

（1）直接经济损失在 5 000 元(含 5 000 元)以上，不满 50 000 元的。

（2）影响使用功能和工程结构安全，造成永久质量缺陷的。

2）严重质量事故

凡具备下列条件之一者为严重质量事故。

（1）直接经济损失在 50 000 元(含 50 000 元)以上，不满 10 万元的。

（2）严重影响使用功能或工程结构安全，存在重大质量隐患的。

（3）事故性质恶劣或造成 2 人以下重伤的。

3）重大质量事故

凡具备下列条件之一者为重大质量事故，属建设工程重大事故范畴。

（1）工程倒塌或报废的。

（2）由于质量事故造成人员死亡或重伤 3 人以上的。

（3）直接经济损失 10 万元以上的。

建设工程重大事故是指工程建设过程中或由于勘察设计、监理、施工等过失造成工程质量低劣，而在交付使用后发生的重大质量事故，或因工程质量达不到合格标准，而需加固补强、返工或报废，直接经济损失 10 万元以上的重大质量事故。此外，还包括由于施工安全问题，如施工脚手架、平台倒塌，机械倾覆、触电、火灾等造成建设工程重大事故。按国家建设行政主管部门规定，建设工程重大事故分为以下四个等级。

(1) 凡造成死亡 30 人以上或直接经济损失 300 万元以上为一级。

(2) 凡造成死亡 10 人以上、29 人以下，或直接经济损失 100 万元以上、不满 300 万元为二级。

(3) 凡造成死亡 3 人以上、9 人以下，或重伤 20 人以上，或直接经济损失 30 万元以上、不满 100 万元为三级。

(4) 凡造成死亡 2 人以下，或重伤 3 人以上、19 人以下或直接经济损失 10 万元以上、不满 30 万元为四级。

4) 特别重大事故

国务院发布的《生产安全事故报告和调查处理条例》规定：特别重大事故，简称特大事故，在中国，特指造成 30 人以上死亡，或者 100 人以上重伤(包括急性工业中毒)，或者 1 亿元以上直接经济损失的事故。

【国务院关于特大安全事故行政责任追究的规定】

2. 按事故性质分类

(1) 错位事故：建筑物上浮或下沉，平面位置错误，地基及结构构件尺寸、位置偏差过大，以及预埋洞(槽)等错位偏差事故。

(2) 开裂事故：承重结构或围护结构等出现裂痕。

(3) 变形事故：建筑物倾斜、扭曲或变形过大等事故。

(4) 倒塌事故：建筑物整体或局部倒塌。

(5) 材料、半成品、构件不合格事故。

(6) 承载力不足事故：主要指因承载力不足而留下的隐患性事故。地基、结构、构件都可能出现此类事故。

3. 按事故的不可见性分类

(1) 隐性事故：结构或构件承载力不足、混凝土强度达不到规定要求等。

(2) 功能事故：隔声、隔热达不到设计要求等。

4. 按事故产生的原因分类

(1) 程序原因。从事建设工程活动，没有严格执行基本建设程序，没有坚持“先勘察、后设计、再施工”的原则。在基本建设一系列规定程序中，勘察、设计、施工是保证工程质量最关键的 3 个阶段。近年来，边勘察、边设计、边施工的“三边工程”屡禁不止。因地质资料不全而盲目设计，因施工图纸不完整而盲目施工造成的质量事故不胜枚举。

(2) 技术原因。地质情况估计错误；结构设计计算错误；采用的技术不成熟，或采用没有得到实践检验充分证实可靠的新技术；或采用的施工方法和工艺不当。

(3) 社会原因。社会上存在的弊端和不正之风导致腐败，腐败引发建设中的错误行为恶性循环。近年来，不少重大工程质量事故的确与社会原因有关。

应用案例 1-1

某轻工厂为二层现浇框架结构，预制钢筋混凝土楼板。施工单位在浇筑完首层钢筋混凝土框架及吊装完一层楼板后，继续施工第二层。在开始吊装第二层预制板时，为加快施工进度，将第一层的大梁下的立柱及模板拆除，以便在底层同时进行内装修，结果在吊装二层预制板将近完成时，发生倒塌，当场压死多人，造成重大事故。

事故发生后，经调查分析，倒塌的主要原因是底层大梁立柱及模板拆除过早。在吊装二层预制板时，梁的养护时间只有 3 天，强度还很低，不能形成整体框架传力，因而二层框架及预制板的质量及施工荷载由二层大梁的立柱直接传给首层大梁，而这时首层大梁的强度尚未完全达到设计的强度 C20，经测定实际只有 C12。首层大梁承受不了二层结构自重及结构自重而引起倒塌。

应用案例 1－2

2009 年 12 月 8 日，曾获“2009 年南京市市级优秀工程勘察设计奖工程设计类别二等奖”的汉中门大桥改造工程竣工仅一年半的时间后，出现严重质量问题。主要问题是南侧主桥人行道 39 根栏杆和北侧主桥人行道 5 根栏杆立柱根部开裂，北侧引道桥 11 根栏杆立柱根部开裂。施工单位擅自采用建筑胶将裂缝处理。此事故被批为继上海“楼歪歪”之后的“桥糊糊”。主桥栏杆开裂的主要原因有 3 点。首先，汉中门大桥南桥梁体浇筑完成于夏天，施工时南京温度较高。栏杆是花岗岩石材，梁体是混凝土，后因梁体混凝土收缩徐变及冬季梁体的温度收缩，两者的温度线膨胀系数不等，变形协调不一致，造成立柱底部断裂；引桥接坡部分主要是由于地基沉降引起桥头栏板拉脱，使栏杆与立柱在连接部位产生位移和开口。其次，在栏杆施工过程中施工单位未按相关规定要求施工；监理单位未认真履行监理职责，把关不严；设计单位对桥梁栏杆设计考虑不细、深度不足。最后，相关管理单位在建设、验收过程中管理不严。

1.4 工程质量事故的特点

工程建设物流渠道错综复杂，参与方多，涉及面广，加之特殊的地域、自然环境，一旦出现质量事故，就具有复杂性、严重性、可变性和多发性的特点。

1. 复杂性

就施工阶段而言，产品固定，人员流动；产品具有多样性、单件性，结构类型各异；材料品种繁杂，材质性能不同，组合配制不一；多专业、多工种交叉作业，协调难度大；施工方法、工艺要求、技术标准变化大。这些都是影响工程质量的因素。建设活动过程和建设活动本身一旦工序失控，发生质量控制断链，就会造成事故原因的复杂性。同一性质的质量事故，造成的原因也可能截然不同。例如，砌体裂缝的原因可能是温差收缩变形，也可能是地基不均匀下沉，或结构荷载过大，或设计构造不当，或材质不良，或施工质量低劣，或受地震、机械振动、邻近爆破影响。某地尚未竣工的新礼堂突然倒塌，造成重大质量事故的原因是台口大梁下砌柱断面太小，砖柱为包心砌筑，砂浆不饱满，强度达不到规范要求。由此可见，造成质量事故的成因可能是单一的，也可能是综合因素共同造成的。

2. 严重性

投资建设工程项目具有高风险。一旦出现质量事故，轻则延误工期，增加工程费用，影响使用功能，重则对社会和经济产生十分严重的影响。例如，重庆綦江彩虹桥垮塌；××市某20层大厦（主体为框架-剪力墙结构）浇筑主体使用了不合格水泥，被迫拆除11～14层；××市某住宅工程（剪力墙结构、18层、建筑面积1.46万m^2）主体完工后，整体倾斜，采取纠偏措施无效，最后被迫引爆5～18层。工程质量事故的严重性远远超过其他产品。

3. 可变性

工程质量事故的存在往往是动态的，如处理不及时或处理方法不当，会随时间、环境等因素，由此及彼，使事故性质发生变化。例如，××市某大厦，基坑设计深度9.0m，支护结构采用直径800mm、间距1.0m的钢筋混凝土灌注桩，桩长15m，支护桩外侧为水泥搅拌止水帷幕。基坑完工做基础垫层时，遇大雨，因基坑拐向处水平支撑钢筋混凝土大梁突然断裂，基坑坍塌范围达40多米，造成相邻的1、3号住宅楼墙体开裂，楼房向基坑方向倾斜。可见水平支撑抗力不足，可带来可变性的后果。又如，××发电厂第二期扩建工程，梁柱吊装之后，未能及时焊接固定，节点间尚未浇筑混凝土，为了赶工期，在整个排架尚未稳定的情况下便安装上节柱，结果导致该排架在大风突袭下倒塌。

4. 多发性

多发性应理解为工程建设施工阶段容易被疏忽、容易发生质量失控，造成的应该避免又没能避免的质量缺陷。多发性的质量通病具有普遍性、顽固性。例如，屋面渗漏，有防水要求的卫生间、房间、外墙面渗漏，抹灰层开裂、脱落，预制构件的细微裂缝等。

5. 影响工程质量的因素

工程项目质量要达到设计和合同规定的要求，是需要决策、勘察、设计、施工、保修各个阶段综合保证质量的。现以施工过程这一环节为例，主要分析人为因素对工程质量的影响。

在施工阶段，关键岗位管理者的理论水平、技术水平对工程质量起着关键性的影响作用。

工程技术环境、工程劳动环境、工程管理环境都与施工人员的行为有关，并受其制约。

知识链接 1-1

我国加入WTO（世界贸易组织）后，面临外资施工企业对我国建筑市场的冲击。各方的竞争能力主要取决于科技水平和人才素质。国家鼓励采用先进的科学技术和管理方法，提高建设工程质量，已经初见成效。在建设工程中，由于积极采用新技术、新工艺、新材料、新设备，大大提高了建设工程的质量水平。例如，新型防水材料的使用，使长期困扰房屋渗漏的问题得到了治理；新型外加剂的使用，提高了混凝土的强度和耐久性；深基坑支护技术的推广运用，确保了边坡稳定，满足了变形控制要求。但是，在建筑新技术日新月异的今天，施工管理人员的理论水平、专业素质又明显滞后，技术创新能力差；乡镇建筑企业占据了全国建筑企业总数的一半，建筑从业人员中，农民工占80%以上，建筑劳动者的文化素质、专业技能水平偏低，又成为影响工程质量的主要因素。

1.5 工程质量事故的分析

1.5.1 分析的作用

工程质量事故一旦发生，或影响结构安全，或影响功能使用，或二者都受到影响。重视质量事故分析，预防在先，在施工全过程中尤为重要。质量事故分析的主要作用如下。

1）防止事故进一步恶化

建筑工程出现质量事故或质量缺陷后，为了弄清原因、界定责任、实施处理方案，施工单位必须停止有质量问题的部位和与其有关联的部位及下道工序的作业，这样就从过程中防止了事故恶化的可能性。例如，在施工过程中发现现浇混凝土结构强度达不到设计的要求，不能进入下道工序，采取补救和安全措施的本身，遏制了事故恶化。

事故得到了处理，排除了质量隐患，又为下道工序正常施工创造了条件。

2）创造正常的施工条件

例如，发现预埋件等偏位较大，影响了后续工程的施工，必须及时分析与处理后，方可继续施工，以保证结构安全。

3）排除隐患

例如，砌体工程中，砂浆强度不足、砂浆饱满度很差、组砌方法不当等都将降低砌体的承重能力，给结构留下隐患。发现这些问题后，应从设计、施工等方面进行周密的分析和必要的计算，并采取适当的措施及时排除这些隐患。

4）总结经验教训，预防事故再次发生

例如，承重砖柱毁坏、悬挑结构倒塌等类事故，在许多地区连年不断。因此应及时总结经验教训，进行质量教育，或做适当交流，将有助于杜绝这类事故的发生。

5）减少损失

对质量事故进行及时的分析，可以防止事故恶化，及时地创造正常的施工条件，并排除隐患，从而取得明显的经济与社会效益。此外，正确分析事故，找到发生事故的原因可为合理地处理事故提供依据，达到尽量减少事故损失的目的。

6）有利于工程交工验收

施工中发生的质量问题，若能正确分析其原因和危害，找出正确的解决方法，使有关各方认识一致，可避免到交工验收时发生不必要的争议，而延误工程的验收和使用。

7）为制定和修改标准规范提供依据

例如，通过对砖墙裂缝的分析，可为制定变形缝的设置和防止墙体的开裂方面的标准规范提供依据。

工程质量事故分析的过程是总结经验、提高判断能力、增长专业才干、提高工程质量的过程。

1.5.2 分析的依据

质量事故的分析必须依据客观存在的事实，尤其需要与特定工程项目密切相关的具有特定性质的依据。

质量事故分析的主要依据如下。

1）质量事故周密翔实的报告

报告的主要内容：事故发生的时间、部位；事故的类型、分布状态、波及的范围；严重程度或缺陷程度；事故的动态变化及观察记录等。

2）与施工有关的技术文件、档案和资料

与施工有关的技术文件、档案和资料应主要包括：有关的施工图、设计说明及其他设计文件；施工组织设计或施工方案；施工日志记载的施工时的环境状况，施工现场质量管理和质量控制情况，施工方法、工艺及操作过程；有关建筑材料和现场配置材料的质量证明材料和检验报告等。

3）建筑施工方面的法规和合同文件

建筑施工方面的法规是具有权威性、约束性、通用性的依据；合同文件是与工程相关的具有特定性质和特定指向的法律依据。

1.5.3 分析的方法、过程、性质和基本原则

施工阶段是业主及工程设计意图最终实现并形成工程实物的阶段。物质形态的转换在施工过程中完成，无不受4M1E(即人、材料、机械设备、方法和环境)的影响。

人，主要指管理者、操作者素质；材料，主要指原材料、半成品、构配件质量，建筑设备、器材的质量；机械设备，主要指生产设备、施工机械设备质量；方法，主要指施工组织设计或施工方案、工艺技术等；环境，主要指现场施工环境(施工场地、空间、交通、照明、水、电等)、自然环境(地质、水文、气象等)、工程技术环境(图纸资料、技术交底、图纸会审等)、项目管理环境(质量体系、质量组织、质量保证活动等)。

由4M1E所包含的因子可以加深理解影响施工质量的方方面面的因素。

掌握质量事故分析的方法，首先要把握分析的对象，做到有所选择、有所侧重。

1. 分析的方法

1）深入调查

充分了解和掌握事故或缺陷的现象和特征。例如，某大旅店为框架结构，7层，钢筋混凝土独立柱基础，柱网为3.8m×7m。该工程主体封顶后，发现地梁严重开裂。现场调查，测得不均匀沉陷，柱子最大沉降量为41cm；大部分楼层梁、柱、墙出现裂缝(最大裂缝宽度30mm)；在现场旁1.8m的地方取土测定，其天然含水量为65%～75%，桩基底压力与地基允许承载力相差近4倍。调查研究提供的资料表明，结构设计严重错误，倒塌势在必然。

2）收集资料

一切与施工特定阶段有紧密关联的各种数据，都要全面准确地进行收集，然后分类比较。例如，对某住宅工程房间地面起砂进行了调查统计，收集资料如下。

调查的房间数为100间，其中有50间是因砂粒径过细引起地面起砂，有25间是因砂

含泥量过大引起地面起砂，其他25间分别是由于养护不良、砂浆配合比不当、水泥强度等级过低或兼有上述原因等引起的。通过对这些数据的采集比较，就容易分析出地面起砂的主要原因是砂粒径过细，次要原因是砂含泥量超过允许范围值。

3）数理统计

质量事故分析应遵循“一切用数据证明”的原则。数据就是质量信息。对数据进行统计分析，找出其中的规律，发现质量存在的问题，就可以进一步分析原因。对质量波动及变异，及时采取相应的对策。

2. 分析的过程、性质和基本原则

建筑结构质量事故发生后必须认真地进行分析，找出产生事故的真正原因，吸取经验教训，提出今后的防治措施，杜绝类似事故再次发生。

质量事故分析全过程大体要经历以下几个基本阶段。

(1) 观察、记录事故现场的全部实况。

① 保持现场原状，留下实况照片，尽力找出事故的原发原因。

② 针对可能是发生事故的地段，对倒塌后的构件残骸进行描述、测绘、取样；其他地段也应做相应的描述、取样，以示对比。

③ 对现场地基土层或岩层进行补充钻探或用其他办法进行补充勘察，了解实际基础持力层和下卧层及地下水情况。

④ 开挖了解实际的基础做法。

⑤ 量测原建筑物的有关实际资料(如房屋主要尺寸，各种结构构件的位置、尺寸、构造做法、存在的缺陷等)。

⑥ 对现场结构所用材料(混凝土、钢筋、钢材、焊缝和焊接点试件、砌体的块材和砂浆等)进行取样。

⑦ 对施工现场的管理人员、质监人员、工人、设计代表、抢救指挥人员和幸存者进行详尽的询问和访谈。

⑧ 对施工时提供建筑材料、建筑构配件的厂家进行实地调查，取样检测。

⑨ 其他。

(2) 收集、调查与事故有关的全部设计和施工文件。

① 各种报建文件、招标发包文件和委托监理文件。

② 建设单位的委托设计任务书，要求更改设计的文件。

③ 设计、勘察单位的勘察报告，全部设计图纸，设计说明书，结构计算书，以及作为设计、勘察依据的本地区专门规定。

④ 施工记录、质量文件(质量计划、手册、记录)、隐蔽工程验收文件、设计变更文件等。

⑤ 材料合格证明、混凝土试块记录和试验报告、桩基试桩或检测报告等。

⑥ 经监理工程师签字的质量合格证明。

⑦ 竣工验收报告等。

(3) 找出可能产生事故的所有因素——设计方案、结构计算、构造做法；材料、半成品构配件的质量；施工技术方案、施工中各工种的实施质量；地质条件、气候条件；建设单位在设计或施工过程中不合理的干预、不正常的使用、使用环境的改变等。

(4) 从上述全部因素中分析导致原发破坏的主导因素，以及引起连锁破坏的其他原因——这里指的是初步分析判断，它对下一步［指第(5)步］工作会产生影响，最后要等待下一步工作做完后才能确定。

(5) 通过现场取样的实际检测、理论分析或结构构件的模拟试验，对破坏现象、倒塌原因加以论证。理论分析指根据设计和实际荷载，实际支承和约束条件，实际跨度、高度和截面尺寸，实际材料强度，用结构力学的方法进行分析；或者根据实用材料、实用配合比、实际介质环境用化学的方法进行分析。模拟试验宜采用足尺模型或缩尺比例不太小的模型；可以做构件模型，也可以做节点模型；可以做原材料模型，也可做其他材料(如光弹性材料)的模型。

(6) 解释发生质量事故的全过程(要听取设计、施工、建设单位的分析报告，以此作为参考)。

(7) 提出质量事故的分析结论和应该吸取的教训，对事故责任进行仲裁。

上述几个基本阶段可用框图表示，如图1.3所示。

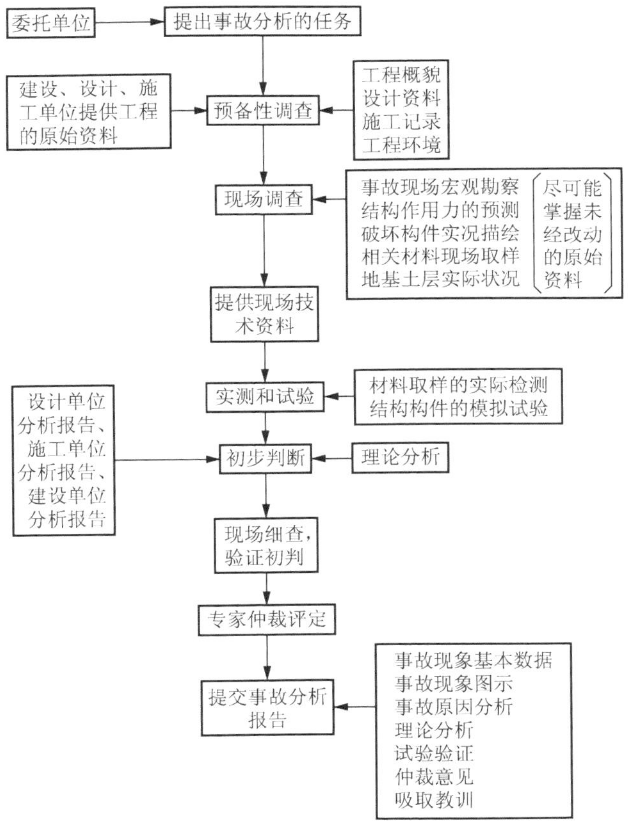

图1.3 破坏或倒塌事故分析过程框图

由此可见，质量事故分析具有对事故进行判别、诊断和仲裁的性质，它与一般认识事物有所不同。如果说，“认识”指人脑对一些明确的事物所属客观属性和联系的反映，它体现的是具体事物的规律和尺寸，是客观性的认识过程和结果，那么，“事故分析”则是对一堆模糊不清的事物和现象所属客观属性和联系的反映。它的准确性和参与分析者的学识、经验和认真态度有极大关系，它的结果不单是简单的信息描述，而且必须包括分析者所做的应吸取的教训和怎样防治的推论，所以，“事故分析”是一种主体性的认识过程和结果。

一项高质量的质量事故分析必然要遵循以下 6 点基本原则。

(1) 信息的客观性：指正确的分析来自大量的客观信息，这些信息包括上述基本阶段(1)和(2)的内容。设计图纸、施工记录、现场实况、责任单位分析报告是信息来源的重要组成部分。收集信息时必须持客观态度，切忌有主观猜测和推断的成分。

(2) 原因的综合性：指准确的分析来自多种因素的综合判断，这些因素包括上述基本阶段(3)和(4)的内容。综合分析时必须用辩证思维，对具体事物做具体分析，把握全部因素，找出占主导地位的现象，看到事物主要矛盾可能的转化。

(3) 方法的科学性：指可信的分析来自严密的科学方法，这些方法包括上述基本阶段(5)的内容。现场实测、材料检测、构件或结构模拟试验和理论分析是科学方法的 4 个重要组成部分，都要用各自相应的手段认真地进行，才能得出可信的结果。

(4) 过程的回顾性：指完整的分析来自全面的回顾，达到上述基本阶段(6)中解释所发生事故全过程的目的。全面回顾是分析倒塌事故的最大特色，难度很大，主观判断的成分多。它必然要在掌握大量客观信息，用科学方法进行综合分析的基础上才能做到。

(5) 判断的准确性：指有价值的分析来自准确的判断，这是上述基本阶段(7)的需要。质量事故分析的重要目的是有一个既准确又有价值的结论，以便于“分清是非”“明确责任”“引起警觉”“教育后人”，这 4 点正是质量事故分析的价值所在。

(6) 结论的教育性：指分析的结果要起到教育的作用。一次事故的损失必然是惨重的，从一次事故中可总结出的经验教训也必然是丰富的。

特别提示

质量事故分析的目的是吸取教训，减少损失。吃一堑就要长一智，别人吃了一堑，自己能长一智的人，才是聪明人。少吃堑固然好，吃一堑能长一智算不得糟，糟糕的是总吃堑，总不长智，这才是一种悲哀。往小处说，是当事人的悲哀；往大处讲，是国家和民族的悲哀。

思考题

1. 产生质量事故有哪些主要因素？
2. 工程质量事故有哪些特点？
3. 质量事故分析的主要依据有哪些？
4. 质量事故分析为什么要“一切用数据证明”？
5. 质量事故分析的方法有哪些？比较各方法的异同点。
6. 为什么“现场调查”在质量事故分析中非常重要？

项目2 建筑工程检测方法

教学目标

对施工或使用中出现事故的建筑物(或结构构件)进行处理前，首先要由专业鉴定机构或组织进行全面的质量检测，并做出可靠性鉴定结论，为事故的处理提供依据。

教学要求

能力目标	知识要点	权重
了解相关知识	(1) 混凝土强度、安全检测的基本方法 (2) 砌体结构强度、安全检测的基本方法 (3) 结构可靠性鉴定的基本概念	15%
熟练掌握知识点	(1) 混凝土强度的质量检测方法及处理方法 (2) 砌体结构强度的质量检测方法及处理方法 (3) 结构可靠性鉴定的基本方法	55%
运用知识分析案例	常见结构工程质量事故的预防、分析及处理	30%

引例

意大利瓦昂双曲拱坝坍方事故

土建工程修建在各种各样的地形、地质、水文环境中，承受着各种作用，工作条件十分复杂。在正常运用时有着巨大的经济效益和社会效益，但万一失事又会带来严重危害，因此保证工程安全就显得非常重要。

意大利瓦昂双曲拱坝，高265.5m，顶厚3.4m，底厚22.1m，库容1.7亿m^3，于1960年9月建成。1959年就发现坝区上游左岸可能滑动，因此布置了水平和垂直位测点。1960年2月开始缓慢蓄水，8个月后，当水深为170m时，几个测点位移突然加快，在地面上形成1 800～2 000m长的“M”形裂缝，范围约$2km^2$。水深180m时，发生了70万m^3的坍方，当时又布置了3个深测压孔，并增加地面变形观测点数，开挖一个长放水洞，以便放空水库。

实际上此时已有的观测结果已经充分说明了问题的严重性，本应停止继续蓄水，及时采取措施来防止事故的进一步扩大，然而却未能引起有关人士应有的警惕。特别是1962年由意大利帕多瓦大学进行的1∶200的滑坡体模型试验，假定滑坡体滑入水库的持续时间最少为1min，最大涌浪高达22.5m，其试验结果反而认为当水深为235m时，大坝仍然是安全的。

在这种情况下，1963年4月第三次蓄水，7月底蓄水深达225m，并缓慢升到235m，观测点位移继续加快，9月25日前后14天的位移量平均每天达1.5cm，直到这时人们才开始采取降低库水位的措施。但降低水位后位移量仍逐日增加，10月7日一个观测点最后一次观测到的总位移量高达492cm，其中最后12天的位移量为58cm，这时人们已意识到即将产生大滑坡，但对其体积和滑坡速度却无法正确估计。

1963年10月7日晚，水深225.4m，滑坡体突然下坍，体积达2.7亿～3.0亿m^3，滑坡速度为28m/s，崩坍时间仅20s，为试验假定值的1/3。水库中激起巨大水浪，最大飞溅高度超过100m，库中蓄水1.15亿m^3，其中约有2 500万m^3被抛向下游，高约150m的洪水波溢过坝顶，导致约3 000人死亡，造成巨大损失。

当建筑工程发生质量事故以后，为了分析事故发生的原因，为工程质量事故的纠纷仲裁提供客观而公正的技术依据，也为建筑工程的修复、加固提供参考数据，往往有必要对发生事故的结构进行必要的检测。这些检测包括以下几点。

（1）常规的外观检测：如平直度、偏离轴线的公差、尺寸准确度、表面缺陷、砌体的咬槎情况等。外观检测中很重要的一项是对裂缝情况的检测。

（2）强度检测：如材料强度、构件承载力、钢筋配置等。

（3）内部缺陷的检测：如混凝土的内部孔洞、裂缝，钢结构的裂纹、焊接缺陷等。

（4）材料成分的化学分析：如混凝土骨料分析、水泥成分分析、钢材化学成分分析等。

（5）建筑物的变形观测：如建筑物的沉降观测、倾斜观测等。

与常规的建筑构件检测工作相比，对发生质量事故的工程进行检测有一些特点，主要有以下几方面。

（1）检测工作大多在现场进行，条件差，环境因素干扰大。

（2）对发生严重质量事故的建筑工程，常常管理不善，经常没有完整的技术档案，有时甚至没有技术资料，因而检测工作要有周到的计划，有时还会遇到虚假资料的干扰，这时尤其要慎重对待。

（3）有些强度检测常常要采用非破损或少破损的方法进行，因为事故现场一般不允许破坏原构件；或者从原构件上取样时只允许有微破损，稍加固后即不影响结构强度。

（4）检测数据要公正、可靠，经得起推敲。尤其是对于重大事故的责任纠纷，涉及法律责任和经济负担，为各方所重视，故所有检测数据必须真实、可信。

被检测的结构构件类别主要有砌体结构构件、钢筋混凝土结构构件和钢结构构件。由于结构构件类别不同，检测的方法也有所不同，至少是检测的侧重内容有所不同。为叙述方便，下面按结构构件类别介绍常用的一些检测方法，而且侧重介绍用仪器检测的方法；至于按一般规程进行的外观检测则不做详细叙述。

2.1 钢筋混凝土构件的检测

钢筋混凝土构件具有很多优点，但是相对而言其施工质量波动较大，往往在材料性能和几何尺寸等方面遗留先天的缺陷，包括材料强度不足、尺寸偏差、蜂窝麻面、孔洞、开裂、保护厚度不足、露筋等。钢筋混凝土结构构件的检测主要包括测定混凝土的强度、钢筋的位置及数量、混凝土裂缝及内部缺陷等。这些检测要在已有的结构或构件上进行，大多为现场操作，因此有一定的难度。目前已总结了一系列的方法，可以对混凝土质量的评定做出较准确的检测。

1. 混凝土表面裂缝及蜂窝面积的检测

【混凝土缺陷检查与处理】

1）混凝土表面裂缝的检测

混凝土表面裂缝有直观性，易于被人们发现，而不同的裂缝是由不同原因引起的。因而，对裂缝的观察与测量有助于对结构质量的评判。

裂缝检测的项目主要包括：①裂缝的部位、数量和分布状态；②裂缝的宽度、长度和深度；③裂缝的形状，如上宽下窄、下宽上窄、中间宽两端窄、八字形、网状形、集中宽缝形等；④裂缝的走向，如斜向、纵向、沿钢筋方向，是否还在发展等；⑤裂缝是否贯通、是否有析出物、是否引起混凝土剥落等。

裂缝检测如图2.1所示，裂缝长度可用钢尺或直尺量，宽度可用检验卡(表明裂缝宽度，可做对比)、塞尺和20倍的刻度放大镜测定。检验卡实际上为一种标尺，上面印有不同宽度的线条，与裂缝对比即可确定裂缝宽度。刻度放大镜中有宽度标注，可直接读取。裂缝深度可用细钢丝或塞尺探测；也可用注射器注入有色液体，待干燥后凿开混凝土观测；或用超声回弹法测定。测得的混凝土梁表面裂缝展开示意如图2.2所示。

2）蜂窝面积的检测

蜂窝处砂浆少、石子多，会严重影响混凝土强度。蜂窝面积可用钢尺、直尺或百格网进行测量，以面积及蜂窝面积百分比进行计算。

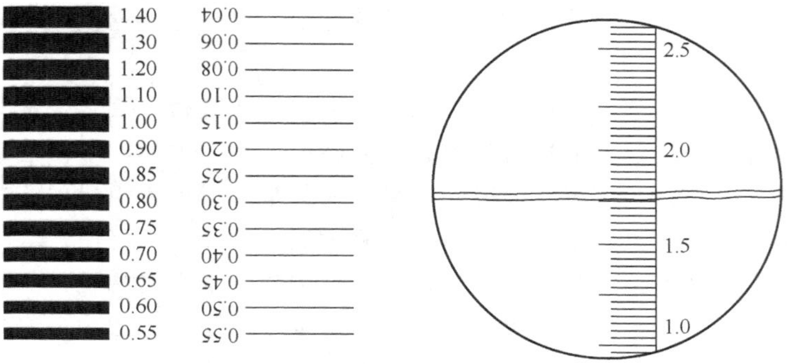

(a) 裂缝宽度检验卡　　(b) 刻度放大镜

图 2.1　裂缝检测

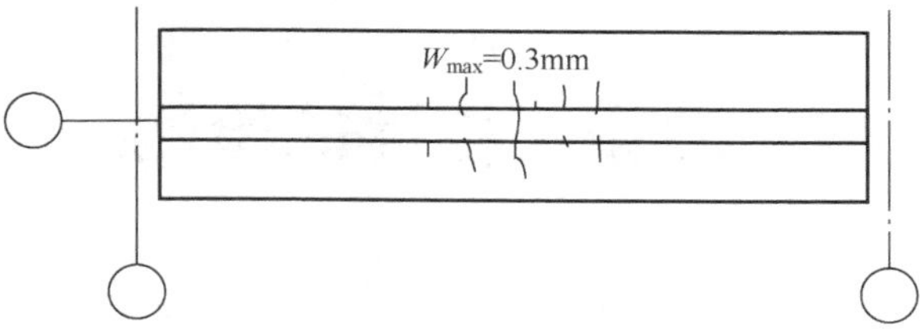

图 2.2　混凝土梁表面裂缝展开示意

2. 混凝土强度的检测

工程质量事故中的混凝土强度的检测方法可分为非破损法和半破损法两大类，它们又各自存在许多实际检测的手段。非破损法包括回弹法、超声波法、超声回弹综合法、表面刻痕法、振动法、射线法；半破损法包括钻芯法、拔脱法、拔出法、扳折法。

1）回弹法

回弹法是根据混凝土的回弹值、碳化深度与抗压强度之间的关系来确定其抗压强度的一种非破损方法。它应根据《回弹法检测混凝土抗压强度技术规程》(JGJ/T 23—2011)和有关技术手册来实施。

回弹法使用的仪器称为回弹仪。使用时，先轻压一下弹击杆，使按钮松开，让弹击杆徐徐伸出，并使挂钩挂上弹击锤；对混凝土表面缓慢均匀施压，待弹击锤脱钩，冲击弹击杆后，弹击锤即带动指针向后移动直至一定位置，指针块的刻度线即在刻度尺上指示某一回弹值。回弹仪应按有关规定定期进行检测，获得检定合格证后在检定有效期(一年)内使用。利用回弹仪进行现场检测前后，必须在标准钢砧上率定。

检测方法如下：回弹仪测区面积一般为 2cm×2cm 左右，选 16 个点。测 16 个点的回弹值后，分别剔除 3 个偏大值与偏小值，取中间 10 个点的回弹值的平均值作为测定值。测区表面应清洁、平整、干燥，避开蜂窝麻面；当表面有饰面层、浮浆、杂物油垢时，可以除去或避开。回弹仪还应该避免钢筋密集区。一般情况下，如构件体积小、刚度差或测试部位混凝土厚度小于 10cm，回弹混凝土构件的侧面应加支撑加固后测试，否则会影响精度。

混凝土强度的推测如下：根据回弹值与混凝土强度的关系曲线(称为测强曲线)，由平均回弹值 N 即可查得混凝土的强度。按照使用条件和范围的不同，有如下 3 类测强曲线。

(1) 统一测强曲线。这是 JGJ/T 23—2011 给出的测强曲线。它是由北京、陕西等 12

个城市或地区进行混凝土率定的统计回归曲线。其曲线方程为

$$f_{cu}=0.0249\,\overline{N}^{-2.0108}\times10^{-0.0358\overline{L}} \tag{2-1}$$

式中：f_{cu}——测区混凝土立方体强度，N/mm²；

$\overline{N}$——混凝土的平均回弹值；

$\overline{L}$——混凝土的平均碳化深度，mm。

如不是耐久性的事故，在新建混凝土结构的检测中可取$\overline{L}=0$。JGJ/T 23—2011 已将式(2－1)求出的对应值列成表格，查用很方便。如将该表格用图表示，则如图 2.3 所示。

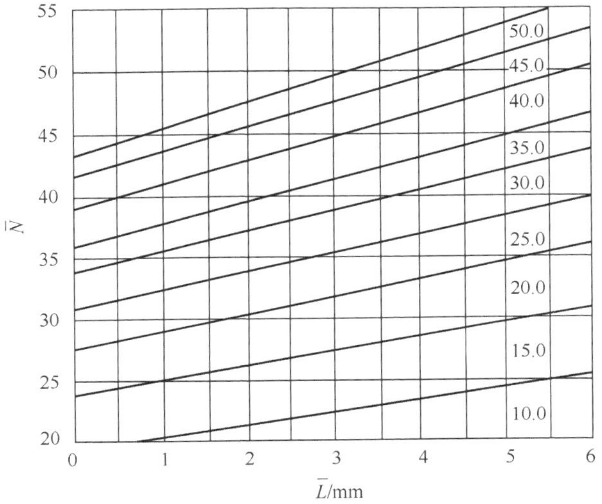

图 2.3　统一测强曲线(f_{cu}以 MPa 计)

(2) 地区测强曲线。这是由某一省、市或地区根据本地区的具体条件率定的曲线。

(3) 专用测强曲线。这是专以某种工程为对象所率定的曲线。

应用回弹法时，应优先选用地区或专用测强曲线。

由式(2－1)可知，混凝土的平均碳化深度 L 对强度测定有较大影响，这是由于碳化后混凝土表面硬度增加。此外，如混凝土的测试面不是侧面，而是上表面或底面，则也应修正，见表 2－1。检测时回弹仪的角度对混凝土强度测定也有影响，若混凝土测试面不垂直于地面，即回弹仪不处于水平方向，如图 2.4 所示，也应根据回弹仪与水平线的夹角不同，进行修正，修正值见表 2－2。

表 2－1　不同浇筑面对回弹值的修正值 ΔN_s

$\overline{N}_s$	ΔN_s	
	表面	底面
2	+2.5	−3.0
25	+2.0	−2.5
30	+1.5	−2.0
35	+1.0	−1.5
70	+0.5	−1.0
75	0	−0.5
80	0	0

表 2-2　不同 α 对回弹值的修正值 ΔN_α

$\overline{N}_\alpha$	测试角度 α							
	+90°	+60°	+45°	+30°	−30°	−45°	−60°	−90°
2	−6.0	−5.0	−4.0	−3.0	+2.5	+3.0	+3.5	+7.0
30	−5.0	−4.0	−3.5	−2.5	+2.0	+2.5	+3.0	+3.5
40	−4.0	−3.5	−3.0	−2.0	+1.5	+2.0	+2.5	+3.0
50	−3.5	−3.0	−2.5	−1.5	+1.0	+1.5	+2.0	+2.5

2）超声波法

超声波法是根据超声脉冲在混凝土中的传播规律与混凝土强度有一定关系的原理，通过测定超声脉冲的参数，如传播速度或脉冲衰减值，来推断混凝土的强度。目前国产的超声脉冲仪大多是测量传播速度的。超声脉冲仪产生的电脉冲通过发射探头（即电-声换能器）使声脉冲进入混凝土，然后电接收探头（即声-电换能器）接收仪器测得信号时直接转化为声速表示出来，从仪器上读出声速，即可由有关测强曲线求得混凝土的强度。

测试步骤如下：测试要选两个对面，一侧放发射探头，一侧放接收探头。测点布置视结构的大小和精度而定，一般可取 10 个方格，一般方格边长 15～20cm，在一方框内测 3 个声速，取其平均值。测点应避开有缺陷及应力集中的部位，并应避开预埋铁件及与声通路平行而又很近的钢筋。两对面一般选择两侧面。设探头处表面要平整、干净，有不平整处可用砂纸磨平，可适当涂一薄层黄油等耦合剂，探头要压紧表面以减少声能反射损失。

混凝土强度的推断与回弹法相似，应当率定测强曲线。目前还没有统一规程规定的测强曲线，各单位、各部门自己应当率定。图 2.5 所示为某系统试验率定的测强曲线。

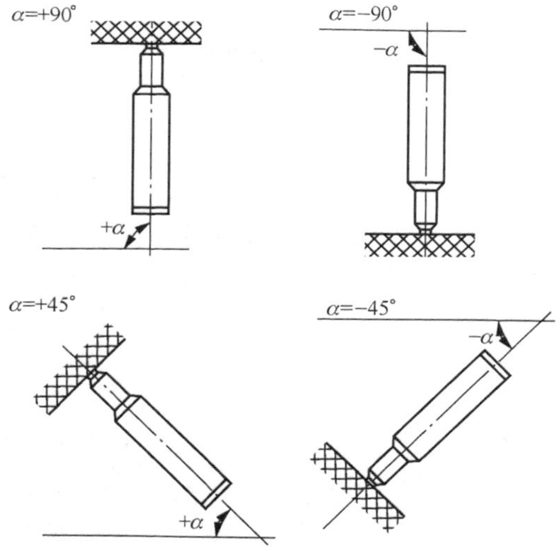

图 2.4　回弹仪测试角度

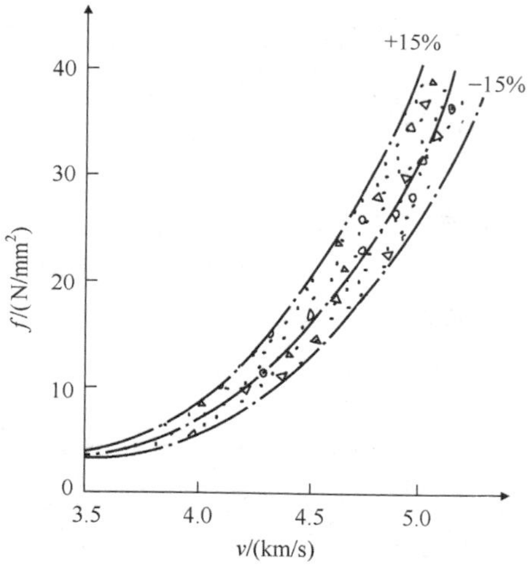

图 2.5　某系统试验率定的测强曲线

3）超声回弹综合法

超声回弹综合法是利用超声波测量与回弹仪测量所得到的结果相互修正而判断它们中的某一种方法更为准确的一种非破损法。一般要求先进行回弹测量后再进行超声测量。超声回弹综合法的仪器与现场准备、测量方法分别与超声波法及回弹法相同，只是对其结果按规定的公式进行换算。

超声回弹综合法应根据《超声回弹综合法检测混凝土强度技术规程》(CECS 02—2005)进行。

至于表面刻痕法、振动法、射线法等，因国家尚无统一的技术规程，使用时应该谨慎。

4) 钻芯法

钻芯法是使用专门的钻芯机在混凝土构件上钻取圆柱形芯样，经过适当加工后在压力试验机上直接测定其抗压强度的一种局部破损检测方法。这种方法非常直观，更为可靠，在事故质量评判中也更能令人信服，因而受到重视。以前钻芯机靠国外进口，现在已有多个厂家生产钻芯机，钻孔最大孔径为160～200mm，可以满足工程需要。但是，由于钻芯法对结构有一定损伤且试验费用较高，故难以将钻芯法作为结构实际强度的全面检测方法。这种方法常可结合非破损法同时应用，它可修正非破损法的精度，而取芯数目可以适当减少。

取芯直径常在100mm左右，只要布置适当，修补及时，一般不会影响原构件的承载力。取芯后留下的圆孔应及时修补，一般可用以合成树脂为胶结材料的细石混凝土，或用微膨胀水泥混凝土填补。填补前应细心清除孔中的污物及碎屑，用水湿润。修补后要细心养护[注意：对于预应力构件、小截面构件和低强度(<C10)构件，均不宜采用钻芯法]。

试样制取时，取芯的部位应注意以下几点。

(1) 取芯部位应选择结构受力小，对结构承载力影响小的部位。在结构的控制截面、应力集中区、构件接头和边缘处等一般不宜取芯。

(2) 取芯部位应避开构件中的钢筋和预埋件，特别是受力主筋。

(3) 作为强度试验用的芯样，不应取在混凝土有缺陷的部位(如裂缝、蜂窝、疏松区)。

(4) 取样应注意有代表性。

在柱上钻取芯样后要经过切割、端部磨平等工艺，加工成试件。试件直径一般要大于骨料最大粒径的2～3倍；高度为直径的1～2倍。一般建筑结构中梁、柱、剪力墙的混凝土骨料最大粒径在40mm以下，故一般可加工成$D\times H=10cm\times 10cm$的圆柱体试件。我国混凝土标准试块为15cm×15cm×15cm的立方体，尺寸不同时会有差异，应予修正。但对比试验表明，直径为100mm或150mm时，$D:H=1:1$的芯样试件的抗压强度与标准立方体强度相当，因而可不做修正，直接用芯样的抗压强度作为混凝土的立方体强度。

钻芯法应根据《钻芯法检测混凝土强度技术规程》(CECS 03—2007)进行。

5) 拔出法

拔出法是在混凝土构件中埋锚杆(可预置，也可后装)，将锚杆拔出时，连带拉脱部分混凝土。试验证明，这种拔出的力与混凝土的抗拉强度有密切关系，而混凝土抗拉力与抗压力是有一定关系的，从而可据此推算出混凝土的抗压强度。这种方法在美国、日本等国已经制定了试验标准。我国也已开始应用，目前交通运输部、冶金部也已通过了试验的技术标准。对于质量事故的检查，主要用后制锚杆法。

试验取样对单个构件取样不少于一组，对整体结构不少于构件总数的30%。一组试验是指在2m×2m左右范围内取3个测点，由3个测点的算术平均值为推算强度的代表值。当3个值之间的差值中有一差值超过15%时，可取中间值为代表值；如两个差值均超过15%时，应加取一个组(3个点)进行试验，取6个点的平均值为代表值。选择的测点应平整，要清除抹灰、饰面层，应避开蜂窝、孔洞、裂缝及钢筋。测点的厚度应大于两倍锚具置入深度，对于厚度小于150mm的构件，只可在一侧布置测点。拔出法试验步骤如下。

(1) 在混凝土构件上钻孔(如图 2.6 所示，孔径可取 30mm、深 25mm 左右)。

(2) 将钻孔头部扩孔成“⊥”形，下部环形槽深 2～3mm。

(3) 将锚具放入孔内，安装拔出机。

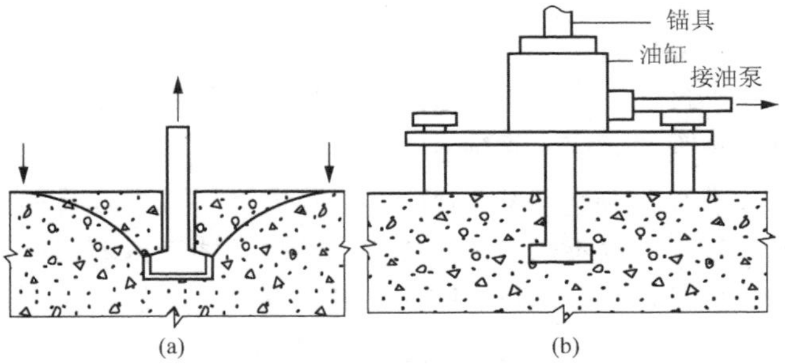

图 2.6　拔出法示意

(4) 拔出锚杆，读出拔出机上的最大拔力值。

强度推断如下：设拔出力为 F_P，则混凝土抗压强度与 F_P 有直线相关关系，即

$$f_c = AF_P + B \tag{2-2}$$

式中：A、B——待定常数，要先率定。

例如，某一地区率定的测强公式为 $f_c = 1.6F_P - 5.8$。

拔出法与钻芯法均为半破损检测法。拔出法的精度比回弹法、超声波法等非破损检验法要高，比钻芯法稍低。但拔出法检测快，一般测一点只需十几分钟，而钻芯法要几天甚至十几天；并且拔出法破损小，破损面直径小于 100mm，深度不超过 30mm，大概在保护层厚度附近，不影响结构强度，因而其使用受限制少，可更广泛地应用。

拔出法的实施有原铁道部颁布的行业标准《混凝土强度后装拔出试验方法》(TB/T 2298.2—1991)可供参照。拔脱法和扳折法目前尚无统一标准。

3. 混凝土内部缺陷的检测

混凝土内部均匀性和缺陷的检测主要采用超声波法。在前面已介绍过用超声波法检测混凝土强度的方法，在此介绍用超声波法检测混凝土内部缺陷的方法。

1) 缺陷部位存在及位置的检测

混凝土结构内部缺陷的探测主要是根据声时、声速、声波衰减量、声频变化等参数的测量结果进行评判的。对于内部缺陷部位的判断，由于无外露痕迹，若逐一普遍搜索，非常费工，效率不高，一般应首先判断对质量有怀疑的部位。做法是以较大的间距(如 300mm) 画出网格，称为第一级网格，测定网格交叉点处的声时值。然后在声时值变化较大的区域，以较小的间距(如 100mm) 画出第二级网格，再测定网格点处的声时值。将数值较大的声时点(或异常点)连接起来，则该区域即可初步定为缺陷区。图 2.7 所示为超声波法测内部缺陷时的网格布置。

声速值在均匀的混凝土中是比较一致的，遇到有孔洞等缺陷时，因经孔隙而变小。但考虑到混凝土原材料的不均匀性，宜用统计方法判定异常点。假设测了 n 个声速点，其平均值为 v_m，标准差为 σ_v。当被测结构构件的厚度不变时，即可用声时值作为判别缺陷的依据。下列声速点可判为有缺陷。

$$v_i < v_m - 2\sigma_v \qquad (2-3)$$

式中：v_i——第 i 个测点的声速值；

v_m——平均声速值，$v_m = \frac{1}{n}\sum_{1}^{n} v_i$；

σ_v——声速的标准差，$\sigma_v = \sqrt{\frac{\sum (v_i - v_m)^2}{n-1}}$。

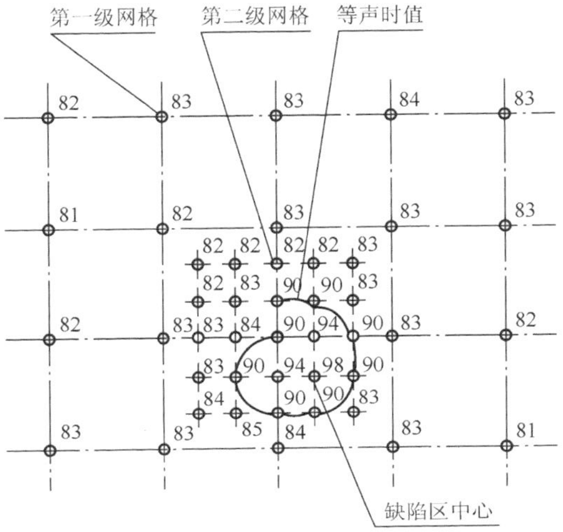

图 2.7　超声波法测内部缺陷时的网格布置

声速值的变化可以判断缺陷的存在，但其变化幅度一般不是很大，构件尺寸不大时更难以判断，一般还要结合接收波形的变化，进行综合判断。关于波形的评判可参考有关资料。

2）混凝土内部缺陷大小的判定

用上述方法确定了内部缺陷的位置以后，其大小可用下列方法测定。

(1) 对测法。如图 2.8 所示，首先在缺陷附近无缺陷处(a)测定声时值 t_0(即声脉冲通过被测定构件的时间)；然后移动探头，到声时最长区，即缺陷的“中心”位置(b)，测得其声时值 t_1。设缺陷(如孔洞)位于构件中部，其横向尺寸为 d，构件厚度为 L，声速为 v，探头直径为 D，则有

$$\begin{cases} L = vt_0 \\ 2\sqrt{\left(\frac{d-D}{2}\right)^2 + \left(\frac{L}{2}\right)^2} = vt_1 \end{cases} \qquad (2-4)$$

解此方程组，可得

$$d = D + L \cdot \sqrt{\left(\frac{t_1}{t_0}\right)^2 - 1} \qquad (2-5)$$

按此式即可判定孔洞的横向尺寸 d。

(2) 斜测法。如果探头尺寸 D 大于内部缺陷的尺寸，则上述对测法无效。这时可用斜测法，如图 2.9 所示，其缺陷尺寸可按式(2-6)估算。

$$d = \frac{L_c}{\sin\alpha} \cdot \sqrt{\left(\frac{t_c}{t_0}\right)^2 - 1} \qquad (2-6)$$

式中：d——缺陷尺寸，m；

L_c——两探头间的最短距离，m；

t_c——超声脉冲绕过缺陷的声时值，m/s；

t_0——按相同方式在无缺陷区测得的声时值，m/s；

α——两探头连线与缺陷平面的夹角，(°)。

以上参数的意义可参照图 2.8 和图 2.9。

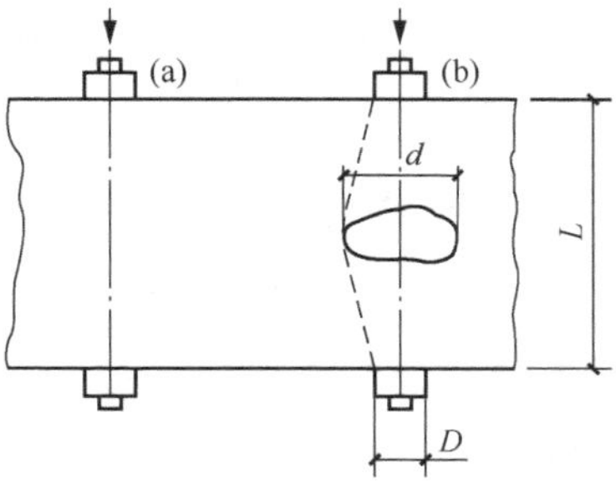

图 2.8　内部孔洞尺寸的对测法

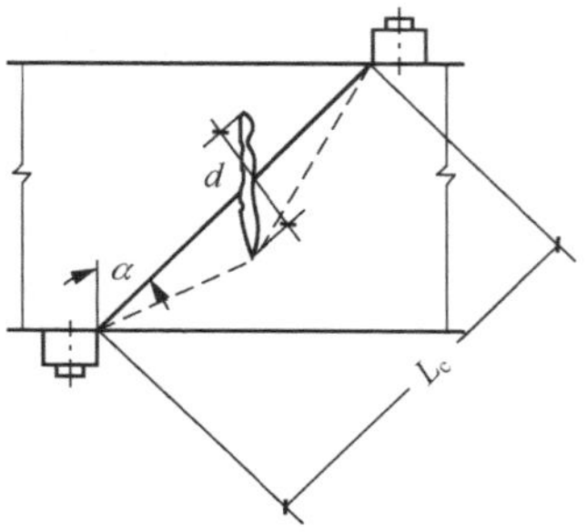

图 2.9　内部孔洞尺寸的斜测法

3）裂缝深度的测定

对于开口垂直于构件表面的裂缝，可按图 2.10 进行测量。首先将探头放在同一构件无裂缝位置，测得其声时值 t_0；然后将探头置于裂缝两边，测出其声时值 t_1。测 t_0 及 t_1 时，应保持探头间距离 l 相同。裂缝深度 h 可按式（2－7）计算。

$$h=\frac{l}{2}\cdot\sqrt{\left(\frac{t_1}{t_0}\right)^2-1} \tag{2-7}$$

需注意的是，$l/2$ 与 h 相近时，测量效果较好。测量时应避开钢筋，一般探头距钢筋轴线的距离为 1.5h 为宜。

如为开口斜裂缝，则可按图 2.11 布置测试。首先在裂缝附近测得混凝土的平均声速 v；然后将一探头置于 A，另一探头跨过裂缝，先置于 D，量得 $AD=l_1$，测得 ABD 的声时值为 t_2；再置于 E，量得 $AE=l_2$，测得 ABE 的声时值为 t_1；E 与裂缝的距离为 l_3，则有方程组

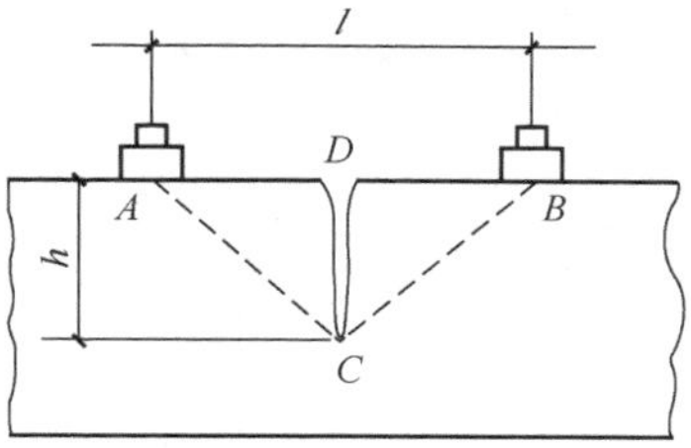

图 2.10　平测法测垂直裂缝的深度

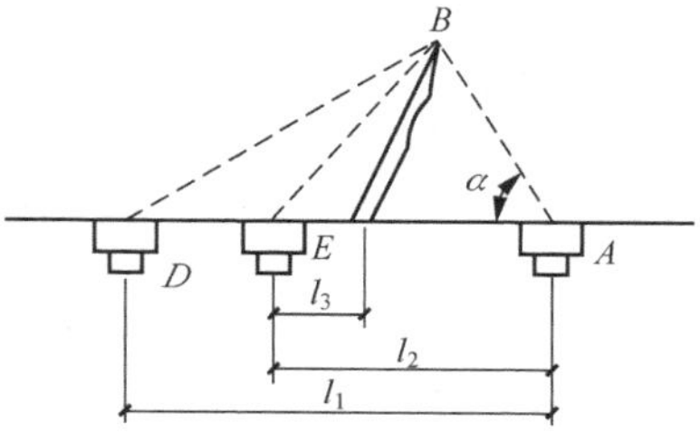

图 2.11　斜裂缝深度的测量

$$\begin{cases}(AB)+(BE)=t_1 v\\(AB)+(BD)=t_2 v\\(BE)^2=(AB)^2+l_2^2-2(AB)l_2\cos\alpha\\(BD)^2=(AB)^2+l_2^2-2(AB)l_1\cos\alpha\end{cases} \tag{2-8}$$

其中：v、t_1、t_2、l_1、l_2 等为测得值，代入后即可解出 AB、BE 及 BD 值，从而可确定裂缝的深度。测量时的注意事项同垂直裂缝的测量。

4. 钢筋的检测

钢筋的检测一般可在构件上进行。凿去保护层即可看到钢筋的数量并测量其直径，然后与图纸对照复核。必要时，可截取钢筋做强度试验，甚至化学成分分析。

此外，可用钢筋检测仪测量钢筋的位置、数量及保护层厚度。我国生产的钢筋检测仪是利用电磁感应原理制成的，如国产 GBH－1 型钢筋检测仪。

检测方法是首先接通电源，探头放在空位(不可接近导磁体)，调整零点，然后把探头垂直于钢筋方向平移(探头平行于所测钢筋的方向)，同时观察指示表上的指针，指针指向最大读数处即为钢筋所在位置。

国外有些钢筋检测仪器可在一定保护层厚度内测得钢筋的直径，国内也开始应用。

5. 钢筋实际应力的测定

钢筋混凝土结构中钢筋实际应力的测定，是对结构进行承载力判断和对受力筋进行受力分析的一种较为直接的方法。

1) 测试部位的选择

一般选取构件受力最大的部位作为钢筋应力测试的部位，因为此部位的钢筋实际应力反映了该构件的承载力情况。

2) 测定步骤

(1) 凿除保护层、粘贴应变片。在所选部位将被测钢筋的保护层凿掉，使钢筋表层清洁，并粘贴好测定钢筋应变的应变片。

(2) 削磨钢筋截面面积，量测钢筋应变。在与应变片相对的一侧用削磨的方法使被测钢筋的截面面积减小，然后用游标卡尺量测其减小量，同时用应变记录仪记录钢筋因截面面积变小而获得的应变增量 $\Delta\varepsilon_s$。

(3) 钢筋实际应力 ε_s 的计算近似可取

$$\sigma_s = \frac{\Delta\varepsilon_s E_s A_{s1}}{A_{s2}} + E_s \frac{\sum_{i=1}^{n} \Delta\varepsilon_{si} A_{si}}{\sum_{i=1}^{n} A_{si}} \tag{2-9}$$

式中：$\Delta\varepsilon_s$——被削磨钢筋的应变增量；

$\Delta\varepsilon_{si}$——构件上被测钢筋邻近处第 i 根钢筋的应变增量；

E_s——钢筋弹性模量；

A_{s1}——被测钢筋削磨后的截面面积；

A_{s2}——被测钢筋削磨掉的截面面积；

A_{si}——构件上被测钢筋邻近处第 i 根钢筋的截面面积。

(4) 重复测试，得到理想结果。重复(2)、(3)步骤。当两次削磨后得到的应力值 σ_s 很接近时，便可停止削磨测试而将此时的 σ_s 值作为钢筋最终要求的实际应力值。

3) 注意事项

(1) 经削磨减小后的钢筋直径不宜小于$\frac{2}{3}d$ (d 为钢筋的原直径)。

(2) 削磨钢筋应分 2～4 次进行，每次都要记录钢筋截面面积减小量和钢筋削磨部位的应变增量。

（3）钢筋的削磨面要平滑。测量削磨后的钢筋截面面积应使用游标卡尺。削磨时，因摩擦将使被削钢筋温度升高而影响应变读数。一定要等到钢筋削磨面的温度与环境温度相同时，方可记录应变仪读数。

（4）测试后的构件补强。在测试结束后，应用 $\phi 20$、$l=200$mm 的短钢筋焊接到被削磨钢筋的受损处，并用比构件强度等级高一级的细石混凝土修补保护层。

2.2 砌体构件的检测

【各种作用的墙体】

砌体构件的检测内容包括材料(砖或其他材料砌块及砂浆)强度、砌体强度、砌体裂缝、砌筑质量等。其中，砌筑质量检查可按有关施工规程的要求进行，一般无技术上的困难，这里不做讨论。砖或其他材料砌块的检测，与建筑材料中砖和砌块的试验方法相同，所不同的仅仅是要将砖样或砌块直接取自已建成的墙体。每次检测时，同类墙砌体上至少应取 5 块试样进行抗压试验检测，然后以其抗压强度的算术平均值作为块材的抗压强度。下面分别讨论砌体裂缝、砂浆和砌体强度的检测。

1. 砌体裂缝的检测

因为砌体中的裂缝是常见的质量问题，裂缝的形态、数量及发展程度对承载力、使用性能与耐久性有很大影响。对砌体的裂缝必须全面检测，包括查测裂缝的长度、宽度、裂缝走向及其数量、形态等。

裂缝的长度可用钢尺或一般的米尺进行测量。宽度可用塞尺、卡尺或专用裂缝宽度测量仪进行测量。对于裂缝的走向、数量及形态应详细地标在墙体的立面图或砖柱展开图上，进而分析产生裂缝的原因并评价其对质量的影响程度。

2. 砌体中砂浆强度的检测

砌体中的砂浆不可能做成标准立方体，无法按常规方法试验。常用的现场检测方法有冲击法和推出法。

1）冲击法

冲击法是在砌体上凿取一定数量的砂浆，加工成颗粒状，由冲击锤将其粉碎。冲击将消耗一定的能量。砂浆粉碎后颗粒变小、变细，其表面积增加。试验研究表明，在一定冲击作用下，砂浆颗粒增加的表面积 ΔA 与破碎功的增加量 ΔW 呈线性关系，而砂浆的抗压强度与单位功的表面积增量 $\Delta A/\Delta W$ 有定量关系，从而可以据此测得砂浆的强度。试验中主要使用的设备是冲击仪、孔径为 12mm 及 10mm 的圆孔筛、一套砂标准筛及感量为 0.01g 的天平。

（1）试件制作。在拟检验的砌体中取硬化的砂浆约 600g(一部分用于测容量，一部分用于做冲击试验)。将其锤击加工成粒径为 10～12mm 的颗粒，形状近于圆形，两个垂直方向的直径之比不宜大于 1.2。可用孔径为 12mm 及 10mm 的筛子筛分，取通过 12mm 孔径而留在 10mm 孔径筛子上的颗粒作为冲击试验的用料。取 180～200g 试料，放入烘箱内，在50～60℃温度下烘烤4～6h(干燥的试样可不必烘烤)，取出在常温下搁置8～12h。试料烘烤干燥后分为3份，每份50g，称量精确至0.01g，即要做3组平行试验。

(2) 试验方法及步骤。根据砂浆的特征，估计其强度的大约范围，按表2-3选好打击锤的质量及落锤高度，然后将试样放入冲击仪的冲击筒中，并将其顶面摊平。整个试验分3个阶段，每个阶段均有冲击、筛分、称重3个步骤。第一阶段，冲击2次，进行筛分与称重；第二阶段，将试样重新放入筒内，摊平，冲击4次，再进行筛分与称重；第三阶段，将试样重新放入筒内摊平，最后冲击4次，然后筛分、称重。第一份试样总计冲击10次，筛分、称重3次。3组试样平行做3次。

表2-3 冲击参数选择表

预计强度/(N/mm²)	硬化砂浆试料特征	冲击总功/(kg·cm)	锤重/kg	落锤高度/cm	冲击次数
<5.0	试料结构酥松，可用手捏碎，容重小于1.9g/cm³	100	1.0	10	10
5.0～10.0	试料棱角易掰掉，肉眼观察孔隙较多，容重在1.95g/cm³左右	180	1.5	12	10
10.0～2.0	试料棱角不易掰掉，结构较密实，容重在2.0g/cm³左右	450	1.5	30	10
2.0～30.0	颜色呈青绿色，需使用工具才能破碎，容重在2.1g/cm³左右	900	2.5	36	10
>30.0	颜色呈青绿色，需使用锐利工具才能破碎，容重在2.1g/cm³以上	1 250	2.5	50	10

注：(1) 当试料经2次冲击后，5mm筛上的筛余量约为42g为宜；若过多或过少，均应适当增大或减少锤重或落锤高度。

(2) 1kg·cm≈0.098J。

测定砂浆容重，可用未冲击的砂浆试样取8cm³左右的块状试件，用蜡封法测定。

测定冲击后试料的表面积。试样粉碎后筛分2min，分别称量各筛子上的筛余量Q_i，然后可按式(2-10)计算试料的总表面积。

$$A=\frac{1}{\gamma_0}10.5\sum_{i=1}^{7}\frac{Q_i}{d_i}+A_8 \text{①} \tag{2-10}$$

式中：A——试样总表面积，cm^2；

γ_0——试样容重，g/cm^3；

Q_i——试料在各号筛子上的筛余量，g；

d_i——各号筛子上试料的平均直径，cm，可参照表2-4。

① 注：小于0.015cm的试料表面积按$A_8=1\,510\frac{Q_8}{\gamma_0}$计算。

表 2-4 各号筛子上试料的平均直径

i	1	2	3	4	5	6	7
i 号筛子上试料粒度范围/cm	1.2～1.0	1.0～0.5	0.5～0.25	0.25～0.12	0.12～0.06	0.06～0.03	0.03～0.015
平均直径 D_i/cm	1.097	0.722	0.361	0.177	0.086 6	0.043 3	0.022

计算破碎消耗功为

$$W=m\cdot h\cdot n \tag{2-11}$$

式中：W——冲击功，kg·cm；

m——落锤重，kg；

h——落锤高度，cm；

n——冲击次数。

计算($\Delta A/\Delta W$)值。一组试验分 3 个阶段，每一阶段均可计算出(A_1，W_1)、(A_2，W_2)、(A_3，W_3)，用最小二乘法，可计算出单位功的单位面积增量，即($\Delta A/\Delta W$)之值。

取 3 组试验的平均值($\Delta A/\Delta W$)，然后按式(2-12)计算砂浆的抗压强度值 f_m(N/mm²)。

$$f_m=64.55\left(\frac{\Delta A}{\Delta W}\right)^{-0.78} \tag{2-12}$$

式(2-12)适用于砂子的细度模数为 $2.1<M_k<2.9$，砂子最大粒径小于 4mm，砂浆用砂量为 1 300～1 600kg/m³ 的水泥砂浆或混合砂浆。否则应重新标定，按对比试验求出有关参数，公式形式仍与式(2-12)相同，即

$$f_m=a\left(\frac{\Delta A}{\Delta W}\right)^{b} \tag{2-13}$$

式中：参数 a、b 应经试验确定。

2） 推出法

推出法是利用小型推出装置对砖砌体中处于统一边界条件下的丁砖施加水平推力，用以间接推算出砂浆抗压强度的一种方法。所谓统一边界条件，是指欲被推出的砖的顶面及两侧的砂浆层均已清除的情况。

推出法的测试包括测区选择、清砂浆缝、推出 3 个步骤。

(1) 测区选择的原则是尽量做到有代表性和可操作性。测区宜在墙体上均匀布置，应避开施工中预留的各种孔洞，被检测到的砖的端面应平整，砖下的水平砂浆层的厚度应为 9～11mm。测区大小以能进行 6 块推出砖的检测工作为宜。对于抽样评定的墙体，随机抽样数量应不少于该总量的 30%，且不少于 3 片墙体。

(2) 清砂浆缝是为了使推出装置安装就位，如图 2.12 所示，并保证被测砂浆层处于统一的边界条件。具体做法：先用冲击钻及特制金刚石锯将被推砖顶部的砂浆层锯掉，然后用扁铲插入上一层砂浆中轻轻撬动，使被推砖上部的两块顺砖脱落取下，形成一个断面尺寸为 240mm×60mm 的孔洞，最后再用锯将被推砖两侧缝砂浆清除，为推出检测做好准备。

(3) 最后的步骤是推出。待清好缝后，把推出装置安装在已处理好的孔洞中，接好传感器与仪表并清理归零，用专用扳手旋转加载螺杆对推出砖加载，观察传感器仪表，记录下砖被推出时最大的推出值，随即取下被推出砖测量，并记录砂浆饱满度值。

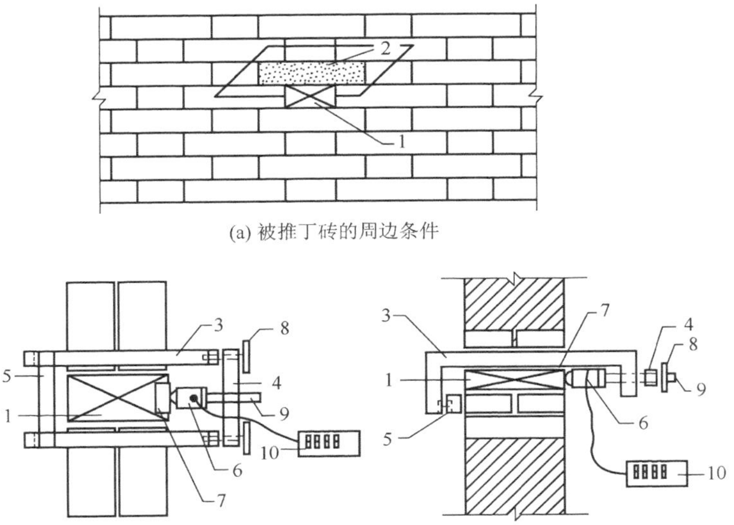

(a) 被推丁砖的周边条件

(b) 推出装置安装后平面　　(c) 推出装置安装后剖面

图 2.12　推出法的推出装置安装

1—被推出丁砖；2—被清除砖及砂浆竖缝；3—支架；4—前梁；5—后梁；6—传感器；7—垫片；8—调平螺钉；9—传力丝扣；10—推出力显示器

得出极限推出力 P 后，即可由下式算得砂浆的抗压强度 f_P。

$$f_P = 0.298 K_B P^{1.193} \tag{2-14}$$

式中：K_B——砂浆饱满度 B 对 f_P 的修正系数，$K_B=(1.25B)^{-1}$。

3. 砌体强度的检测

有了砌块与砂浆的强度，即可按砌体结构设计规范推算出砌体强度，这是一种间接测定砌体强度的方法。有时希望直接测定砌体的强度，下面介绍直接测定法。

1）实物取样试验

在墙体适当部位选取试件，一般截面尺寸为240mm×370mm或370mm×490mm，高度为较小边长的2.5～3倍。将试件外围四周的砂浆剔去，注意在墙长方向(即试件长边方向)可按原竖缝自然分离，不要敲断条砖，留有马牙槎，只要核心部分长370mm或490mm即可。四周暂时用角钢包住，小心取下，注意不让试件松动。然后在加压面用1∶3的砂浆坐浆抹平，养护7d后加压。加压前要先估计其破坏荷载 N，加压时的第一级加破坏荷载的20%，以后每级加破坏荷载的10%，直至破坏。设破坏荷载为 N，试件截面面积为 A，则砌体的实际抗压强度按式(2-15)计算。

$$f_m = N/A \tag{2-15}$$

2）扁顶法

扁顶法是用一种特制的扁千斤顶在墙体上直接测量砌体抗压强度的方法(图2.13)。它的测试过程在墙体垂直方向相隔5皮砖凿开两个相当于扁千斤顶的水平槽，宽为240mm，高为70～130mm，然后在两槽内各嵌入一个千斤顶并用自平衡拉杆固定，用手动油泵对槽间砌体分级加载至受压砌体的抗压强度 f_m。

$$f_m = N/(KA) \tag{2-16}$$

式中：f_m——砌体抗压强度的推定值，MPa；

A——受压砌体截面面积，mm^2；

N——试验的破坏荷载，N；

K——强度换算系数，$K=1.29+0.67\delta_0$（δ_0 为被测试砌体上部结构引起的压应力值，值得注意的是，当 $\delta_0 \geqslant 0.6$MPa 时，取 $\delta_0=0.6$MPa；δ_0 代入公式时，不带单位）。

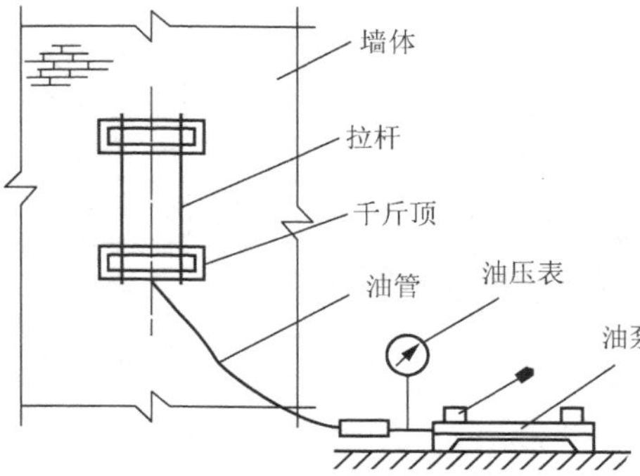

图 2.13　扁顶法测量砌体抗压强度

2.3　钢构件的检测

【钢结构施工】

钢材为工业化产品，材性优越，质量可靠，而钢构件一般也采用工厂制作、现场安装的施工方式，因此钢构件的性能总体上有较好的保障。但是，在复杂应力的作用下或在复杂的使用环境中，钢构件还是存在一些特殊的问题，除了强度破坏，还可能出现失稳破坏、疲劳破坏和脆性破坏，同时构件中的连接问题也较为突出，包括焊缝连接和螺栓连接。

钢构件中的型钢如由正规钢厂出厂，并具合格证明，则一般材料的强度及化学成分是有保证的。检测的重点在于加工、运输、安装过程中产生的偏差与失误，主要内容如下。

(1) 构件整体平整度的检测。

(2) 构件长细比、局部平整度及损伤的检测。

(3) 连接的检测（应作为重点）。

如果钢材无出厂合格证明，或者来路不明，则应再增加检测钢材及焊条的材料力学性能，必要时还需检测其化学成分。此项在材料试验规程中有规定，一般由施工安装单位自身或委托有关单位按常规试验进行，这里不做介绍。

1. 构件整体平整度的检测

梁和桁架构件的整体变形有垂直变形和侧向变形，因此要检测两个方向的平直度。柱子的变形主要有柱身倾斜与挠曲。

检查时，可先目测，发现有异常情况或疑点时，对于梁或桁架，可在构件支点间拉紧一根细铁丝，然后测量各点的垂度与偏度；对柱子的倾斜度则可用经纬仪检测；对柱子的挠曲度可用吊线垂法测量。若超出规程允许范围，应加以纠正。

2. 构件长细比、局部平整度和损伤的检测

在粗心的设计中或施工时构件截面型钢代换中，构件的长细比常被忽视而不满足要求，在检查时应重点加以核准。

构件的局部平整度可用靠尺或拉线的方法检查，其局部挠曲应控制在允许范围内。

构件的裂缝可用目测法检查，但主要用锤击法检查，即用包有橡皮的木锤轻轻敲击构件各部分，如声音不脆、传音不均、有突然中断等异常情况，则必有裂缝。另外，也可用10倍放大镜逐一检查。若疑有裂缝，尚不肯定时，可用滴油的方法检查。无裂缝处，油渍会呈圆弧形扩散；有裂缝处，油会渗入裂隙呈直线状伸展。

当然也可用超声探伤仪检查，这在前一节中已叙述过。对钢结构的检查，原理和方法与检查混凝土时相仿，这里不再赘述。

3. 连接的检测

钢结构事故往往出在连接上，故应将连接作为重点对象进行检查。

连接板的检查包括检测连接板尺寸(尤其是厚度)是否符合要求；用直尺作为靠尺检查其平整度；测量因螺栓孔等造成的实际尺寸的减小；检测有无裂缝、局部缺损等损伤。

焊接连接目前应用最广，出事故也较多，应检查其缺陷。焊缝的缺陷种类不少，有裂纹、气孔、夹渣、虚焊、未熔透、咬肉、弧坑等，如图2.14所示。检查焊缝缺陷时，首先进行外观检查，借助于10倍放大镜观察，并可用小锤轻轻敲击，细听异常声响。必要时可用超声探伤仪或射线探测仪检查。

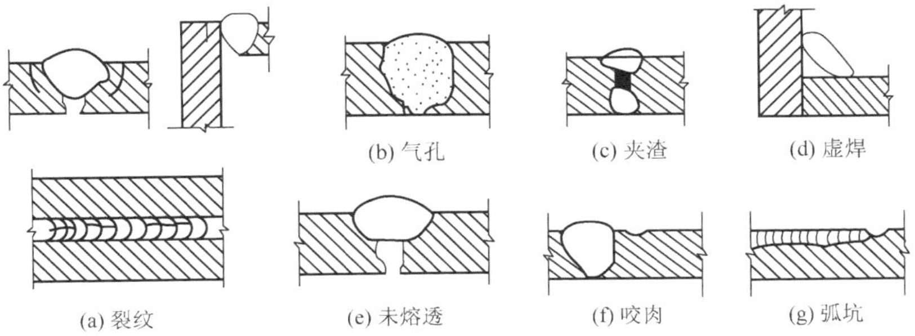

图 2.14 焊接的缺陷

对于螺栓连接，可用目测、锤敲相结合的方法检查，并用示功扳手(当扳手达到一定的力矩时，带有声、光指示的扳手)对螺栓的紧固性进行复查，尤其对高强螺栓的连接更应仔细检查。

受剪螺栓连接有螺杆剪切破坏、孔壁挤压破坏、连接截面破坏、端孔剪切破坏、螺杆弯曲变形5种破坏形式，如图2.15所示。对于摩擦型高强度螺栓，其承载能力极限状态以接触面不产生滑移为标志，如果使用过程中接触面出现滑移，则意味着连接破坏。对于承压型高强度螺栓，其承载能力极限状态同普通螺栓，但正常使用极限状态以接触面不产生滑移为标志；如果使用过程中接触面出现滑移，则意味着连接不满足正常使用的要求(承载力可能满足要求)。

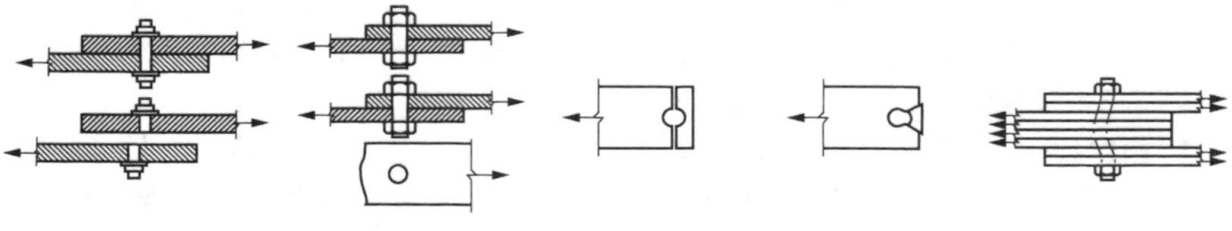

图 2.15　受剪螺栓连接的破坏形式

受拉螺栓连接的破坏形式主要是螺栓断裂。除了强度破坏的原因，高强度螺栓还可能因延迟断裂而破坏。

在实际工程中，由于各种原因，螺栓还可能出现松动、脱落、锈蚀等现象。

此外，对螺栓的直径、个数、排列方式也要一一检查。

2.4　建筑物的变形观测

1. 建筑物的倾斜观测

可用经纬仪对建筑物的 4 个阳角进行倾斜观测，然后综合分析得出整个建筑物的倾斜程度。

图 2.16 所示为用经纬仪对建筑物某阳角的倾斜观测。由该阳角顶点 M 向下投影得点 N，量出 NN'水平距离 a 及经纬仪与 M、N 点的夹角 α，$MN=H$，经纬仪高度为 H'，经纬仪与建筑物间的水平距离为 L，则

$$H=L\times\tan\alpha \tag{2-17}$$

建筑物的斜度为

$$i=a/H \tag{2-18}$$

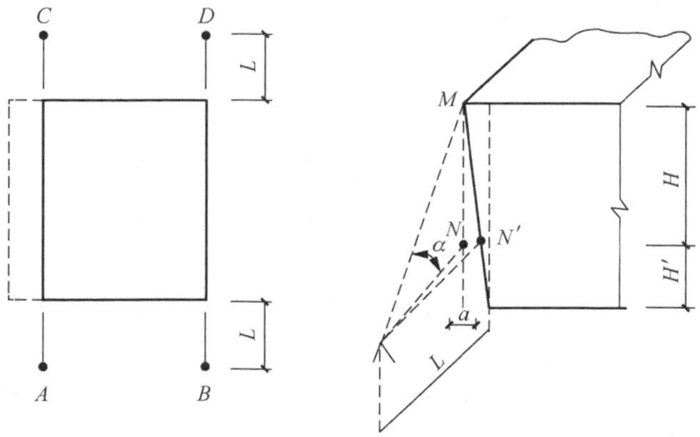

(a) 建筑物平面　　(b) 在建筑物一角观测

图 2.16　用经纬仪对建筑物某阳角的倾斜观测

建筑物该阳角的倾斜量为

$$\bar{a}=i\ (H+H') \tag{2-19}$$

用同样的方法，也可得到其他各阳角的倾斜度、倾斜量，从而可进一步描述整栋建筑物的倾斜情况。

2. 建筑物的沉降观测

建筑物的沉降观测包括沉降的长期观测和不均匀沉降观测两部分内容。

1）建筑物沉降的长期观测

建筑物沉降的长期观测是指在一定时间范围内对建筑物进行连续的沉降观测。

观测的仪器主要是水准仪。一般要求在建筑物附近选择布置3个水准点。水准点的选择应注意稳定性，即水准点高程无变化；独立性，即不受建筑物沉降的影响；同时还应注意使观测方便。此外，建筑物沉降观测点的位置和数目应能全面反映建筑物的沉降情况。观测点的数目一般不少于6个，通常沿建筑物四周每隔15～30m布置一个，且一般设在墙上，用角钢制成，如图2.17所示。

水准测量采用Ⅱ级水准，采用闭合法。在观测时应随时记录气象资料，以便于分析。施工期间的观测次数应不少于4次。已使用的建筑物则应根据每次沉降量的大小确定观测次数。一般是以沉降量在5～10mm以内为限度。当沉降发展较快时，应增加观测次数。随着沉降的减少而逐渐延长沉降观测的时间间隔，直至沉降量稳定。

观测时，水准尺离水准仪的距离为20～30mm，水准仪距前、后视水准尺的距离要相等。读完各观测点后，要回测后视点，同一后视点的两次读数差要求小于1mm。根据沉降观测记录计算出各观测点的沉降量和累计沉降量，同时绘出时间-荷载-沉降曲线图。图2.18所示为某工程4个测点的时间-荷载-沉降曲线图。

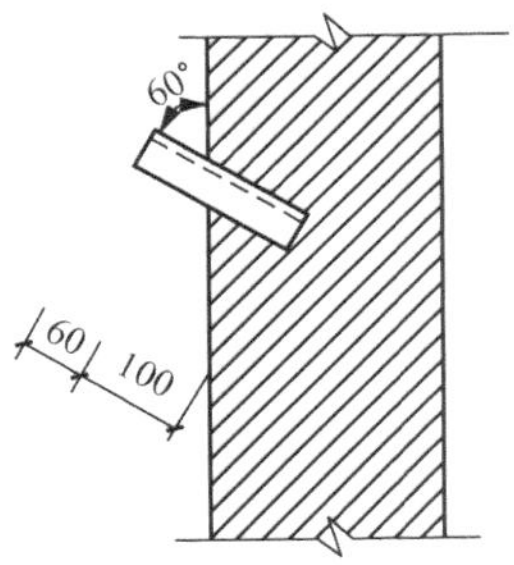

图2.17　沉降观测点示意

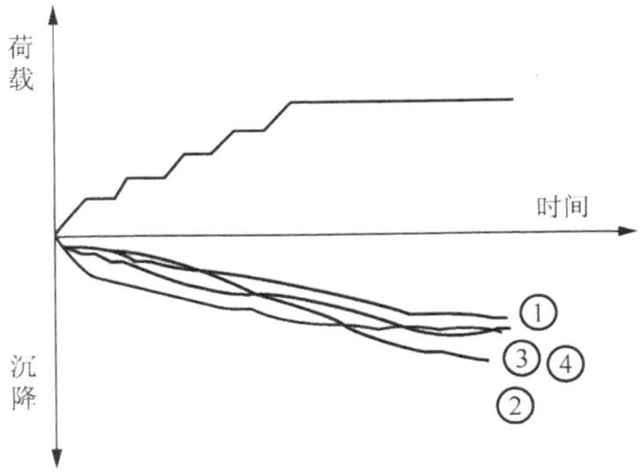

图2.18　时间-荷载-沉降曲线图

2）建筑物不均匀沉降观测

建筑物的不均匀沉降除了可通过上述方法计算得到外，还可由下述步骤得到。

首先，由于在对实际建筑物进行现场检测时，不均匀沉降已经发生，故可了解建筑物不均匀沉降的初步情况。

其次，在已经发生沉降量最大的地方及建筑的阳角处，挖开覆土露出基础顶面，作为选择的观测点。

再次，可布置仪器进行数据测读。一般是采用水准仪和水准尺，并且将水准仪布置在与两观测点等距离的地方，同时将水准尺放在观测点处的基础顶面，即可从同一水平的读数得知两观测点之间的沉降差。如此反复，便可得知其他任意两观测点间的沉降差。

最后，将以上步骤得到的结果汇总整理，就可以得出建筑物当前不均匀沉降的情况。

应用案例 2－1

上海展览馆的中央大厅为箱形基础，基础面积为 46.5m×46.5m，半地下室，基底压力为 130kPa，附加压力约为 120kPa，1954 年建成，30 年后累计沉降量已超过 1.8m，沉降影响范围超过 30m，使相邻两侧展览厅墙体严重开裂，直至目前沉降才基本稳定。

上海某厂铸钢车间露天跨，堆载为 100kPa，压于基础上，造成轨顶最大位移值达 125cm，柱基最大相对内倾值达 0.012 5，导致吊车卡轨、滑车，工字形柱倾斜、出现裂缝。

应用案例 2－2

混凝土强度计量抽样检测

某工程为钢筋混凝土扩建框架结构，同强度的框架梁检验批容量为 100 个构件，设计强度等级为 C30。因标准试块数量不够，验收需现场检验该批构件的混凝土强度。首先确定抽验数量，查《建筑结构检测技术标准》(GB/T 50344—2004)表 3.3.13 得样本最小容量为 20 个。现场检测采用回弹法，每个构件 10 个测区，共 200 个测区，测区回弹法检测的统计结果如下。

$$\mu=37.0\text{MPa},\ S=4.0$$

查《建筑结构检测技术标准》(GB/T 50344—2004)表 3.3.19 得

$$k_1=1.174\ 58,\ k_2=2.396\ 00$$

推定区间

$$Z=(k_2-k_1)S=(2.396\ 00-1.174\ 58)\times4.0=1.221\ 42\times4.0\approx4.9(\text{MPa})$$

推定区间小于材料强度相邻等级的差值 5.0MPa，可以按批评定

$$X_{k1}=\mu-k_1S=37.0-1.174\ 58\times4.0=37.0-4.698\ 32=32.301\ 68(\text{MPa})$$

$$X_{k2}=\mu-k_2S=37.0-2.396\ 00\times4.0=37.0-9.584=27.416(\text{MPa})$$

$X_{k1}>30\text{MPa}$，符合设计要求。

2.5 建筑结构的可靠性鉴定

2.5.1 可靠性鉴定概述

1. 可靠性鉴定的目的

建筑结构鉴定的目的是利用检测手段，通过科学分析，按结构设计规范和相应标准要

求，推断结构的现存抗力和剩余寿命，为工程事故的处理、决策提供依据。

2. 结构可靠性的概念

结构可靠性是指在规定的时间和条件下结构完成预定功能的能力。结构的预定功能主要包括结构的安全性、适用性和耐久性。

3. 已有建筑物进行可靠性鉴定的必要性

(1) 建筑物经过几十年的使用，甚至有的已经超过使用年限，发生了不同程度的老化。

(2) 已有建筑物发生了异常的变形和裂缝。

(3) 已有建筑物由于某种原因发生了一次或多次失稳或脱落事故。

(4) 对重要的特殊建筑物，需要定期检测鉴定。

(5) 建筑物遭受地震、火灾、台风、爆炸等偶然事件的破坏等。

(6) 生产发展、荷载变更。

知识链接 2-1

安全性是指结构在正常施工和正常使用的条件下，承受可能出现的各种作用的能力，以及在偶然事件发生时和发生后，仍能保持必要的整体稳定性的能力，如结构的承载力、构件连接、塑性变形、抗倾覆和抗滑动稳定及压杆稳定等。

适用性是指结构在正常使用条件下，满足预定功能要求的能力，如正常使用要求的允许变形(挠度、外观变形等)、裂缝、缺损等。

耐久性是指在正常维护条件下，随时间变化而能满足预定功能要求的能力，如结构材料的老化(混凝土碳化、钢筋锈蚀)等。

结构可靠性鉴定就是通过调查、检测、分析和判断等手段，对实际结构的安全性、适用性和耐久性进行评定，取得结论的全过程。

2.5.2 可靠性鉴定的方法、标准和程序

1. 鉴定方法

当前，建筑结构的可靠性鉴定方法有传统经验法、实用鉴定法和概率法。

1) 传统经验法

传统经验法是我国习用的鉴定方法。这种方法是在按原设计规程校核的基础上，根据现行规范规定凭经验判定。它具有鉴定程序少、方法简便、快速、直观及经济等特点，主要用于较易分析的一般性建筑物的鉴定。该方法要求鉴定人员的水平要高。即使这样，鉴定结论也可能因人而异。

2) 实用鉴定法

实用鉴定法是在传统经验法的基础上发展起来的。它运用数理统计理论，采用现代化的检测技术和计算手段对建筑物进行多次调查、分析、逐项评价和综合评价。实用鉴定法一般需进行以下3项工作。

(1) 初步调查。调查建筑物概况，包括建设规模、图纸资料、用途变化、环境条件、结构形式及鉴定目的等。

(2) 调查建筑物的地基基础(基础和桩、地基变形及地下水)、建筑材料(混凝土和钢

材、砖的性能和围护结构的材料）、建筑结构(结构尺寸、变形、裂缝、损伤、接头、承载能力等）。

（3）结构计算和分析，以及在实验室进行构件试验或模型试验。

特别提示

实用鉴定法需要由专门机构完成，并要花费相当多的时间和资金。在实际工作中，其往往与传统经验法相结合，以弥补经验法的不足，提高鉴定的可靠性。

3）概率法

概率法是运用概率和数理统计原理，采用非定值统计规律对结构的可靠度进行鉴定的一种方法，又称可靠度鉴定法。其基本概念是把结构抗力 R、作用力 S 作为随机变量分析。它们之间的关系表示为：当 $R>S$ 时，表示可靠；当 $R=S$ 时，表示合格，达到极限状态；当 $R<S$ 时，表示失效。

失效的可能性用概率表示，称为失效概率。只要计算出失效概率，即可得到建筑物的可靠度。但是，失效概率的计算是建立在大量可信的结构损耗情况的原始数据基础上的，而收集大量的数据是很困难的。

目前，对建筑结构的鉴定多数采用经验鉴定法和实用鉴定法，概率法的应用仅限于近似概率法。而概率法的应用必将提高建筑物可靠性鉴定的科学性。

2. 鉴定标准

目前，我国编制的以建筑结构可靠性理论为核心的鉴定标准、规程有《工业建筑可靠性鉴定标准》(GB 50144—2008)。实践证明，此标准的原则也适用于民用建筑物的鉴定，只是有些具体规定，如综合鉴定评级等不能直接使用，要根据标准原则做具体判断。

《工业建筑可靠性鉴定标准》(GB 50144—2008)，扩大了原标准《工业厂房可靠性鉴定标准》(GB 50144—1990)的适用范围，将钢结构鉴定从原来的单层厂房扩充到多层厂房，增加了常见工业构筑物可靠性鉴定的内容；并对原行业标准《钢铁工业建(构)筑物可靠性鉴定规程》(YBJ 219—1989)中的构筑物(包括烟囱、贮仓、通廊)鉴定评级的相关条文进行了修订，增加了水池鉴定评级的内容，根据工业构筑物的特点，规定了可靠性鉴定评级的层次、结构系统划分及检测评定项目等，并单列一章“工业构筑物的鉴定评级”。

此外，住房和城乡建设部的房管部门编制了一系列民房鉴定标准，主要包括《危险房屋鉴定标准》(JGJ 125—2016)、《民用建筑可靠性鉴定标准》(GB 50292—2015)等。这几种标准采用的也是实用鉴定法。鉴定中进行细致全面的检查，必要时辅以测试和验算，以保证鉴定的准确性。对地震区的结构可靠性鉴定尚需依据《建筑抗震鉴定标准》(GB 50023—2009)的要求进行。

以上标准和规程是针对专业鉴定人员编写的。鉴定工作要在专业工程师及以上资格者的主持下完成，对鉴定人员的工程经验和理论知识要求较高。

3. 鉴定程序

对于建筑结构可靠性鉴定程序，虽然不同的标准会存在一些差别，但大致都按如图 2.19所示的程序进行。

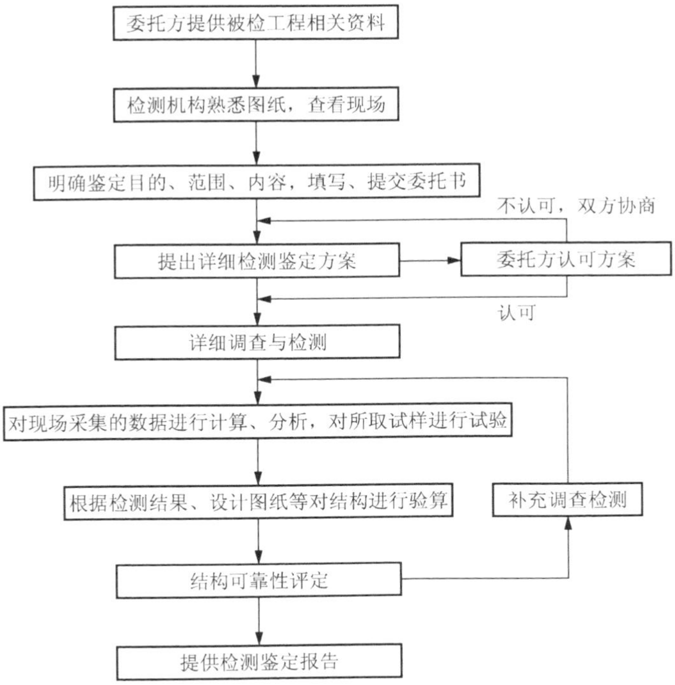

图 2.19 可靠性鉴定程序

2.5.3 结构安全性评定

1. 鉴定范围

当出现下列情况之一时，需对建筑结构的可靠性进行评定，以确保结构的安全使用。鉴定对象可以是建(构)筑物整体，也可以是其中相对独立的部分。

(1) 施工质量未达到设计或施工验收规范要求，或结构存在较严重的质量缺陷。

(2) 遭受灾害、发生工程事故，需要分析灾害或事故对结构可靠性的影响。

(3) 达到设计使用年限，拟继续使用时。

(4) 用途或使用环境改变且对结构可靠性有不利影响时。

(5) 出现材料性能劣化、构件损伤或其他不利状态等。

(6) 对结构的可靠性有怀疑或有异议，需要准确掌握结构的可靠性水平时。

(7) 需要全面、大规模维修、改建或扩建时。

(8) 存在其他影响结构可靠性的问题(如振动、疲劳、存在耐久性损伤)时。

(9) 其他需要对结构可靠性进行评定的情形。

可靠性评定可分为安全性评定、适用性评定和耐久性评定，实际工程评定时可以是其中的一项或几项，必要时对既有建筑尚应进行抗灾害能力的评定。在实际工程中，安全性往往是结构可靠性评定的重要组成部分。

上述需要进行可靠性评定的情形有的是在施工过程中出现的，有的是在结构投入使用后在使用过程中出现的。

2. 鉴定机构和人员要求

2005 年 11 月 1 日施行的建设部令第 141 号《建设工程质量检测管理办法》第四条规定：检测机构是具有独立法人资格的中介机构；检测机构应取得相应的资质证书；检测机构未取得相应的资质证书，不得承担本办法规定的质量检测业务。

依据以上规定，结合工程鉴定领域的具体情况，通常对检测鉴定人员有如下规定。

（1）检测鉴定人员必须经过培训取得上岗资格。对特殊的检测项目，检测人员应有相应的检测资格证书。

（2）必须有两名以上检测鉴定人员参加。对特殊复杂的鉴定项目，鉴定机构可另外聘请专业人员或邀请有关部门指派人员参与鉴定。

3. 鉴定工作内容

（1）委托方提供被检工程相关资料。委托方将被检工程的相关资料提供给检测鉴定机构，提供的资料一般包括设计图纸、工程地质勘察报告、拟提请检测鉴定机构解决的问题及相关材料等。

（2）检测机构熟悉图纸，查看现场。检测鉴定机构在收到委托方提供的资料后，组织相关人员进行初步调查，主要包括以下内容。

① 查阅图纸资料，如岩土工程勘察报告、设计计算书、设计变更记录、施工图、施工及施工变更记录、竣工图、竣工质检及验收文件(包括隐蔽工程验收记录)、定点观测记录、事故处理报告、维修记录、历次加固改造图纸和资料、事故处理报告等。

② 调查该建筑的历史情况，如施工、历次维修、加固、改造、用途变更、使用条件与荷载改变及受灾害等情况。

③ 考察现场，按资料核对实物，调查被检测建筑结构的现状缺陷、使用条件、内外环境，以及目前存在的问题。

④ 听取有关人员的意见。

⑤ 进一步明确委托方的检测目的和具体要求，并了解是否已进行过检测。如已进行过检测，则需详细调查再次检测的原因、与上次检测有关的信息(包括检测内容、检测方法、测点布置情况、检测结论等)、双发争议的焦点等。

（3）明确鉴定目的、范围、内容，填写、提交委托书。双方沟通后，鉴定目的、范围、内容就会基本清楚，这时委托方需要填写书面委托书。大部分检测机构都有委托书的标准格式，委托书一般包括以下内容。

① 工程的基本概况，如工程名称、工程地点、施工时间、工程批准号等。

② 委托单位的基本信息，如委托单位名称、通信地址、邮编、电话、联系人等。

③ 该工程其他有关单位的信息，如建设单位名称、设计单位名称、施工单位名称、监理单位名称等。

④ 委托方提供资料名称。

⑤ 工程及质量概况，有无质量纠纷，是否涉及诉讼，该工程是否已进行过检测/检查(如有，需注明检测/检查单位名称)。

⑥ 委托项目、要求和检测/检查依据。

委托书一般需要委托方代表人签字，并由委托单位盖章后生效。

需要注意的是，当工程存在质量纠纷时，原则上应由双方委托。诉诸法院或仲裁委员会的，可由法院或仲裁委员会委托。

(4) 提出详细检测鉴定方案。检测鉴定方案应根据鉴定对象的特点、初步调查结果和委托方的要求制定，内容应包括工程概况、检测鉴定内容、检测鉴定的依据、拟采取的检测与鉴定方法、抽检数量、检测进度计划和时间安排、需由委托方完成的准备工作及所需的检测鉴定费用等。有时检测鉴定方案还包括其他内容，如安全措施(包括消防安全、人员安全等)，主要检测仪器设备，检测鉴定项目组主要成员名单，参加人员的职务、职称及在该鉴定任务中担任的职责等。

(5) 详细调查及检测。在与委托方协商并通过检测方案后，应进入详细调查和现场检测阶段。调查一般包括建筑物本身的调查和使用条件的调查与检测。现场检测部分主要涉及以下调查内容。

① 建筑物的调查与检测，包括地基基础、上部承重结构和围护结构系统3个部分。

② 使用条件的调查和检测，包括结构上的作用、使用环境和使用历史3部分内容，并应考虑使用条件在目标使用年限内可能发生的变化。

③ 现场检测。现场检测项目可根据结构可靠性评定需要及工程具体情况确定，对照检测鉴定方案进行，进行结构检测的目的是为结构鉴定提供参数。某些检测项目可能主要针对结构安全性和抗灾害能力，而另一些检测项目可能主要针对结构适用性或结构耐久性。检测对象可能是结构体系和构件布置，也可能是地基基础、上部结构或维护结构。

(6) 对现场采集的数据进行计算、分析，对所取试样进行试验。具体内容可参见相关著作。

(7) 根据检测结果、设计图纸等对结构进行验算。通过以上的调查与检测，基本上就掌握了对结构进行分析所需要的信息和参数。结构分析工作与结构设计时进行的验算分析类似，差别在于对于结构的分析与校核所采用的部分参数需根据现场实测结果取值。对工业建筑结构和民用建筑结构进行的分析与校核大致相同。

(8) 结构可靠性评定。在完成以上各项工作后，就可以对结构进行可靠性评定。在此主要研究安全性评定，目前对结构的可靠性评定主要有两种方式。

① 参照《工业建筑可靠性鉴定标准》或《民用建筑可靠性鉴定标准》进行分级评定。

需要特别指出的是，这两本标准均规定，对处于地震区、特殊地基土地区或灾害后、特殊环境中的建筑，除应执行该标准外，尚应遵守国家现行有关标准规范的规定。

② 参照相关标准直接进行评定，评定时需将安全性、耐久性和适用性分开。

按《工程结构可靠性设计统一标准》(GB 50153—2008)附录G的规定：既有结构的可靠性评定可分为安全性评定、适用性评定和耐久性评定，必要时尚应进行抗灾害能力的评定。

工程结构的安全性评定应分成结构体系、构件承载能力和构造措施。结构抗灾害能力中的建筑抗震结构体系与相应的构造措施、建筑的防火、结构的抗意外事故倒塌，可作为结构安全性的评定项目。

(9) 提供检测鉴定报告。建筑结构可靠性鉴定报告应包括下列内容：建筑物概况；鉴定的目的、范围和内容；检测鉴定依据；检测鉴定方法及检测结果；依据检测结果、设计图纸、相关规范进行结构分析的过程及结果；根据检测结果及结构分析结果做出的可靠性鉴定结论；对结构存在问题的处理建议。

对结构存在问题提出处理建议时，需考虑多种因素（如处理费用、技术可行性、现实可行性、对正常使用的影响及影响程度、建筑物的预期使用年限及用途等）综合确定。例如，考虑经济因素而接受现状，采取加固补强措施，改变使用条件或改变用途，拆除部分结构或全部结构等。

2.5.4 结构适用性评定

当结构的安全性满足要求时，对结构使用构成影响的问题即归于结构适用性问题，如开裂、变形、位移、倾斜、渗漏、晃动、振动等。

结构适用性检测与评定技术的主要工作内容是评定结构是否存在适用性问题，判定产生问题的原因(为采取处理措施提供依据)及问题继续恶化的可能性。

建筑结构构件的适用性评定可参考《工业建筑可靠性鉴定标准》或《民用建筑可靠性鉴定标准》进行。这两本标准都采用了分级评定模式，鉴定人员也可根据所检测构件的具体情况及构件在结构整体中的作用来综合分析、评定。下面介绍各类构件的适用性极限状态指标，超过该指标时应采取措施。

1. 混凝土构件

混凝土构件的使用性一般按裂缝、变形、缺陷和损伤、腐蚀 4 个项目进行评定。

(1) 混凝土构件的裂缝项目适用性指标。

① 混凝土构件的受力裂缝宽度超过表 2-5～表 2-7 的规定时即视为适用性超标，应采取措施。

② 混凝土构件因钢筋锈蚀产生的沿筋裂缝在腐蚀项目中评定，其他非受力裂缝应查明原因，判定裂缝对结构的影响，根据具体情况进行评定。

表 2-5 钢筋混凝土构件裂缝宽度指标

环境类别	构件种类与工作条件		裂缝宽度/mm
一	室内正常环境	重要构件	>0.4
		次要构件	
二	露天或室内高湿度环境		>0.3
三	露天或室内高温度环境		>0.3
四	除冰盐环境，滨海室外环境		>0.2

表 2-6 采用热轧钢筋的预应力混凝土构件裂缝宽度指标

环境类别	构件种类与工作条件		裂缝宽度/mm
一	室内正常环境	重要构件	>0.10
		次要构件	>0.35
二	露天或室内高湿度环境		>0.05
三	除冰盐环境，滨海室外环境		>0.02

表 2-7 采用钢绞线、热处理钢筋、预应力钢丝配筋的预应力混凝土构件裂缝宽度指标

环境类别	构件种类与工作条件		裂缝宽度/mm
一	室内正常环境	重要构件	>0.05
		次要构件	>0.10
二	露天或室内高湿度环境		>0.02
三	除冰盐环境，滨海室外环境		有裂缝

注：(1) 当构件出现受压及剪压裂缝时，裂缝项目直接评为适用性超标。
(2) 对于采用冷拔低碳钢丝配筋的预应力混凝土构件裂缝宽度的适用性指标，可参考有关技术规程评定。

(2) 混凝土构件的变形适用性指标。

混凝土构件的变形适用性指标见表 2-8。

表 2-8 混凝土构件的变形适用性指标

构件类别		变形限值
单层厂房托架、屋架		$>l_0/450$
多层框架主梁		$>l_0/350$
屋盖、楼盖及楼梯构件	$l_0>9$m	$>l_0/250$
	7m$\leqslant l_0\leqslant$9m	$>l_0/200$
	$l_0<7$m	$>l_0/175$
吊车梁	电动吊车	$>l_0/500$
	手动吊车	$>l_0/450$

注：(1) 表中 l_0 为构件的计算跨度。
(2) 本表所列为按长期荷载效应组合的变形值，应减去或加上制作反拱或下挠值。

(3) 混凝土构件缺陷和损伤项目适用性指标。

当混凝土构件有较大范围的缺陷和损伤，或者局部有严重的缺陷和损伤，且缺损深度大于保护层厚度时，即视为适用性超标，应采取措施。

缺陷一般指构件外观存在的缺陷，当施工质量较差或有特殊要求时，尚应包括构件内部可能存在的缺陷；损伤主要指机械磨损或碰撞等引起的损伤。

(4) 混凝土构件腐蚀项目适用性指标。

一般当外观有沿筋裂缝或明显锈迹或表面有明显腐蚀损伤时，即视为适用性超标，应采取措施。

2. 钢构件

钢构件的适用性按变形、偏差、一般构造和腐蚀等项目进行评定。

钢构件的变形是指荷载作用下梁、板等受弯构件的挠度。当其不满足国家现行相关设计规范和设计要求，对正常使用有明显影响时，即视为适用性超标，应采取措施。

钢构件的偏差包括施工过程中存在的偏差和使用过程中出现的永久性变形。当其不满足国家现行相关施工验收规范和产品标准的要求，对正常使用有明显影响时，即视为适用性超标，应采取措施。

与钢构件正常使用性有关的一般构造要求，当不满足设计规范要求时，即视为适用性超标，应采取措施。钢构件的腐蚀和防腐项目，当已出现较大面积腐蚀并使截面有明显削弱，或防腐措施已破坏失效时，即视为适用性超标，应采取措施。

3. 砌体构件

砌体构件的适用性按裂缝、缺陷与损伤、腐蚀 3 个项目进行评定。

（1）砌体构件的裂缝项目应根据裂缝的性质，按表 2-9 的规定进行评定。

表 2-9　砌体构件裂缝评定指标

类型		适用性指标
变形裂缝、温度裂缝	独立柱	有裂缝
	墙	非小范围开裂，或最大裂缝宽度大于 1.5mm，或裂缝有继续发展的趋势
受力裂缝		有裂缝

注：（1）本表仅适用于砖砌体构件，其他砌体构件的裂缝项目可参考本表评定。
（2）墙包括带壁柱墙。

（2）对于砌体构件的缺陷和损伤项目，缺陷或损伤对正常使用有明显影响时，即视为适用性超标，应采取措施。缺陷指国家现行标准《砌体工程施工质量验收规范》（GB 50203—2011）控制的质量缺陷。损伤指开裂、腐蚀之外的撞伤、烧伤等。

（3）砌体构件的腐蚀项目与砌体构件的材料类型有关，其适用性指标参见表 2-10。

表 2-10　砌体构件腐蚀适用性指标

类型	适用性指标
块材	非小范围出现腐蚀现象，或最大腐蚀深度大于 5mm，或腐蚀有发展趋势
砂浆	非小范围出现腐蚀现象，或最大腐蚀深度大于 10mm，或腐蚀有发展趋势
钢筋	锈蚀钢筋的截面损失率大于 5%，或锈蚀有发展趋势

注：本表仅适用于砖砌体，其他砌体构件的腐蚀项目可参考本表评定。

4. 地基基础

当上部承重结构和围护结构的使用状况不完全正常，结构或连接因地基变形有局部或大面积缺损时，即视为适用性超标，应采取措施。

5. 上部承重结构

上部承重结构的适用性按上部承重结构使用状况和结构水平位移两个项目进行评定，必要时尚应考虑振动对该结构系统或其中部分结构正常使用性的影响。

6. 围护结构系统

围护结构系统的适用性参见表 2-11。

表 2-11 围护结构系统使用功能适用性指标

项目	适用性指标
屋面系统	构造层有损坏，防水层多处老化、鼓泡、开裂、腐蚀或局部损坏、穿孔，排水有局部严重堵塞或漏水现象
墙体及门窗	墙体已开裂、变形、渗水，明显影响使用功能，门窗或连接局部破坏，已影响使用功能
地下防水	局部损坏或有渗漏现象
其他防护措施	局部损坏，已影响防护功能

2.5.5 结构耐久性评定

建筑结构在使用过程中会出现不同程度的耐久性损伤，造成服役结构过早破坏。现有相当数量的建筑不能满足安全使用50年的要求，一般使用25～30年就需要大修加固，导致巨大的社会经济损失。建筑结构的耐久性问题已日益引起国内外结构工程界的广泛关注。国内外有关机构相继进行了一系列理论分析、试验研究，取得了一批研究成果。国内有关建筑结构检测鉴定机构在实践中也积累了较丰富的工程经验；《工业建筑可靠性鉴定标准》对大气环境混凝土结构耐久年限评估及钢构件均匀腐蚀的检测给出了具体的方法。

为改善结构的耐久性，目前国内外工程界在进行结构设计时，一般均会采取某些耐久性设计措施。尽管如此，已有建筑结构使用若干年后，仍不可避免地要产生各种耐久性损伤，造成结构性能退化。对于那些已经出现耐久性问题的建筑结构，有必要分析其耐久性现状，对其安全性和适用性做出合理的评估，避免工程事故发生，也为结构的维修加固和后续使用提供参考依据。应看到的是，目前的一些科学研究，包括微观机理和试验研究仅仅是初步的，距实际应用还有相当一段距离，耐久性评估涉及许多不确定因素。在我国现阶段，混凝土结构的耐久性问题最为突出，研究也较为深入。

混凝土的耐久性指混凝土结构在自然环境、使用环境及材料内部因素作用下保持其工作能力的性能，它的好坏决定着混凝土结构的使用寿命。耐久性的极限状态是指影响结构使用和使用安全的状态。不同构件的耐久性极限状态也会存在差别。

对于未达到耐久性极限状态的构件批，需要依据结构所处的环境条件和评定时刻结构的技术状况预测结构的剩余寿命，即评定结构剩余合理使用年限，并将剩余合理使用年限与预期使用寿命进行比较。当剩余合理使用年限大于预期使用寿命时，无须采取增加构件合理使用年限的措施；当剩余合理使用年限小于预期使用寿命时，建议采取延长构件合理使用年限的措施。合理评定结构的剩余使用年限必须要有一个好的符合客观规律的结构性能退化模型。由于环境腐蚀作用的复杂性和不确定性，实际上很难准确对结构的剩余使用年限进行预测。对已有混凝土结构，充分利用结构自身的信息(环境参数、结构性能参数)，可以减少诸多不确定因素，有利于建立能反映个体特征的劣化模型，这是耐久性评定的特点，也是其有利条件。

对于达到耐久性极限状态的构件批，应首先判定永久性损伤是否对承载能力构成影响。当构件的承载能力未受到明显影响时，应对构件采取处理措施，保证损伤不再发展，并以损伤不再发展的年限作为合理使用年限；当构件的承载能力受到明显影响时，对构件的安全性进行评定(归为安全性评定)。当安全未受到影响时，可按上述方法进行处理；当安全受到影响时，应该进行加固，加固措施不仅要保证构件的安全性，还要保证合理的使用年限。

目前，已有建筑结构的耐久性评定主要包括两个方面的工作，即建筑结构耐久性状况的评定和建筑结构剩余使用年限的评估。结构耐久性状况的评定主要针对影响结构使用的损伤和影响使用安全的隐患。建筑结构剩余使用年限的评估主要是对结构不出现影响结构使用的损伤和不存在影响使用安全的隐患且无须大修的年限进行评估。结构的剩余使用年限是指工程结构的经济合理的使用年限。评定中宜将结构承载能力极限状态与耐久性能分开进行评定。

限于目前的技术条件，在混凝土耐久性损伤中有一些能够预测其剩余耐久年限，有一些是不能预测或当前没有条件预测的，还需进一步深入研究。目前在进行耐久性评定时往往以经验与概率分析相结合进行耐久性评定。

混凝土结构的耐久性损伤主要表现为环境作用下的钢筋锈蚀和混凝土腐蚀及损伤，包括大气环境下及氯环境下的钢筋锈蚀、冻融损伤、碱-集料反应、化学腐蚀、疲劳、物理磨损以及多因素的综合作用等。国内外的工程调查资料都表明，钢筋锈蚀是混凝土结构最普遍、危害最大的耐久性损伤。在环境相对恶劣的条件下，因钢筋严重锈蚀，结构往往达不到预期的使用寿命；在严寒或寒冷地区，冻融破坏也是常见的耐久性损伤。

2.5.6 危房鉴定

1976年发生的唐山大地震导致30余万人死伤，整个唐山市一夜之间被摧毁，建筑物几乎无一幸免，唐山大地震人员伤亡总数的95%是由房屋倒塌造成的。惨痛的教训引起了全国上下对建筑物安全的空前重视。随后，国内进行了大规模的建筑物和构筑物的抗震鉴定加固工作。

1999年，重庆市土地房屋管理局和上海市房地产科学研究院合作，在原《危险房屋鉴定标准》(CJ 13—1989)的基础上对该标准进行了修编，并经原建设部批准为强制性行业标准，编号为JGJ 125—1999。该标准于2004年修订再版，由原建设部房地产标准归口单位上海市房地产科学研究院归口管理，并由重庆市土地房屋管理局负责具体解释。《城市危险房屋管理规定》也进行了部分修改，原建设部令第129号发布了该规定，于2004年7月20日起施行。

需要注意的是，危房鉴定报告具有一定的时效性，《城市危险房屋管理规定》第十一条规定：经鉴定属危险房屋的，鉴定机构必须及时发出危险房屋通知书；属于非危险房屋的，应在鉴定文书上注明在正常使用条件下的有效时限，一般不超过一年。

危房：危险房屋(以下简称危房)是指结构已严重损坏，或承重构件已属危险构件，随时可能丧失稳定性和承载能力，不能保证居住和使用安全的房屋。

危房鉴定：由于危房鉴定是在正常使用情况下鉴定房屋的安全性或危险程度，也称之为正常使用情况下的房屋安全性鉴定。危房鉴定的目的是有效利用既有房屋，正确判断房屋结构的危险程度，及时治理危房，确保使用安全。

危房鉴定的理论基础主要是建筑结构力学和相应专业的基础理论。专业基础理论根据房屋的结构不同，将其分为砖混结构、钢筋混凝土结构、木结构和钢结构等；根据房屋的层数和高度不同，将其分为多层建筑、高层建筑。这些建筑结构力学和专业基础理论构成了危房鉴定的理论基础，《危险房屋鉴定标准》是在这些理论和实践经验的基础上建立的。

但是在进行危房鉴定时，还要根据不同房屋结构损坏的部位和特点，全面分析，综合判断，结合专业技术人员丰富的实践经验和综合分析能力，做出科学、合理的鉴定结论。

危房鉴定主要针对结构简单、传力路线清晰的普通房屋；对有特殊要求的工业建筑和公共建筑、保护建筑和高层建筑，以及在偶然作用下的房屋危险性鉴定，除应符合《危险房屋鉴定标准》外，尚应符合国家现行有关强制性标准的规定。因使用功能不同，有特殊要求的工业建筑、公共建筑、保护建筑和高层建筑的结构形式和适用条件与普通房屋有很多差别，对安全性的要求也有较大的不同。

危房鉴定通常在无偶然荷载(常规的使用荷载、风荷载、雪荷载和房屋结构自重)作用下，或在偶然荷载(灌水、降水、振动、爆炸和撞击等)作用后进行，指在正常使用情况下房屋结构的危险性。

应用案例 2-3

沈阳某热电厂主厂房一期工程由两个平行设置的单层排架厂房(汽机室、锅炉室)及除氧间和煤斗间等生产工艺用房组成框排架结构房屋。该厂房平面布置及结构布置均较复杂，汽机室为柱距7m、跨度24m的排架结构，共有8个柱距，屋架为上弦是钢筋混凝土，下弦是钢结构的带天窗的组合屋架。在Ⓐ轴柱的8.0m、12.0m、18.0m处，每个柱间均设有横梁；在Ⓑ轴的7.0m、12.0m及21.5m处，每个柱间均设有横梁。Ⓐ轴柱顶标高为19.5m，Ⓑ轴柱顶标高为21.5m，屋梁下弦标高为19.5m，①轴设有4个抗风柱，屋面为大型屋面板，厂房内有两台50t的吊车。

锅炉室为柱距7m、跨度27m的排架结构，共有4个柱距，屋架为梯形钢屋架。在Ⓒ轴的7.0m、12.0m、21.5m、26.5m处，每个柱间均设有横梁；在Ⓓ轴的7.0m、12.0m、21.0m、26.0m处，每个柱间均设有横梁。Ⓒ、Ⓓ轴柱顶标高为28.0m，在标高7.0m处设有与排架柱铰接的钢筋混凝土夹层。在②、⑥轴各设有4个抗风柱，屋面为大型屋面板。

汽机室与锅炉室通过除氧间相连，在Ⓑ、Ⓒ轴间有三层框架结构，楼层标高为7.0m、12.0m、21.5m，框架梁与Ⓑ、Ⓒ轴柱相连，楼板为现浇钢筋混凝土。

锅炉室与另一侧煤斗间相连，为4层框架结构房屋，楼层标高为7.0m、12.0m、21.0m、28.0m，楼板为现浇钢筋混凝土楼板，结构布置如图2.20所示。

该厂房基础为柱下钢筋混凝土独立基础，基础持力层为粗砂。基础采用100#(C10)混凝土，其余构件均采用170#(C15)混凝土。

因一期工程建于1958年，设计时未考虑抗震；后于1992年对该厂房进行抗震加固，主要内容为增加墙体与柱的连接，墙体新增加圈梁、构造柱等抗震措施。

因该楼已接近设计使用年限(50年)，对该楼进行可靠性鉴定以确定现有状态是十分必要的。其可靠性鉴定以《工业建筑可靠性鉴定标准》(GB 50144—2008)为基础，结合其他国家现行规范对其进行可靠性鉴定。

鉴定综合评定如下。

该厂房为承重结构，结构布置、支撑系统、围护结构子项评定等级分别为C级、B级、B级，考虑到厂房单元的综合评定以双承重体系为主的原则，并结合结构的重要性、

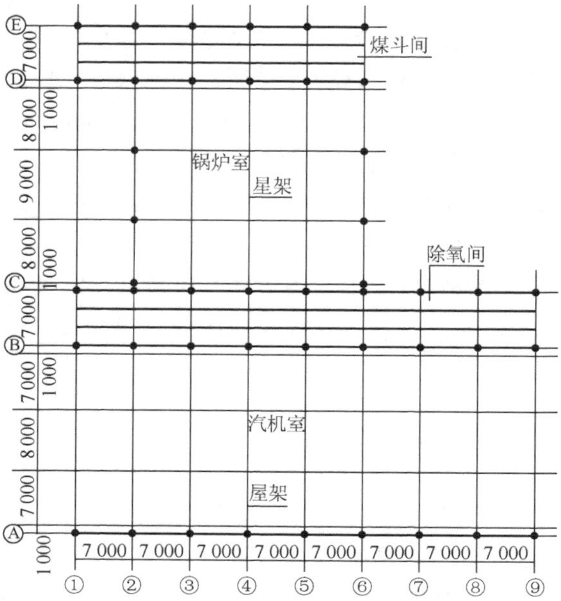

图 2.20　一期厂房结构布置简图

耐久性及厂房的使用状态，该厂房建筑结构可靠性综合评定为三级，即厂房不符合国家现行标准规范要求，影响安全或影响正常使用，应采取措施。

建议对厂房结构构件以下部位采取措施进行加固：②—Ⓒ柱、③—Ⓒ柱、④—Ⓒ柱、⑤—Ⓒ柱、⑥—Ⓒ柱。

从现场检测看，该厂房虽然已使用 46 年，但保存较完好，只是由于工艺环境的差别（高温、高热、高湿），使Ⓒ轴 5 根柱产生较大的破损，除此之外，其余构件基本未发现存在结构破损现象。对上述 5 根柱进行加固后，该厂房可满足国家规范要求。尽管已接近设计使用年限，但仍可以继续使用，从而避免了拆除重建造成的浪费。

思考题

1. 工程质量事故中的混凝土强度的检测方法可分为哪两大类？有哪些实际检测手段？
2. 试述用回弹仪现场检测混凝土强度的实施步骤。
3. 钻芯法检测混凝土强度有哪些优缺点？其适用范围如何？
4. 如何检测混凝土结构中的钢筋实际应力？
5. 检测砌体的强度，如何现场取样？
6. 试比较采用扁顶法和推出法检测砌体强度的优缺点。
7. 如何测定混凝土结构中钢筋的位置和保护层厚度？
8. 测定混凝土结构中钢筋锈蚀程度的方法有哪几种？
9. 如何检测混凝土裂缝深度？如何检测砌体结构的裂缝？
10. 试述建筑物不均匀沉降观测的步骤。
11. 建筑物的可靠性鉴定有哪几种方法？各有何特点？

项目3 土方、地基、基础工程

教学目标

本项目的主要内容为土方工程、地基与基础工程、桩基础工程中常见的质量事故及处理。

在土方工程中，从平整场地、土方开挖回填、排水与降水、深基坑支护工程4个方面阐述了土方工程施工中常见的质量事故，并结合工程实例，分析了质量事故产生的原因。在地基与基础工程中主要分析地基处理与加固、灰土地基、多层建筑基础地基、高层建筑基础工程中出现质量事故的原因，高层建筑的基础往往采用大体积混凝土施工，如施工不当往往会给工程带来极其严重的影响。桩基工程中，灌注桩，包括钻孔灌注桩、人工挖孔桩、沉管灌注桩正越来越多地应用于工程中，通过对灌注桩工程的施工及其质量事故的分析及工程实例的学习，结合工程实际深刻体会掌握对桩基础工程质量事故的正确分析。

教学要求

能力目标	知识要点	权重
了解相关知识	(1) 土方工程的施工及质量控制要点 (2) 地基与基础工程的施工及质量控制要点 (3) 桩基础工程的施工及质量控制要点	15%
熟练掌握知识点	(1) 土方工程的质量事故分析及处理方法 (2) 地基与基础工程的质量事故分析及处理方法 (3) 桩基础工程的质量事故分析及处理方法	55%
运用知识分析案例	工程质量事故的预防、分析及处理	30%

引例

“我国地铁修建史上最大的事故”——杭州地铁工地坍塌事故

2008年11月15日下午，杭州萧山湘湖段地铁施工现场发生塌陷事故。风情大道长达75m的路面坍塌，并下陷15m。正在路面行驶的11辆车陷入深坑，数十名地铁施工人员被埋。在行驶中陷落深坑的车辆，包括一辆327路公交车、一辆大货车、一辆面包车，以及多辆私家车、出租车等，事故现场情况如图3.1所示。我国建设城市地铁已有几十年的历史，发生如此重大的人员伤亡、如此大面积工程损毁的事故还是第一次。

图3.1　杭州地铁工地坍塌事故现场

我国地铁修建史上最大的事故——杭州地铁工地坍塌事故造成多人死亡、失踪。事故原因之一是工程存在转包、外包等因素，安全标准也没有达到等，这次事故是十足的“人祸”。

中国工程院院士、北京交通大学教授王梦恕在察看了地铁工地事故现场，调阅了相关数据并与其他专家交换意见后，他的判断是，工程项目建设存在规划、设计、施工、运营4道风险。王梦恕说，杭州地铁边上的道路规划错误，不应从施工区域通过。发生事故的工地离公路太近，交通繁忙，每天约有3万辆的车流量，其中40%是大车、重车；而且工地附近有水塘，一旦出现问题，就可能造成群死群伤事故。对于这一点，施工方事先缺少分析。类似这样复杂的环境，一般不适宜建设地铁。如果一定要动工，也应完善方案，事前采取限行等措施，并对路面加固。另外，如采用“暗挖”法施工，相对来说安全性更高，但实际上这里采用的是花费较少的“明挖”法施工。“加上连续几天下雨，工地水管又破裂渗水，几个因素加起来，酿成了事故。”王梦恕表示，此次事故原因是综合性的，是长期积累问题的总暴露。

工人未经安全培训。在杭州地铁坍塌事故中幸存的工人，大多从事绑扎钢筋、木工、防水工、泥工等工作，不少人是刚刚种完小麦来到城里打工的农民。他们几乎无一例外地表示，自己只知道干活，在上岗前没有经过起码的技术培训或者安全培训。由于没有经过培训，在事故发生时，现场施工的工人大多惊慌失措。“有人吓得四处躲；有的跑错了方向，钢柱一倒，人就不见了；有的被倒塌的钢柱死死压住，发出撕心裂肺的呼叫。”不止一位目击者这样说。

地铁工地塌陷事故早有端倪。在杭州地铁塌陷事故发生前一个月，就曾有人发现施工路段的路面出现裂缝；事发前，工地工友也已经发现基坑围护墙面出现一道明显的裂缝，长度超过10m，宽度能伸进去一只手；此外，杭州当地安全部门负责人称，杭州地铁工程很可能存在转包的情况，这就带来比较大的风险。另据报道，现场施工工人有些没有经过严格培训，安全管理人员不到位。杭州市委书记曾表示，事故发生后应急预案竟然等于零。

最令人气愤的是，施工现场出现较大的裂缝后，按有关规定，应该立即停工整改，结果却是在等待领导批示的时候“带病”施工，地铁也在等待批示的过程中“突然”坍塌。有逃生的老工人透露，塌方前工人们已预感将有不测，据他介绍，他参与过很多地方的地铁建设，发现这里与别的地方不一样，在基坑里越往里深挖，越发现全是稀泥，几乎没一块石头。由此观之，“人祸”不除，杭州地铁施工出事故是必然的，只是时间早晚而已。

反复转包，层层扒皮，施工“潜规则”造就豆腐渣工程。在建筑行业中，一直有“一流队伍中标，二流队伍进场，三流队伍施工”的“潜规则”。

明知有风险，还要赶工期。追溯杭州地铁工地事故源头，一个个怪象令人匪夷所思：前一天还在家里种菜的农民第二天就被招进地铁工地干活；戴顶安全帽就算有了“安全措施”；施工路面裂缝一天天扩大，就浇上沥青一填一抹，既不停工检修，又没采取进一步的预防与补救措施，反而马不停蹄地日夜赶工期……从一个个悲剧中，或可以看到对利益不择手段的追逐；或可以看到官员意识、官僚作风；或可以看到钱权交易的腐败；或可以看到急功近利的盲目赶超。目前国内基础设施建设最大的问题是“急着抢工期”——本应该为3年合理工期的杭州地铁一号线湘湖站，在签合同之时，被“提速”了整整一年。后因拆迁未能及时完毕，又拖了一年，最后留给施工方的时间只剩下一年。就这样，处于进退两难之间的施工方，只能“明知有风险，还要赶工期”。

一边建设一边修改，前期准备不足，中途变更失控。曾参加过杭州地铁一号线初期的征求意见稿的浙江大学区域与城市规划系教授周复多表示，杭州地铁存在边规划、边建设、边修改的“三边”现象。前期准备不足，中途变更失控，是地铁施工事故频发的另一个诱因。我国城市轨道交通专业委员会专家表示，对线路设计的前期论证做得不够扎实，为后期工作带来隐患。一些工程实施甚至没有依靠专家意见，施工在危险情况下进行，极易出现事故。

知识链接 3-1

地基及基础

地基是指支承由基础传递的上部结构荷载的土体或岩体。

建筑地基土的种类很多而且很复杂，它一般可分为岩石、碎石、砂土、粉土、黏性土、新近沉积黏性土、湿陷性黄土、膨胀土、软土、人工填土、冻土等。

为了保证建筑物及构筑物的安全和正常使用，首先，要求地基在荷载作用下不致产生破坏；其次，组成地基的土层因某些原因产生的各种变形，如湿陷、冻胀、膨胀收缩和压缩、不均匀沉陷等不能过大，否则将会使建筑物遭受破坏，从而无法满足使用要求。

基础是工程结构物地面以下部分的结构构件，用来将上部结构荷载传递给地基，是建筑物和构筑物的重要组成部分。任何建筑物的荷载最终将传递到地基上，由于上部结构材料强度很高，而地基土的强度很低而且压缩性较大，因此需要通过设置一定尺寸的基础来承上启下，解决矛盾。

基础可按埋置深度、建筑材料、基础变形特性和结构形式进行分类。基础按埋置深度可分为浅基础(如条形基础、柱基础、片筏基础等)、深埋基础(如桩基础、管柱基础、沉井基础等)，另外对于地基特别好且建筑物层数不高的建筑物，还可以采用天然基础。基础按建筑材料可分为砖基础、毛石基础、三合土基础(由熟石灰、石灰、砂、碎砖石拌和)、灰土基础、混凝土基础、毛石混凝土基础和钢筋混凝土基础。基础按本身的变形特性又可分为刚性基础和柔性基础。基础按结构形式可分为独立基础、壳形基础、联合基础、条形基础、片筏基础、桩基础、沉井或沉箱基础等。

地基及基础工程的质量缺陷主要发生在土方工程、桩基工程及地基加固工程等方面。

3.1 土方工程

【大开挖土方施工】

土方工程中，土方的开挖关键是如何保证边坡的稳定，否则不但会使地基扰动，影响其承载能力，而且还会出现塌方等重大安全事故。

土方回填往往与建筑物基础施工并行或稍拖后，其质量的重要性也往往被人们忽视。而各类回填土会从各种方面影响基础、底层地面乃至整个建筑物的工程质量和使用寿命。

降低地下水位和排水是土方工程施工中十分重要的辅助工作。降低地下水位在南方地区尤为常见。做好降水工作，避免事故出现，对后续土方开挖和基础施工都十分重要。

分析深基坑工程支护施工中容易出现的质量事故，是本节学习的重点。

土方工程施工中造成的质量事故的危害性往往十分严重，如引起建筑物沉陷、开裂、位移、倾斜，甚至倒塌。

3.1.1 平整场地

在建筑平整场地过程中或平整完成后，如场地范围内局部或大面积出现积水，不仅影响场地平整的正常施工，而且给场地平整后的工程施工及其工程质量带来较大的影响。

造成场地积水的主要原因如下。

(1) 场地平整填土面积较大或较深时，未分层回填压(夯)实，土的密实度很差，遇水产生不均匀下沉。

(2) 场地排水措施不当。例如，场地四周未做排水沟，或排水沟设置不合理等。

(3) 填土土质不符合要求，加速了场地的积水。例如，填土采用了冻土、膨胀土等，遇水产生不均匀沉陷，从而引起积水，积水又加速了填土的沉陷，甚至引起塌方。

应用案例 3-1

美国纽约某水泥筒仓地基失稳破坏

美国纽约某水泥筒仓地基土层共分 4 层，地表第 1 层为黄色黏土，厚 5.49m 左右；第 2 层为层状青色黏土，标准贯入试验 $N=8$ 击，厚 17.07m 左右；第 3 层为棕色碎石夹黏土，厚度较小，仅 1.83m 左右；第 4 层为岩石。水泥筒仓上部为圆筒形结构，直径 13.0m，基础为整板基础，基础埋深 2.8m，位于第 1 层黄色黏土层中部。

1914年因水泥筒仓严重超载，引起地基整体剪切破坏。地基失稳破坏使一侧地基土体隆起高达5.1m，并使净距23m以外的办公楼受地基土体剪切滑动影响而产生倾斜。地基失稳破坏引起水泥筒仓倾倒成45°左右，其地基失稳破坏示意如图3.2所示。

当这座水泥筒仓发生地基失稳破坏预兆，即发生较大沉降速率时，未及时采取任何措施，结果造成地基整体剪切滑动，筒仓倒塌破坏。

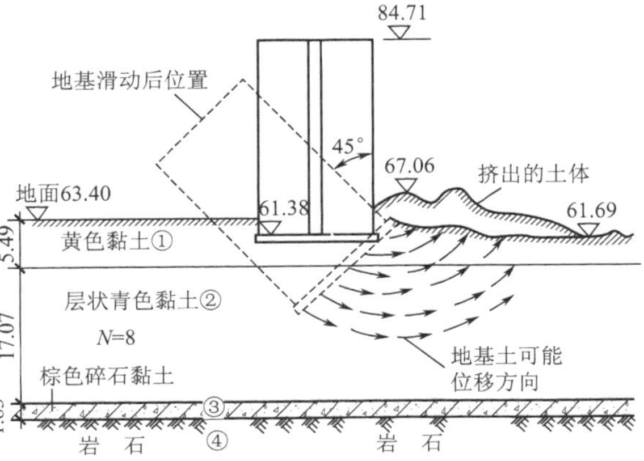

图3.2 某水泥筒仓地基失稳破坏示意

3.1.2 土方开挖与回填

1. 土方开挖

为了保证土方开挖的顺利进行和基础的正常施工，基槽或基坑的土方开挖通常首先选择放坡。边坡的稳定与工程的各种因素有关，如果土方开挖过程中或土方开挖后处理不当，就会引起边坡土方局部或大面积塌陷或滑塌，使地基土受到扰动，承载力降低，严重时会影响建筑物的安全和稳定。

引起土方开挖塌方或滑坡的主要原因如下。

(1) 基坑(槽)开挖较深，放坡坡度不够，或开挖不同土层时，没有根据土的特性分别放成不同的坡度，致使边坡失去稳定造成塌方。

(2) 在有地表水(雨水、生产用水、生活用水)、地下水作用的情况下，未采取有效的降水、排水措施，致使土体自重增加，土的内聚力降低，抗滑力下降，在重力作用下失去稳定而引起边坡塌方。

(3) 边坡坡顶堆载过大或离坡顶过近。例如，边坡坡顶不适当地堆置弃土或建筑材料、在坡顶附近修建建筑物、施工机械离坡顶过近或过重等，都可能引起下滑力的增加，从而引起边坡失稳。

应用案例3-2

某土坡滑动及治理对策

由于在土坡坡脚开挖形成4级垂直陡坎，造成土坡失稳，形成滑坡。滑坡后缘顶点标高50m，前缘标高30m左右，相对高差为16～20m，滑坡未开挖段地面坡度为10°～25°，平均长约40m，宽约50m；开挖段平均长30～40m，宽约85m，滑面最大埋深约15m。滑体物质总体积约为$4\times10^4m^3$，属中小型土质滑坡。滑坡后缘发育有拉张裂隙，中部发育有一条近东西向剪裂隙，前缘发育两处鸭舌状隆起，隆起部位发育一组张裂隙，密度为5～8条/m。以剪裂隙为界，根据隆起的先后次序，把滑坡体分成两个滑体，即1号滑坡体和2号滑坡体，如图3.3(a)所示。

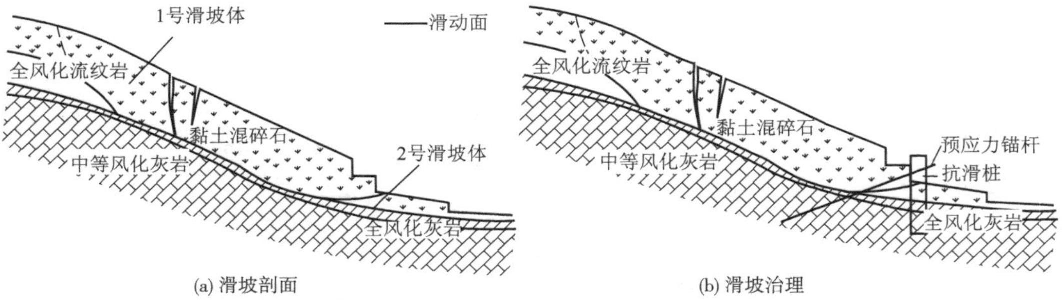

图3.3　滑坡剖面及滑坡治理示意

据钻探揭示，滑坡体的物质由上至下依次为以下几种。

(1) 黏土混碎石：主要由黏性土组成，混有强风化砂岩碎石，局部夹全风化基岩，厚4～13m。

(2) 全风化流纹岩：岩石风化为土状(下部高岭土化)，一般直接覆于中等风化灰岩之上，主要分布于1号滑坡体，厚5～9m。

(3) 全风化灰岩(红黏土)：灰岩风化成红黏土，性质较差，薄层状，分布于2号滑坡体，直接覆于中等风化灰岩之上。

(4) 中等风化(微风化)灰岩：包括三种岩性，即灰黑色灰岩、灰白色白云质灰岩、灰色钙质泥岩。滑坡体范围内下伏基岩主要为灰白色白云灰岩，硬度较大。

1号滑坡体由黏土混碎石和全风化流纹岩组成，土体力学性质相近，滑带不明显，推断滑动面为风化土体与中等风化基岩接触面处。2号滑坡体滑带明显，滑带土为浅紫红色全风化灰岩(红黏土)，成分以浅紫红色黏土为主，夹少量灰白色中等风化灰岩角砾、碎石，滑动(面)较为平缓，产状约50°∠5°～20°，后缘张裂缝近直立。滑坡的滑床是震旦系基岩，岩性为中等—微风化灰黑色灰岩、灰白色白云质灰岩。

本工程采用锚固抗滑桩作为抗滑支挡结构，并辅以滑坡地表排水措施的滑坡综合整治方案[图3.3(b)]。

抗滑桩具有受力明确、抗滑力强、桩位灵活、施工简便等优点。锚固抗滑桩是在抗滑桩的基础上，在桩的顶部设置预应力锚杆并锚入稳定岩层，使抗滑桩形成简支梁受力系统。它使抗滑桩避免了悬臂梁受力，从而使桩截面大大减小，配筋减少，节省投资，并且主动受力。抗滑桩采用人工挖孔桩，桩身混凝土为C25，矩形截面，截面尺寸2m×3m，长边方向与滑坡运动方向一致。抗滑桩间距6m，桩顶标高31.200m，桩端进入中等风化灰岩深度不少于3m。每根抗滑桩顶压顶梁处设一预应力锚杆，预应力锚杆采用$\phi15(7\phi5/1\,470MPa)$钢绞线。预应力锚杆方位与滑坡运动方向一致，并且与抗滑桩身呈45°角，锚杆钻孔进入中等风化灰岩深度不小于4m。

2. 土方回填

在建筑工程中，对低凹的地基、室内地面、已开挖的基坑、基槽都需要进行土方回填。

在基槽(坑)土方回填施工中，因施工不当而造成基槽(坑)填土局部或大片出现沉陷，从而造成室外道路和散水等空鼓、下沉、开裂，建筑物基础积水，有的甚至引起建筑结构的不均匀沉降和开裂；在房心土回填时，引起房心回填土局部或大片下沉，造成建筑物底层地面空鼓、开裂甚至塌陷破坏。

造成上述事故的主要原因归纳如下。

(1) 回填土质不符合要求。例如，回填土干土块较多，受水浸泡易产生沉陷；回填土中含有大量的有机杂质、碎块草皮；大量采用淤泥和淤泥质土等含水量较大的土质做回填土。

(2) 回填土未按规定的厚度分层回填、夯实；或者底部松填，仅表面夯实，密实度不够。

(3) 回填时，对基坑(槽)中的积水、淤泥杂物未清除就回填；对室内回填处局部有软弱土层的，施工时未经处理或未发现，使用后，负荷增加，造成局部塌陷。

(4) 回填土时，采用人工夯实，或采用水泡法沉实，致使密实度未达到要求。

应用案例 3-3

某市东园1号商品房系一幢3单元6层商品住宅楼，砖砌体结构，长41.04m、宽9.78m、高18.00m，建筑面积为2 259.56m^2。该工程在竣工验收后，住户陆陆续续搬入，但在使用三四个月后，住在一楼的住户发现地面出现了大面积下沉、开裂。而且有些住户在装修中大量破坏原水泥地面，更改厨房、卫生间的下水管道，随意敲凿混凝土，破坏硬性地面。另外，在室外的道路处，同时出现了多处下陷、路面开裂，散水多处脱空、断裂。

原因分析如下。

造成室内一楼住户地面下沉事故和室外道路、散水下陷、开裂、脱空的主要原因是土方回填不当。当时参与施工的施工人员、现场监理、开发商反映如下。

(1) 填方土质差。回填的土方内以强风化砂质土为主，并掺入场地平整时清出的大量原稻田的有机质土、杂填土等，根本不符合填土的土质要求。

(2) 填方质量差。在基槽回填土和室内房心回填土采用挖土机回填，没有做到分层夯实，回填一步到位，后靠土体自重压实，密实度远远达不到规范的要求。

(3) 回填时，没有认真控制好土的含水率。

3.1.3 排水与降水

人工降低地下水位是土方工程、地基与基础工程施工中的一项重要技术措施，能保证对处于地下水位以下基坑(槽)的施工，稳定边坡、清除流砂，提供正常的施工条件，保证工程质量和施工安全。如果排水与降水的施工不能满足工程的需要，或是降水施工质量不佳，造成降水失效或达不到预定的要求，都会影响土方工程、地基与基础工程的正常施工，甚至危及邻近建筑物、构筑物或市政设施的安全和使用功能。

目前常用的人工降水方法有集水坑降水、井点降水、集水坑与井点相结合的降水方法。井点降水根据其设备不同又可分为轻型井点、喷射井点、电渗井点、管井井点和深井井点等。图 3.4 所示为基坑降水现场。

图 3.4　基坑降水现场

1. 地下水位降低深度不足

在人工降低地下水位时，如果地下水位降深没有达到施工组织设计的要求，水就会不断渗透到坑内；基坑内土的含水量较大，基坑边坡极易失稳；还有可能造成坑内流砂现象的出现。分析其原因，主要有以下几点。

(1) 水文地质资料有误，影响了降水方案的选择和设计。

(2) 降水方案选择有误，井管的平面布置、滤管的埋置深度、设计的降水深度不合理。

(3) 降水设备选用或加工、运输不当，造成降水困难或达不到要求。

(4) 施工质量有问题，如井孔的垂直度、深度与直径，井管的沉放，砂滤料的规格与粒径，滤层的厚度，管线的安装等质量不符合要求。

(5) 井管和降水设备系统安装完毕后，没有及时试抽和洗井，滤管和滤层被淤塞。

2. 地面沉陷过大

在人工降水过程中，在基坑外侧的降低地下水位影响范围内，地基土产生不均匀沉降，导致受其影响的邻近建筑物或构筑物或市政设施发生不同程度的倾斜、裂缝，甚至断裂、坍塌。

地面沉陷过大发生的主要原因有以下几点。

(1) 由于人工降水漏斗曲线范围内的土体压缩、固结，造成地基土沉陷。这一沉陷随降水深度的增加而增加，沉陷的范围随降水范围的扩大而扩大。

(2) 如果人工降水采用真空降水的方法，不但会使井管内的地下水抽汲到地面，而且在滤管附近和土层深处会产生较高的真空度，即形成负压区；各井管共同的作用，在基坑内外形成一个范围较大的负压地带，使土体内的细颗粒向负压区移动。当地基土的孔隙被压缩、变形后，也会造成地基土的沉陷。真空度越大，负压值和负压区范围也越大，产生沉陷的范围和沉降量也越大。

(3) 由于井管和滤管的原因，使土中的细颗粒不断随水抽出，地基土中的泥沙不断流失，引起地面沉陷。

(4) 降水的深度过大，时间过长，扩大了降水的影响范围，加剧了土体的压缩和泥沙的流失，引起地面沉陷增大。

3. 轻型井点降水时真空度失常

在降水过程中，可能会出现真空度很小，真空表指针剧烈抖动，抽出水量很少；或者真空度异常大，但抽不出水；甚至可能地下水位降不下去，基坑边坡失稳，出现流砂现象。

分析其原因，主要有以下几点。

(1) 井点设备安装不严密，管路系统大量漏气。

(2) 抽水机组零部件磨损或发生故障。

(3) 井点滤网、滤管、集水井管和滤清器被泥沙淤塞，或砂滤层含泥量过大等，以致抽水机组上的真空表指针读数异常大，但抽不出地下水。

(4) 土的渗透系数太小，井点类别选择不当，或井点滤管埋设的位置和标高不当，处于渗透系数较小的土层中。

因此，井点管路的安装必须严密；抽水机组安装前必须全面保养，空运转时的真空度应大于93kPa；轻型井点的全部管路应认真检查、保养，并按照合理的程序施工。

应用案例3-4

广州地铁二号线延长线塌方事故

2004年9月25日凌晨0时20分，广州地铁二号线延长线新港东路琶洲路段地铁隧道基坑旁的地下自来水管被工程车压破爆裂，大量自来水注入基坑并引发了大面积塌方(图3.5)，该路段琶洲塔附近由西往东方向约两个篮球场大小的路面塌陷，三辆当时经过此处的摩托车跌落坑中。事故导致琶洲村和教师新村数千居民近8h内处于停水状态。

图3.5 广州地铁二号线延长线塌方

事发的原因是由于工地北侧道路下方一条自来水管受工地施工运泥重型车的碾压而爆裂，引发漏水造成基坑和路段出现局部塌方。位于琶洲塔下的塌方现场成了一个面积有两个篮球场大的“水塘”，地铁工地靠新港东路一边的墙壁已经倒塌，新港东路路面上由东往西方向的车道也有部分下陷，一辆挖泥车还被淹没在这片汪洋中。“当时是晚上10点多钟，施工的运泥车刚刚滑过路面，便听到‘扑哧’一声。”在工地值班的一位工人说，好像是地下的水管爆裂了，过了2h左右，埋在地下的自来水管“吱吱”地像爆发的喷泉一样，把基坑淹没了。“幸好当时没有工人在下面作业，要不后果不堪设想!”另一位目击工人讲。

事故处理如下。地铁施工人员用数台水泵排水，工程车辆进行抢修，对下陷的工地进行抽水和回填泥沙。据广州市自来水公司有关人士介绍，事故发生后，自来水公司立即派出抢修队进入事故现场进行抢修，并确定是一条直径0.8m的水管爆裂。为此，市自来水公司早晨派出送水车，免费为暂时停水的该村西侧部分居民送去自来水。到事故当日下午2时左右，该村部分停水的居民恢复了自来水供应；到下午5时，被压爆的0.8m自来水管被完全修复，该地区的自来水供应也恢复正常。

3.1.4 深基坑支护工程

【基坑支护施工】

随着高层建筑的不断增加、市政建设的大力发展和地下空间的开发利用，产生了大量的深基坑支护设计与施工问题，并使之成为当前基础工程的热点和难点。在深基坑工程的设计和施工中，常见的质量事故主要有基坑开挖和基坑支护两方面的问题，基坑开挖的常见质量事故和原因分析已在前面做了介绍，下面主要分析深基坑支护施工中常见的质量问题。

1. 深基坑支护常见事故

深基坑工程中，基坑支护常见的事故主要有以下几点。

(1) 支护结构整体失稳。常见的现象有两种：一是支护结构顶部发生较大位移，严重地向基坑内滑动或倾覆；二是支护桩底发生较大的位移，桩身后仰，支护结构倒塌。

(2) 支护结构断裂破坏。

(3) 基坑周围产生过大的地面沉降，影响周围建筑物、地下管线、道路的使用和安全。

(4) 基坑底部隆起变形。其后果一是破坏了基坑底土体的稳定性，使坑底的土体承载力降低；二是造成基坑周围地面沉降；三是当基坑内设有内支撑时，坑底隆起造成支撑体系中立柱的上抬，使支撑体系破坏。

(5) 产生流砂。流砂可能发生在坑底，也可能发生在支护桩的桩体之间。

2. 深基坑支护事故的主要原因

在深基坑工程施工中，产生上述质量事故的主要原因归纳如下。

(1) 支护结构的强度不足，结构构件发生破坏。

(2) 支护桩埋深不足，不仅造成支护结构倾覆或出现超常变形，而且会在坑底产生隆起，有时还出现流砂。

(3) 基底土失稳。基坑开挖使支护结构内外土质量的平衡关系被打破，桩后土重超过坑底内基底土的承载力时，产生坑底隆起现象。支护采用的板桩强度不足，板桩的入土部分破坏，坑底土也会隆起。此外，当基坑底下有薄的不透水层，而且在其下面有承压水时，基坑会出现由于土重不足以平衡下部承压水向上的顶力而引起的隆起。当坑底为挤密的群桩时，孔隙水压力不能排出，待基坑开挖后，也会出现坑底隆起。

(4) 支护用的灌注桩质量不符合要求。桩的垂直度偏差过大，或相邻桩出现相反方向的倾斜，造成桩体之间出现漏洞；钢支撑的节点连接不牢，支撑构件错位严重；基坑周围乱堆材料设备，任意加大坡顶荷载；挖土方案不合理，不分层进行，一次挖至基坑底标高，导致土的自重应力释放过快，加大了桩体变形。

(5) 不重视现场监测。影响基坑支护结构的安全因素非常复杂，有些因素是设计中无法估计到的，必须重视现场监测，随时掌握支护结构的变形和内力情况，发现问题，及时采取必要的措施。

(6) 降水措施不当。采用人工降低地下水位时，没有采用回灌措施保护邻近建筑物。

(7) 基坑暴露时间过长。大量实际工程数据表明，基坑暴露时间越长，支护结构的变形就越大，这种变形直到基坑被回填才会停止。所以，在基坑开挖至设计标高后，应快速组织施工，减少基坑暴露时间。

深基坑支护工程发生事故的因素是多方面的，是各种原因综合造成的。

3. 深基坑支护事故常用处理方法

深基坑支护事故常用处理方法如下。

(1) 支挡法。当基坑的支护结构出现超常变形或倒塌时，可以采用支挡法，加设各种钢板桩及内支撑。加设钢板桩与断桩连接，可以防止桩后土体进一步塌方而危及周围建筑物的情况发生；加设内支撑可以减少支护结构的内力和水平变形。在加设内支撑时，应注意第一道支撑应尽可能高；最低一道支撑应尽可能降低，仅留出灌制钢筋混凝土基础底板所需的高度。有时甚至让在底部增设的临时支撑永久地留在建筑物基础底板中。

(2) 注浆法。当基坑开挖过程中出现防水帷幕桩间漏水，基坑底部出现流砂、隆起等现象时，可以采用注浆法进行加固处理，防止事态的进一步发展。俗话说“小洞不补，大洞吃苦”，一些大的工程事故都是由于在事故刚出现苗头时没有及时处理，或处理不到位造成的。注浆法还可以用作防止周围建筑物、地下管线破坏的保护措施。总之，注浆法是近几年来被广泛用于基坑开挖中土体加固的一种方法。该法可以提高土体的抗渗能力，降低土的孔隙压力，增加土体强度，改善土的物理性质和力学性质。

注浆工艺按其所依据的理论可以分为渗入性注浆、劈裂注浆等。

① 渗入性注浆所需的注浆压力较大，浆液在压力作用下渗入孔隙及裂隙，不破坏土体结构，仅起到充填、渗透、挤密的作用，较适用于砂土、碎石土等渗透系数较大的土。

② 劈裂注浆所需的注浆压力较高，通过压力破坏土体原有的结构，迫使土体中的裂缝或裂隙进一步扩大，并形成新的裂缝或裂隙，较适用于像软土这样渗透系数较低的土，在砂土中也有较好的注浆效果。

注浆法所用的浆液一般为在水胶比0.5左右的水泥浆中掺水泥用量为10%～30%的粉煤灰。另外，还可以采用双液注浆，即用两台注浆泵，分别注入水泥浆和化学浆液，两种浆液在管口三通处汇合后压入土层中。

注浆法在基坑开挖中有以下几种用途。

① 用于止水防渗、堵漏。当止水帷幕桩间出现局部漏水现象时，为了防止周围地基水土流失，应马上采用注浆法进行处理；当基坑底部出现管涌现象时，采用注浆法可以有效地制止管涌。当管涌量大不易灌浆时，可以先回填土方与草包，然后进行多道注浆。

② 保护性的加固措施。当由监测报告得知由于基坑开挖造成周围建筑物、地下管线等设施的变形接近临界值时，可以通过在其下部进行多道注浆，对这些建筑设施采取保护性的加固处理。注浆法是常用的加固方法之一。但应引起注意的是，注浆所产生的压力会

给基坑支护结构带来一定的影响，所以在注浆时应注意控制注浆压力及注浆速度，以防对基坑支护带来新的损害。

③ 防止支护结构变形过大。当支护结构变形较大时，可以对支护桩前后土体采用注浆法。对桩后土体的加固可以减少主动土压力；对桩前土体的加固可以加大被动土压力，同时还可以防止基坑底部出现隆起，增加基底土的承载能力。

（3）隔断法。隔断法主要是在被开挖的基坑与周围原有建筑物之间建立一道隔断墙。该隔断墙承受由于基坑开挖引起的土的侧压力，必要时可以起到防水帷幕的作用。隔断墙一般采用树根桩、深层搅拌桩、压力注浆等筑成，形成对周围建筑物的保护作用，防止由于基坑的坍塌造成房屋的破坏。

（4）降水法。当坑底出现大规模涌砂时，可在基坑底部设置深管井或采用井点降水，以彻底控制住流砂。但采用这两种方法时应考虑周围环境的影响，即考虑由于降水造成周围建筑物的下沉、地下管线等设施的变形，故应在周围设回灌井点，以保证不会对周围设施造成破坏。

（5）坑底加固法。坑底加固法主要是针对基坑底部出现隆起、流砂时所采取的一种处理方法。通过在基坑底部采取压力注浆、搅拌桩、树根桩及旋喷桩等措施，提高基坑底部土体的抗剪强度，同时起到止水防渗的作用。

（6）卸载法。当支护结构顶部位移较大，即将发生倾覆破坏时，可以采用卸载法，即挖掉桩后一定深度内的土体，减小桩后主动土压力。该法对制止桩顶部过大的位移，防止支护结构发生倾覆有较大作用。但此法必须在基坑周围场地条件允许的情况下才可以采用。

应用案例 3－5

动力排水固结法预处理成功案例

1．工程概况

广东科学中心是广东省政府投资兴建的大型公益性科普教育基地，总投资 19 亿元。该工程位于正在建设的广州大学城小谷围岛西部，三面环水，总用地面积 453 873m^2。其主体建筑宛如一艘漂浮在水中的航空母舰和一朵盛开的木棉花，上部采用巨型钢框架结构，建筑面积为 12.75 万 m^2，建筑高度为 64m。

其场地整体地势偏低，地块内多鱼塘与河涌，属河漫滩地貌。地层自上而下分别如下。

（1）人工填土(Q^{ml})：主要为冲填土，冲填土主要由中、细砂冲填而成，结构松散，层厚 1.00～2.00m。

（2）第四系冲积层(Q_4^{ml})：该层主要由淤泥、粉质黏土及砂组成，地层多呈交错、互层状分布。其中淤泥的厚度为 5～15m。

（3）残积层(Q^{el})：主要为泥质粉砂岩风化残积而成的粉质黏土，可塑至坚硬，局部坚硬，含较多砂，夹粉土，层厚 0.60～9.80m。

（4）白垩系基岩(K)：该层岩性主要为泥质粉砂岩，自上而下分别为全风化、强风化、中风化和微风化。

场地具有以下特点。

（1）软弱土层厚度较大。场地普遍分布有第四纪海陆相沉积的由淤泥、淤泥质土、黏性土、粉土及砂土组成的软土，厚度为5～15m。

(2) 淤泥含水量高，孔隙比大，压缩性高，强度低。

(3) 场地抗震性能差。上部的淤泥、淤泥质土存在震陷，其深部的粉土及砂土存在液化现象。

(4) 渗透性相对较好，淤泥层局部含砂，夹砂及粉质黏土。

2. 采用的地基处理方法

从工期、估算投资、达到预期效果等方面考虑，动力排水固结法施工工期短、造价低，既可以加快软弱地基的排水固结，提高地基承载力，又可以消除地基液化，因此优先采用动力排水固结法处理。

该工程采用"吹砂填淤、动静结合、分区处理，少击多遍、逐级加能、双向排水"新技术进行地基预处理。其中，采用动力排水固结法处理的面积约为17万m^2，于2004年8月开始施工。动力排水固结区根据场地使用功能的不同，又可分为两大区域进行分区处理：第一区域为室外道路、停车场部分，即动力排水固结1区；第二区域为主体结构部分。其中，第二区域又根据主体结构地坪的标高分为动力排水固结2区、动力排水固结3区、动力排水固结4区等，可分区进行处理。图3.6所示为动力排水固结法地基处理分区布置。

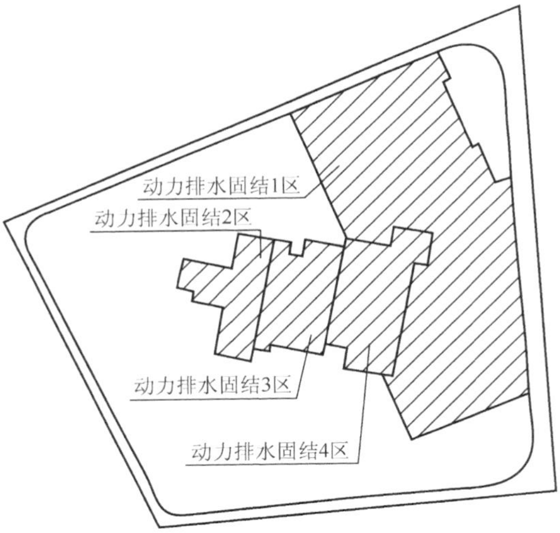

图3.6 动力排水固结法地基处理分区布置

强夯施工前先施工塑料排水板或袋装砂井，形成竖向排水通道，与地表冲填砂层一起构成有效的排水系统。将动力排水固结区按20～30m间隔分成若干个小的施工段，并在每一施工段之间设置排水沟，排水沟内每30m间隔设置集水井，每个小施工段内设置两个孔隙水压力观测点，检测超静孔隙水压力的消散情况以指导施工。

强夯施工时采用"少击多遍、逐级加能、双向排水"的方式。强夯时，采用圆形夯锤，夯锤直径$D=2.1m$，底面积$A=3.14m^2$，锤重分别为13t和15t。夯点按5.0m×5.0m方形布置，隔点夯击，点夯3～4遍，单点夯击击数6～8击，夯击能依次加大，夯击能分别为800kN·m、1 050kN·m、1 300kN·m，每遍夯击的收锤标准以6击或8击、总沉降量不大于1 300mm或1 600mm为准。最后以低能量满夯一遍，夯击能为800kN·m，挨点梅花形夯打，锤印搭接1/3。

2004 年 10 月，完成了动力排水固结区的地基处理。

3. 预处理效果

采用上述地基预处理技术，完成了近 38.7 万 m^2 的动静结合排水固结法饱和软土地基预处理工程，其中采用动力排水固结法的约为 17 万 m^2，采用堆载预压的约为 21.7 万 m^2。

通过孔隙水压力监测、分层沉降监测、测斜和地表沉降监测，利用常规土工试验、载荷试验、静力触探试验、瑞利波检测和联合应用液氮真空冷冻制样、微结构扫描电镜分析和计算机图像处理技术开展饱和软土微结构试验等方法，获得了大量的科学研究数据，开展了相关的定量分析，证明了该地基预处理技术处理饱和软土地基具有显著效果：软弱土层得到排水固结、各项物理力学指标均有大幅度提升、场地地基承载力得到提高、深部砂层液化得到改善。

2004 年 11 月底开始基础工程开挖工作，基础底面标高与基坑边沿标高相差 2.5m，按 1∶4 放坡。大部分开挖面已经处在淤泥层中，开挖过程没有出现挤淤现象，挖出的淤泥已经基本固结完成，流塑性和触变性也基本消除。工程桩承台处淤泥不放坡开挖，泡在水中而无塌方现象发生。承台基坑开挖情况如图 3.7 所示。根据广东科学中心工程经济效益分析结果，采用经优化后的饱和软土地基预处理技术进行地基处理，节约工程造价 1 亿元左右。

图 3.7　承台基坑开挖情况

特别提示

土方工程施工往往具有工程量大、劳动繁重和施工条件复杂等特点；土方工程施工同时又受到气候、水文地质、邻近建(构)筑物、地下障碍物等因素的影响较大，不可确定的因素较多，且土方工程涉及的工作内容也较多，包括土的挖掘、填筑和运输等过程，以及排水、降水、土壁支护等准备工作和辅助工作。由于上述土方工程施工特点，稍有不慎，极易造成安全事故；一旦发生事故，造成的损失是巨大的。因此，在土方工程施工前，应进行充分的施工现场条件调查(如地下管线、电缆、地下障碍物、邻近建筑物等)，详细分析与核对各项技术资料(如地形图、水文与地质勘察资料及土方工程施工图)，正确利用气象预报资料，根据现有的施工条件，制定出安全、有效的土方工程施工方案。

3.2 地基与基础工程

地基与基础工程质量对建筑物的安全使用和耐久性影响甚大。地基或基础的质量事故常常带来地面的塌陷、各种梁的拉裂、墙体开裂、柱子倾斜等问题，轻则使人对建筑有不安全感，重则影响建筑物的正常使用，甚至危及人们的生命安全。据有关单位对43起房屋过大不均匀沉降原因的调查分析得知，属于设计不周者占21%，属于施工问题者占70%，属于使用单位管理不善者占9%。由此可见，尽管事故产生的原因是多方面的，但注意施工质量，则是避免事故发生的重要措施。

【天然地基与人工地基】

1. 常见地基方面的事故

（1）地基变形造成工程事故。地基在建筑物荷载作用下产生沉降，包括瞬时沉降、固结沉降和蠕变沉降3部分。当总沉降量或不均匀沉降超过建筑物允许沉降值时，影响建筑物正常使用，从而造成工程事故。特别是不均匀沉降，将导致建筑物上部结构产生裂缝，整体倾斜，严重时造成结构破坏。建筑物倾斜导致荷载偏心，使荷载分布发生变化，严重时可导致地基失稳破坏。

（2）地基失稳造成工程事故。结构物作用在地基上的荷载密度超过地基承载能力，地基将产生剪切破坏，剪切破坏包括整体剪切破坏、局部剪切破坏和冲切剪切破坏3种形式。地基产生剪切破坏将使建筑物破坏或倒塌。

（3）地基渗流造成工程事故。土中渗流引起地基破坏造成的工程事故主要有：渗流造成潜蚀，在地基中形成土洞或土体结构改变，导致地基破坏；渗流形成流土、管涌导致地基破坏；地下水位下降引起地基中有效应力改变，导致地基沉降，严重的可造成工程事故。

（4）土坡滑动造成工程事故。建在土坡上、土坡坡顶和土坡坡趾附近的建(构)筑物会因土坡滑动产生破坏。造成土坡滑动的原因有许多，除坡脚取土、坡上加载等人为因素外，土中渗流改变土的性质，特别是降低土层界面强度及土体强度随蠕变降低等也是重要原因。

（5）特殊土地基造成工程事故。这里特殊土地基主要指湿陷性黄土地基、膨胀土地基、冻土地基及盐渍土地基等。特殊土的工程性质与一般土不同，特殊土地基工程事故也具有特殊性。

湿陷性黄土在天然状态时具有较高的强度和较低的压缩性，但受水浸湿后结构迅速破坏，强度降低，产生显著附加下沉。如果不采取措施消除地基的湿陷性，而直接在湿陷性黄土地基上建造建筑物，那么地基受浸泡后往往容易发生事故，影响建筑物的正常使用和安全，严重时还会导致建筑物破坏。

土中水冻结时，其体积大约会增加原水体积的9%，土体在冻结时，产生冻胀，在融化时，产生收缩。土体冻结后，抗压强度提高，压缩性显著减小，土体导热系数增大并具有较好的截水性能。土体融化后具有较大的流变性，冻土地基因环境条件发生变化，使地基土体产生冻胀和融化，地基土体的冻胀和融化会导致建筑物开裂甚至破坏，影响其正常使用和安全。

盐渍土含盐量高，固相中有结晶盐，液相中有盐溶液。盐渍土地基浸水后，因盐溶解而产生地基溶陷。另外，盐渍土中盐溶液将导致建筑物材料腐蚀，这些都可能影响建筑物的正常使用和安全，严重时可导致建筑物破坏。

（6）地震造成工程事故。地震对建筑物的影响不仅与地震烈度有关，还与地基土的动力特性、建筑场地效应有关。调查汶川地震时发现，普遍存在同一烈度区内建筑物破坏程度有明显差异的现象。对同一类土，因地形不同，可以出现不同的场地效应，房屋的震害因而不同。场地条件相同，黏土地基和砂土地基、饱和土和非饱和土地基上房屋的震害差别也很大。

地震对建筑物的破坏还与上部结构、体型、结构类型及刚度、基础形式有关。

（7）其他地基工程事故。除了上述原因外，地下商场、地下车库、人防工程和地下铁道等地下工程的兴建，地下采矿造成的采空区，以及地下水位的变化，均可能导致影响范围内地面下沉，造成地基工程事故。此外，各种原因造成的地面裂缝也将造成工程事故。

2. 基础方面的事故

除地基工程事故外，基础工程事故也会影响建筑物的正常使用和安全。基础工程事故可分为基础构件施工质量事故、基础错位事故及其他基础工程事故。

（1）基础构件施工质量事故类型很多，基础类型不同，质量事故也不同。例如，混凝土基础可能发生混凝土强度未达到要求，钢筋混凝土表面出现蜂窝、露筋或孔洞等质量事故；桩基础可能发生断桩、缩颈、桩端未达设计深度要求、桩身混凝土强度不够等质量事故。

（2）基础错位事故是指因设计或施工放线错误造成基础位置与上部结构要求位置不符合，如柱基础偏位、工程桩偏位和基础标高错误等。

（3）其他基础事故，如基础形式不合理、设计错误造成的工程事故等。

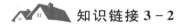

知识链接 3－2

地基和基础工程质量控制要点

地基的质量控制要点如下。

（1）必须有本工程的工程地质详细勘察报告。

（2）基槽开挖后由勘察、设计、施工、监理和建设单位技术负责人共同验槽。

（3）注意建筑工程对地基的4方面基本要求：①建筑结构基础底面对地基的压力，应满足地基承载力的要求，保证地基不会产生整体的或局部的剪切破坏，保证各类土坡不会发生稳定破坏；②建筑结构的总沉降、不均匀沉降和倾斜不能超过《建筑地基基础设计规范》(GB 50007—2011)的允许值；③不至于因渗流引起的水量流失加大地基土的附加压力，也不至于因渗流渗透力作用所产生的流土、管涌现象导致地基土体局部或整体破坏；④使建筑结构基础埋设在当地土的冰冻线以下。

基础工程的质量控制要点如下。

（1）钢筋混凝土基础及砖基础质量控制，可分别参见有关各节。

（2）打桩工程的质量控制：桩位准确度控制；打桩顺序控制；桩的垂直度控制；标高和贯入度控制；接桩；施工后的允许偏差符合要求。

3.2.1 地基处理与加固

【人工加固地基方法】

随着我国基本建设的发展，建设用地日趋紧张，许多工程不得不建造在过去被认为不宜利用的建设场地上；加之目前工程建设中大型、重型、高层建筑和有特殊要求的建筑物逐渐增多，对地基的要求也越来越高，需要进行地基处理的工程不但量很大，而且技术难度很大；同时用于地基处理的费用在工程建设投资中占有很大的比重。因而，在地基处理和加固的施工中，必须严格按照设计要求和规范施工，做到技术先进、经济合理、安全适用、确保质量。

1. 地基的局部处理

在地基基础的施工过程中，如发现地基土质过硬或过软不符合设计要求，或发现空洞、墓穴、枯井、暗沟等存在，为了减少地基的不均匀沉降，必须对地基进行局部处理。

地基不但要有足够的承载能力，还要有足够的稳定性，并且不能发生过量的变形。地基的局部处理是限制地基的变形、防止基础不均匀沉降的有效措施。

1）局部松软土地基的处理

在地基基础施工时，当遇到填土、墓穴、淤泥等局部松软土时，如果坑的范围较小，可按图3.8(a)所示处理。

(1) 将坑中松软虚土挖除，使坑底及四壁均见到天然土。

(2) 采用与坑边的天然土层压缩性相近的材料回填。如天然土为较密实的黏土，可用3∶7灰土分层回填夯实；如为中密的可塑黏土或新近沉积黏土，则可用1∶9或2∶8灰土分层回填夯实。

当坑的范围较大或因其他条件限制，基槽不能开挖太宽，槽壁挖不到天然土层时，则应将该范围内的基槽适当加宽，加宽的宽度 l_1 应按下述条件决定，如图3.8(b)所示。

(1) 当采用砂土或砂石回填时，基槽每边均应按 $l_1 : h_1 = 1 : 1$ 坡度放宽。

(2) 当采用1∶9或2∶8灰土回填时，按 $l_1 : h_1 = 0.5 : 1$ 坡度放宽。

(3) 当采用3∶7灰土回填时，如坑的长度不大于2m，且为具有较大刚度的条形基础时，基槽可不放宽。

如果坑在槽内所占的范围较大(长度在5m以上)，且坑底土质与槽底土质相同，也可将基础落深，做1∶2踏步与两端相接，如图3.8(c)所示。踏步多少根据坑深而定，但每步高不大于0.5m，长不小于1.0m。

在独立基础下，如松土坑的深度较浅时，可将松土坑内松土全部挖除，将柱基落深；如松土坑较深时，可将一定深度范围内的松土挖除，然后用与坑边天然土压缩性相近的材料换填。

对于较深的松土坑(如坑深大于槽宽或大于1.5m时)，槽底处理后，还应考虑是否需要加强上部结构的强度，以抵抗由于可能发生的不均匀沉降而引起的内力。常用的处理方法是在灰土基础上1～2皮砖处(或混凝土基础内)、防潮层下1～2皮砖处及首层顶板处配置3或4根 ϕ8～ϕ12 钢筋，如图3.9所示。

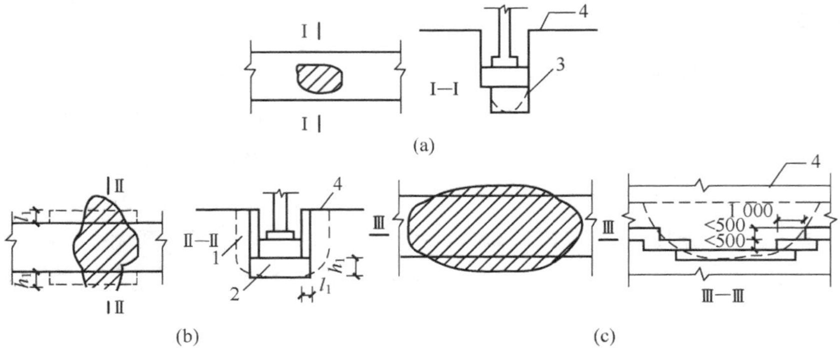

图 3.8　松土坑的处理

1—软弱土；2—2∶8 灰土；3—松土全部挖除然后填以好土；4—天然地面

2）枯井的处理

当枯井在基槽中间，井内填土已较密实，则先将井壁(或砖圈)挖去，至基槽底下 1m(或更多)。在此拆除范围内用 2∶8 或 3∶7 灰土分层夯实至槽底，如图 3.10 所示。

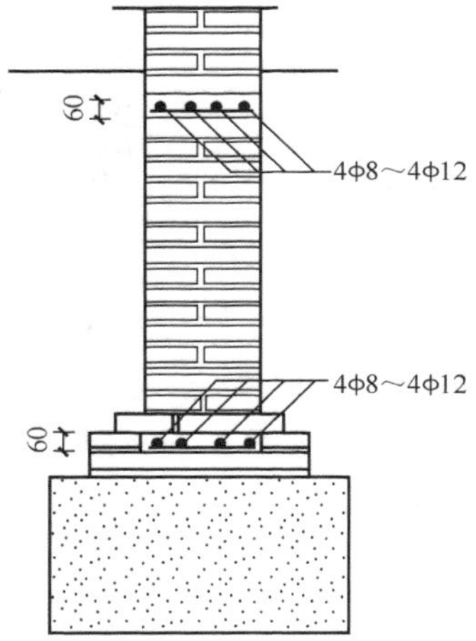

图 3.9　基础内配筋构造示意

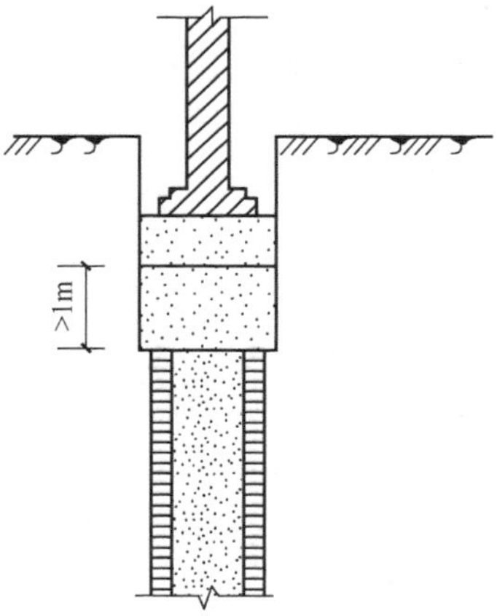

图 3.10　基槽下枯井处理方法

当枯井的直径大于 1.5m 时，则应适当考虑加强上部结构的强度，如在墙内配筋或做地基梁跨越枯井。

若枯井在基础的转角处，除采用上述拆除回填的方法处理外，还应对基础进行加强处理。例如，采取从基础中挑梁的办法来解决，或者将基础延伸，再在基础墙内配筋或钢筋混凝土梁来加强。

3）橡皮土的处理

当地基为黏土，且含水量很大、趋于饱和时，夯拍后会使地基土变成踩上去有一种颤动感觉的“橡皮土”。因此，如发现地基土含水量很大，趋于饱和时，要避免直接夯拍，这时，可采用晾槽或掺石灰粉的办法来降低土的含水量。如已出现橡皮土，可铺填一层碎砖或碎石将土挤紧；或将颤动部分的土挖除，填以砂土或级配砂石。

应用案例 3－6

江苏某银行营业综合楼纠偏加固

江苏某银行营业综合楼地处长江三角洲，经地质勘探揭示，场地在埋深 30mm 深度以内地层主要为填土、粉质黏土、粉砂、黏质粉土、淤泥质黏土等。

综合楼由主楼和裙房组成，主楼为地上十七层，地下二层。基础为天然地基上的箱形基础，底平面尺寸为 25.8m × 17.4m，基础外尺寸为 27.8m × 19.4m，底面面积为 539.32m^2。

主楼西部与南部连有两栋二层裙房，框架结构，建筑面积一栋为 544m^2，另一栋为 514m^2。裙房为半地下室，地上 1.2m，地下 4.5m，筏板基础，综合楼总荷载为 152 869kN。主楼以土层第 6a 层为持力层，设计取 f=190kPa，埋深为 4.73m，箱形基础基底相对标高为－5.930m，裙房以土层第 4 层为持力层，设计取 f_a=120kPa，埋深为 2.43m，基底相对标高为－3.630m，±0.000 相当于标高 1.400m，主楼箱形基础混凝土为 C25。

综合楼沉降观测点布置及沉降发展情况如图 3.11 所示。综合楼建设过程沉降观测表明：主体结构完成后，1996 年 6 月 21 日最大沉降点为东南角 2 号测点，沉降量为 314.87mm，最小沉降点为西北角 1 号测点，沉降量为 256.43mm。两点不均匀沉降为 97.81mm，综合楼已产生明显倾斜，并呈发展趋势，各观测点的沉降速率尚未减小，也在发展中。为了有效制止沉降和不均匀沉降进一步发展，经研究决定进行加固纠倾。

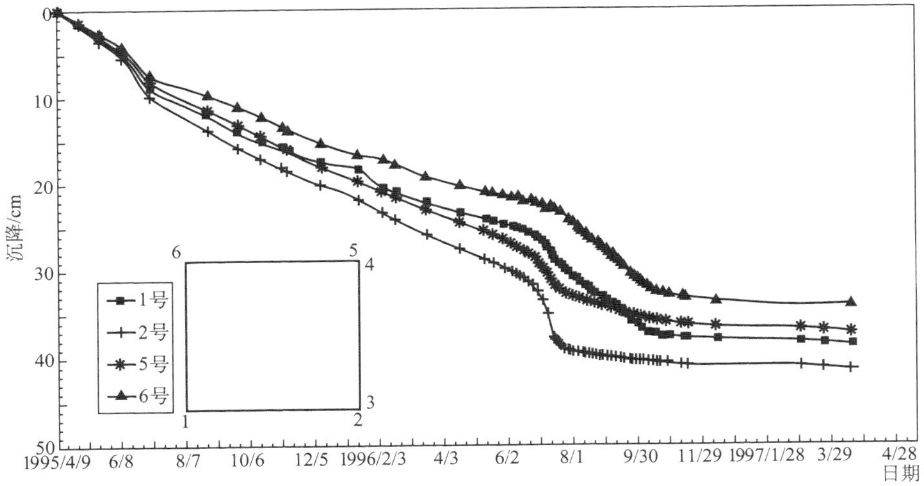

图 3.11　综合楼沉降观测点布置及沉降发展情况

采用综合加固纠偏方案，主要包括下述几方面。

(1) 采用锚杆静压桩加固，以形成复合地基，提高承载力，减小沉降。桩断面尺寸取 200mm×200mm，桩长计划取 26m，单桩承载力取 220kN。布桩密度视各区沉降量确定，沉降较大一侧多布桩，沉陷较小一侧少布桩。沉降较大一侧先压桩，并立即封桩，沉降较小一侧后压桩，并在掏土纠倾后再封桩。计划采用钢筋混凝土方桩，后因施工困难，部分采用无缝钢管桩。共压桩 117 根。

（2）在沉降量较大、沉降速率较快的东南角外围基础 20m 范围内加宽底板，与原基坑水泥土围护墙连成一体，减少底板接触压力。

（3）在沉降量相对较小、沉降速率较慢的西南角和西北角，采用钢管内冲水掏土，在地基深部掏土，适当加大沉降速率。掏土量根据每天的沉降观测资料决定，掏土过程中有专人负责，详细记录，定期会诊分析，原则上沉降量每天控制在 2.0mm 以内。

在加固纠倾过程中加强监测。在进行地基基础加固过程中 2d 观测 1 次，在掏土纠倾过程中 1d 观测 2 次。

在地基加固过程中，附加沉降应予以重视。从图 3.11 中可以看到，在施工初期不均匀沉降发展趋势加快。在加固和纠倾后期，沉降发展趋势得到有效遏制，不均匀沉降明显减小，原先沉降较大的东南角，沉降已稳定。加固纠倾完成后，不均匀沉降进一步减小，沉降观测资料表明所采用的综合加固纠倾方案是合理有效的。

2. 深层水泥土搅拌法加固

深层搅拌法是加固深厚层软黏土地基的施工技术。以水泥、石灰等材料作为固定剂，通过特制的深层搅拌机械，在地基深部就地将软黏土和固化剂强制拌和，使软黏土硬结成具有整体性和水稳定性的柱状、壁状和块状等不同形式的加固体，提高地基强度。

深层搅拌适用于加固软黏土特别是超软土，加固效果显著，适应快速施工的要求。

深层搅拌桩地基加固中常见的质量事故，如承载力不足、搅拌体质量不均匀、施工中抱钻、冒浆等，究其原因，主要为以下几方面。

（1）深层搅拌桩施工中固化剂、外掺剂选择不当，掺量不足，桩身无侧限抗压强度。

（2）深层搅拌桩平面布置不当，桩深不足，成桩垂直度偏差大。

（3）施工工艺不合理。例如，不同加固土层没有选择不同的施工方法。

（4）搅拌机械、注浆机械等发生故障或工艺参数不当，如施工中堵塞，搅拌机械提升速度不当等。

3. 碎石挤密桩

碎石挤密桩是用振动沉桩机将钢套管沉入土中再灌入碎石而成，一般称为“碎石桩”，适用于松砂、软弱土、杂填土、黏土等土层的地基加固。此法所形成的碎石桩体，与原地基土共同组成复合地基，共同承受上部结构的荷载。如果施工不当，就会造成桩身缩颈、灌量不足、成桩偏斜、达不到设计深度、密实度差等质量事故。产生的主要原因如下。

（1）在原状土含饱和水或流动状态的淤泥质土或在地下水与其上土层结合处，易产生缩颈。

（2）桩间距过小，成桩顺序不是间隔进行的。

（3）填料质量差，数量不足，如碎石不规格，石料间摩阻较大，造成出料困难。

（4）成桩时遇到地下物，如大孤石、干硬黏土、硬夹层、软硬地基交接处等，都易造成桩偏斜、深度不足等。

（5）成桩参数选用不当，如电机的工作电流、锤击的能量、拔管速度、挤压次数和时间等。

应用案例 3－7

呼和浩特市某 30 层大厦主体部分平面近似三角形。该工程有地下室 3 层，基坑底标高为－12.37m。基坑以南 9m 处有一幢 6 层住宅楼正在施工。

1. 地下室基坑开挖与支护方案

先用机械挖土至标高－5.5m 处(自然地面为标高 0.00，然后开始做支护桩——灌注桩，桩径 500mm，主筋 6 ф16，桩长 8.9m，桩底标高－14.40m。东西两侧分别有 6 根和 5 根工程桩兼做支护桩。工程桩直径 800mm，主筋 8 ф25，桩长 13.45m，桩底标高 19.25m。基坑平面示意如图 3.12 所示。

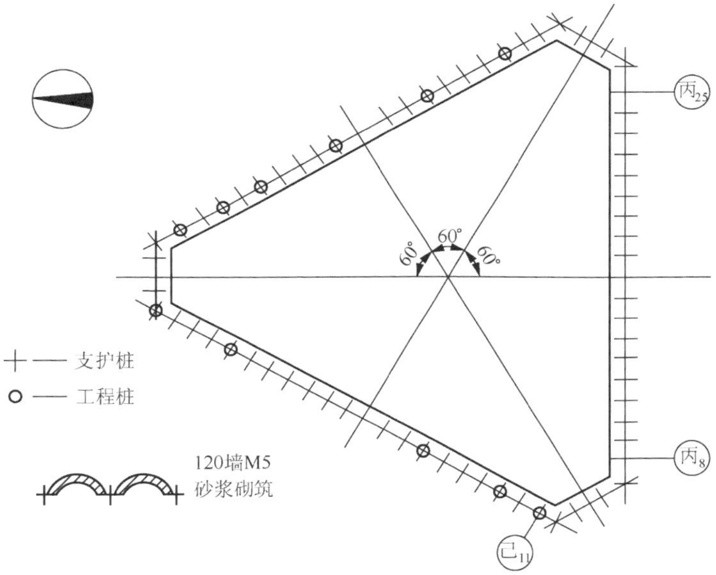

图 3.12　基坑平面示意

桩基工程从己$_{11}$线的支护桩开始，顺时针方向施工，至全部桩打完后，开始挖土。设计要求桩之间的挡土墙随挖土随砌筑，即挡土墙自上而下砌筑。施工时改为一次挖到底后再砌挡土墙；先用机械挖土至离设计底标高 300mm 处，即－12.07m 处，然后用人工挖土清底，当清土到丙$_{8}$～丙$_{25}$轴的一排支护桩时，清土才完成，大部分支护桩随即倾覆，桩顶最大位移近 3m，封顶梁被拉裂变形，最大裂缝宽度达 10cm，混凝土脱落。

2. 事故原因分析

从南边的支护桩垮塌而东西两侧的支护桩没有垮塌分析，因东西两侧的支护桩中各有 5 根或 6 根大直径工程桩，其埋入未开挖土中的深度为 6.88m，与其他支护桩一起组成悬臂支挡体系，有效地防止了支护结构的垮塌。而南边一排支护桩没有 1 根工程桩，而且这些支护桩埋入未开挖土中的深度仅为 2.03m。根据验算，若按悬臂桩考虑，支护桩埋入深度应大于 4.82m。因此，这种悬臂支护桩不足以支挡土压力是造成事故的主要原因。更需要指出的是，设计中虽有一条说明“水平锚固拉杆待定，可根据现场实际情况而定”，实际上因南侧场地狭窄无法拉结，设计与施工人员均未提出适当的处理方案，而在没有设置水平拉杆的情况下开挖基坑，最终导致基坑局部垮塌。所以造成这起事故的根本原因是设计图纸深度不足，对存在的问题未做妥善处理，发现不按设计意图施工的情况，既不补救，又不制止。施工单位的责任是对设计存在问题不提出意见，明明知道设计有要求设水平锚固拉杆的意图，但在施工无法实现此要求时，既不要求设计提出处理意见，又不采取可靠的补救措施。

3. 事故处理

由于南侧边坡土方已大部分坍塌，支护桩实际已失效。该现场采取的补救措施是先用木方做临时支撑，对未垮的土方及围墙做临时加固；然后清除坍塌的土方，为工程桩的施工创造工作面；再用草袋装砂堆放成下宽上窄的斜坡，其垂直高度约3m，防止土坡出现再次坍塌。经上述处理完成后，直至地下工程全部完工，没有再发生坍塌事故。

3.2.2 灰土地基

灰土地基常见的质量事故有灰土地基质量差和灰土地基的承载力低。

知识链接 3－3

灰土地基受其特点的影响，在南方多雨地区较少被使用，但在我国北方地区却常常被大量使用。所谓灰土地基是指由石灰和土按一定比例拌和而成的地基。常用的灰土配合比有2∶8、1∶9和3∶7，俗称二八、幺九和三七。灰土地基成本低、施工简单，加上北方地区地下水位较低，有利于施工和保证灰土地基的工程质量。但是，灰土地基在施工过程中，如果处理不当，也会造成工程质量事故。

1. 灰土地基质量差

造成灰土地基本身质量差的主要原因如下。

(1) 原材料没选用好。灰土地基主要由土和石灰组成，也可用水泥替代灰土中的石灰。灰土地基中的土一般采用黏性土，但黏性土如果黏性太大，难以破碎和夯实，也可选用粉质黏土，其对形成较高密实度也是有利的。《建筑地基基础工程施工质量验收规范》(GB 50202—2002)规定：土颗粒的粒径必须小于或等于5mm，土中有机物含量不能超过5%。

灰土地基中的石灰应采用生石灰，石灰的粒径应不超过5mm，暴露在大气中的堆放时间不宜过久。

(2) 灰土的配合比确定不准确。灰土地基的配合比一般采用体积比，常用的配合比有1∶9、2∶8和3∶7。灰土的配合比对灰土地基的强度有直接的影响。试验表明，28d和90d龄期的无侧限抗压强度，3∶7灰土为4.52×10^5Pa和9.69×10^5Pa，而4∶6灰土为3.87×10^5Pa和6.96×10^5Pa，可以看出4∶6灰土的强度仅为3∶7灰土强度的86%和72%。因此，要保证好灰土的质量，就要准确掌握好灰土的配合比。

(3) 灰土拌和不均匀。

(4) 不合理的含水量。灰土的压实系数与灰土的含水量有很大的关系，太干不易夯实，太湿不容易走夯。《建筑地基基础工程施工质量验收规范》规定：灰土的含水量与要求的最佳含水量相比不能超过±2%。

(5) 没有根据不同的压实机械确定合理的铺土厚度，或在施工中没有严格控制好每层厚度。《建筑地基基础工程施工质量验收规范》规定：每层的厚度与设计要求相比误差不超过±50mm。

(6) 施工中没有控制好压实系数。灰土的密实程度除了与铺灰厚度、含水量有关以外，还与夯击次数有直接的关系。施工中，没有根据设计要求的压实系数，不断检查灰土的压实系数，使灰土地基的承载力达不到设计的要求。

2. 灰土地基承载力低

灰土地基承载力低包括灰土地基整体承载力低和局部承载力低两种情况。在灰土地基施工中，施工分层时，由于上下层的搭接长度、搭接部分的压实或施工缝位置留设不当而引起局部承载力过低。施工缝处的处理要求如图 3.13 所示。

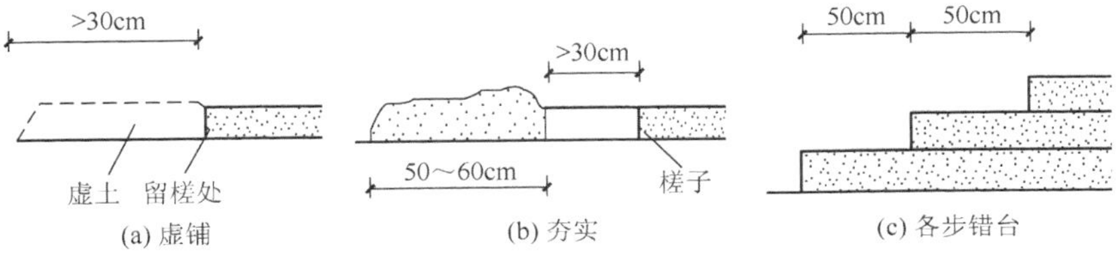

图 3.13 施工缝处的处理要求

应用案例 3-8

某市一幢 5 层砖混结构宿舍和一幢 8 层钢筋混凝土框架结构的办公楼，地基均用灰土桩加固。场地土质情况和灰土桩设计施工情况如下。

场地土质情况：表层为耕土层，局部有杂填土，以下为湿陷性褐黄色黏土。地质报告建议地基承载力取 80kPa，设计采用 2∶8 灰土桩加固地基，桩径为 350mm，桩长 5m，要求加固后地基承载力达到 150kPa。桩孔采用洛阳铲成孔，灰土夯实采用自制 4.5kN 桩锤，每层灰土的虚填厚度为 350～400mm，要求灰土夯实后干密度为 15～16kN/m^3，检查干密度抽样率为 2%。

宿舍楼为条形基础，共打灰土桩 809 根；办公楼采用片筏基础，共打灰土桩 1 399 根。灰土桩施工结束后开挖基槽、基坑。组织验收时发现以下问题。

宿舍楼部分桩内有松散的灰土；809 根桩中有 27 根桩顶标高低于设计标高 20～57cm；有 18 根桩放线漏放；有一根桩已成孔，但未夯填灰土，另一根桩全为松散土，未夯实；有的桩上部松散，挖下 1.1m 后才见灰土层；有的桩虚填土较厚，达 60～80cm；有的灰土未搅拌均匀。检查中，将 30 根灰土桩挖至上部 2m 范围，在 2m 范围内全部密实的只有 6 根，其余均不符合要求。

办公楼灰土桩检查验收时，先在办公楼边部开挖了 1、2、3 号坑，检查了 12 根灰土桩，没有发现问题。之后又挖 4 号坑，从挖出的 12 根灰土桩的情况看，灰土有的较密实，有的不够密实。为彻底查清质量情况，按数理统计抽样检查 5%的桩，再挖 5、6、7 号坑，共挖出 42 根桩进行检查，并对每个坑挖出的 4 根桩按每挖下 800mm 取样做干密度试验，共取 53 个试验。

根据数理统计确定：$\rho_d=15\sim16kN/m^3$，定为合格；$\rho_d=14\sim14.9kN/m^3$，定为较密实；$\rho_d=11.5\sim13.9kN/m^3$，定为不够密实。虽然办公楼灰土桩从施工到检查时已超过半年，干密度增加，强度增大，但仍有12.1%的桩未达到设计干密度（$15\sim16.5kN/m^3$）的要求。

其原因分析如下。

(1) 据了解，工地上没有一个技术人员自始至终进行技术把关，缺乏细致、认真的技术交底和质量检查。

(2) 严重违反操作规程。根据试验制定的操作规程，施工中并未贯彻执行，出现了诸如灰土不认真计量、搅拌不均匀、灌灰土时不分层、虚填厚度每层达800mm，因此夯不实，造成上密下松、夹层和松散层。

(3) 抽样检查做法不当。在试验检查干密度时，2%的抽样检查是在桩打完后进行的，取样只取桩顶下附近处，而不是检查桩全长的干密度。直至基槽、基坑开挖验收时，才发现灰土桩的密实程度很不均匀，达不到设计要求。

3.2.3 多层建筑基础工程

多层建筑大多采用浅基础。常见的基础形式有条形基础、片筏基础、独立基础等。按材料分，基础有砖砌基础和钢筋混凝土基础。选用何种形式的基础，受到地质条件、上部荷载的大小、主体结构形式等因素的影响。基础工程发生质量事故，都有可能对建筑物的功能、安全等造成极大的影响。基础工程常见的工程质量事故有基础错位和基础变形等。

1. 基础错位

基础错位事故主要包括基础轴线偏差、基础标高错误、预留洞和预埋件的标高和位置的错误等。造成基础错位事故的主要原因如下。

1）勘测失误

例如，勘测不准确造成的滑坡而引起基础错位，甚至引起过量下沉和变形等。

2）设计错误

(1) 制图错误，审图时又未及时发现纠正。

(2) 设计措施不当。例如，对软弱地基未做适当处理，选用的建筑结构方案不合理等。

(3) 土建、水、电、设备施工图不一致。

3）施工问题

(1) 测量放线错误。如读图、测量错误，测量标志移位，施工放线误差大及误差积累等。

(2) 施工工艺问题。例如，场地平整及填方区碾压密实度差；基础工程完成后进行土方的单侧回填造成的基础移位或倾斜，甚至导致基础破裂；模板刚度不足或支撑不良；预埋件由于固定不牢而造成水平位移、标高偏差或倾斜过大等；混凝土浇筑工艺和振捣方法不当等。

(3) 地基处理不当。例如，地基暴露时间过长，浸水或扰动后，未做处理；施工中发现的局部不良地基未经处理或处理不当。

（4）相邻建筑影响或地面堆载大。

2. 基础变形

基础变形事故是建筑工程较严重的质量事故，它可能对建筑物的上部结构产生较大的影响。常见的基础变形事故有基础下沉量偏大、基础不均匀沉降、基础倾斜。

基础变形事故的原因是多方面的，因此，分析必须从地质勘测、地基处理、设计、施工及使用等方面综合分析。造成基础变形事故的常见原因主要有以下几点。

1）地质勘测方面的问题

（1）未经勘测即设计、施工。

（2）勘测资料不足、不准或勘测深度不够，勘测资料错误。

（3）勘测提供的地基承载力太大，导致地基剪切破坏形成斜坡。

2）地下水位的变化

（1）施工中采用不合理的人工降低地下水位的施工方法，导致地基不均匀下沉。

（2）地基浸泡水，包括地面水渗入地基后引起附加沉降，基坑长期泡水后承载力降低而产生的不均匀下沉，形成倾斜。

（3）建筑物动用后，大量抽取地下水，造成建筑物下沉。

3）设计方面的问题

（1）建造在软弱地基或湿陷性黄土地基上，设计没有采用必要的措施或采用的措施不当，造成基础产生过大的沉降或不均匀沉降等。

（2）地基土质不均匀，其物理力学性能相差较大，或地基土层厚薄不均，压缩变形差异大。

（3）建筑物的上部结构荷载差异大，建筑体形复杂，导致不均匀沉降。

（4）建筑上部结构荷载重心与基础形心的偏心距过大，加剧了偏心荷载的影响，增大了不均匀沉降。

（5）建筑整体刚度差，对地基不均匀沉降较敏感。

（6）对于筏板基础的建筑物，当原地面标高差很大时，基础室外两侧回填土厚度相差过大，会增加底板的附加偏心荷载。

（7）地基处理不当，如挤密桩长度差异大，会导致同一建筑物下的地基加固效果不均匀。

4）施工方面的问题

（1）施工程序及方法不当。例如，建筑物各部分施工顺序错误，在已有建筑物或基础底板基坑附近，大量堆放被置换的土方或建筑材料，造成建筑物下沉或倾斜。

（2）人工降低地下水位。

（3）施工时扰动或破坏了地基持力层的地质结构，使其抗剪强度降低。

（4）施工中各种外力，尤其是水平力的作用，导致基础倾斜。

（5）室内地面大量堆载，造成基础倾斜等。

应用案例 3-9

房屋地基基础下沉的鉴定及加固

1. 房屋建设概况

某 3 层居民房屋（下称“1 号房”）房顶高 12.6m，开间为 4.0m，前后进深为 15m，前面房间及后面房间尺寸均为 4m×6m，中间楼梯间尺寸为 4m×3m，基础埋深为 −1.4m，基底宽为 1.6m，基础采用两层石块及 220 砖砌大放脚。底层墙为实砌。二、三层墙体为空斗墙。楼面为多孔板，屋面为混凝土檩条上浇筑 C40 钢筋混凝土板，板上盖小青瓦。1 号房建成后未见明显异常。两年后在 1 号房以东建成同类型 3 层居民房屋（下称“2 号楼”），两幢房山墙轴线间距为 2.0m。基础大放脚外边缘相距为 0.3m，2 号房建成一年后均匀下沉 160mm，致使 1 号房东面山墙发生二次沉降。

2. 事故现象

（1）1 号房东面山墙附加沉降量为 40mm，开间 4m 之间，沉降差为 35mm，大于允许沉降差 20mm(危房鉴定标准)。

（2）3 层楼板及屋面混凝土檩条外移 30mm。

（3）纵墙上所有门窗无法开关。

（4）纵墙上门窗的角部发生裂缝，有竖直的，有 45°的，裂缝宽度为 12～15mm，大于允许值 10mm，每道纵墙上均有 2 条或 3 条这样的裂缝。

（5）楼板西端高、东端低，高差为 40mm。

3. 事故原因

（1）沿山墙对地基补充钻探，钻 3 个孔，由钻探资料表明，1 号房、2 号房地基为软土层。−5.2m 以上的地基承载力为 60kN/m^2，−5.2m 及以下承载力为 80kN/m^2。土的含水率达 50%，压缩变形较大。

（2）经验算，山墙基础上部线荷载为 132.2kN/m，而地基基础承载力为 96kN/m，小于 132.2kN/m。原基础承载力不足，原本就有点沉降，但不影响使用，未引起注意。

（3）因 2 号房地基基础沉降量较大，与 1 号房靠得近，对 1 号房地基有附加应力的影响，使 1 号房发生二次沉降。沉降差超过允许值，墙体裂缝宽度也超过鉴定标准，使某居民房屋处于危险状态。

4. 事故处理

（1）本工程地基基础事故加固的指导原则——限制沉降，增大地基基础的承载能力，以满足上部荷载要求。

（2）为了有效地阻止 1 号房基础继续沉降，决定打桩。由于险情紧迫，用预制桩怕耽误时机，而采用当地市场上立即可买到的杉木，长 4 000mm，大头直径 130mm，小头直径 70mm。桩顶打至与基底一样平，基底埋深 −1.4m，桩下端打入承载力为 80kN/m^2 的土中 200mm。打入土中木桩体积为 5m^3 以上，可使地基土有所挤密，地基承载力会略有提高，同时可减少 2 号房基础下沉的影响。

（3）为扩大基础的承载能力，在基础大放脚的两边，也即在木桩的顶部浇筑 300mm×400mm 混凝土地梁。两边的地梁合起来宽度为 0.6m，则基础每米长度内可扩大承载力

36kN/m。每根木桩承载力 3.9kN/m，每米基础长度内有 5 根桩，可获得 19.5kN/m 的承载力。这样加固后，每米基础长度内的承载力为 96＋36＋19.5＝151.5(kN)，大于 132.2kN，地基基础的承载力得到了满足。

5. 木桩、地梁与原基础的连接

(1) 在木桩顶部竖直钉Φ10 钢筋，长度为 500mm，打入木桩内 150mm，还有 350mm 锚在混凝土地梁中(杉木有“干千年湿千年，干干湿湿两千年”的性状，用于中低层房屋软土地基的加固是经济实用的)。

(2) 在原基础的块石缝隙中，用细石混凝土栽Φ16 的螺纹钢筋，水平放置，长度为 400mm，栽入石缝中 150mm，还有 250mm 锚入混凝土地梁中。

(3) 每根地梁用 4Φ12 做主筋，箍筋为φ6@200。

(4) 沿原基础两侧的斜坡上绑扎螺纹钢筋Φ10@450，此筋从基础圈梁下面穿过，分布筋为φ6@250。浇筑厚度不小于 120mm 的钢筋混凝土板。

(5) 将基础圈梁下的砖基础每隔 450mm 打一个 150mm×150mm 的洞，用混凝土注满。

(6) 基础加固所用混凝土强度等级为 C30，形成了承台地梁、地梁及斜板台原基础的有效传力系统。

图 3.14 所示为软土地基基础加固简图。

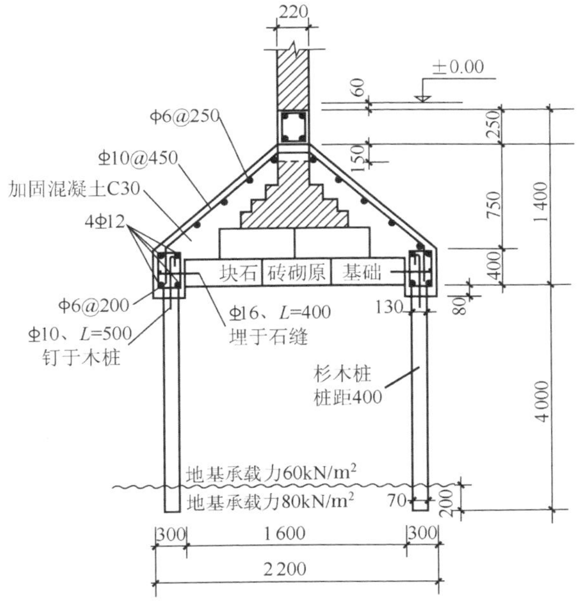

图 3.14 软土地基基础加固简图

6. 地基基础加固施工及注意事项

(1) 施工前在 1 号房的纵、横墙与楼层交叉处跟 2 号房山墙之间，架设临时横向支撑，以保证 1 号房地基打桩时山墙的安全。

(2) 把 1 号房东山墙基础两侧上部的覆盖层挖开，准备打桩，要求桩身顺直，下端为平面。从山墙的前、后端向中间打，以保证地基土不外移。

(3) 用0.5kN重的铁制夯由人工抬举适度夯击，严防剧振而带动地基下沉。

(4) 基础两侧打桩交叉同步，先打外边桩，后打室内桩。边打桩边埋设Φ16螺纹锚筋、Φ10钉筋，在基础圈梁下每隔450mm打一个150mm×150mm的洞口。然后清理基础(但严禁冲水)，穿斜板Φ10螺纹钢筋。打完桩立即把地梁4Φ12及斜板钢筋扎好，支模、浇筑C30混凝土，注意应将洞口混凝土塞实搅拌、振捣，盖草帘湿式养护，验收合格后覆土。

(5) 施工完毕后，必须在东山墙室外地坪以上500mm处设立3个沉降观测点，场外30m左右设立一个固定水准点，用以沉降比较。施工完毕时测一次，以后每隔30d测一次。当连续两个月沉降量均不大于2mm时，则认为地基已经稳定。

(6) 待地基基础稳定之后，才允许对室内墙裂缝进行修补，重整门窗及装饰、装潢。

7. 加固效果

在当年9月14日加固完毕，经10月、11月及12月三次沉降观测，其沉降量分别为0.8mm、0.4mm、0mm。说明这样的地基基础事故，采取打木桩及扩大基础，以限制沉降，增大基础承载力是很有效的。

3.2.4 高层建筑基础工程

特别提示

【高层建筑地基】

20世纪70年代中期以来，尤其是近年来通过大量的工程实践，我国的高层建筑施工技术得到快速的发展。在基础工程方面，高层建筑多采用桩基础、筏板基础、箱形基础或桩基础与箱形基础的复合基础，涉及深基坑支护、桩基施工、大体积混凝土浇筑、深层降水等施工问题。有关工程质量事故有些在前面的章节中有所分析，本节重点分析在基础工程中大体积混凝土施工中常见的质量事故。大体积混凝土具有结构厚、钢筋密、混凝土数量大、工程条件复杂和施工技术要求高等特点。大体积混凝土结构的截面尺寸较大，由外荷载引起裂缝的可能性很小，但水泥在水化反应过程中释放的水化热所产生的温度变化和混凝土收缩的共同作用，会产生较大的温度应力和收缩应力，是大体积混凝土结构出现裂缝的主要原因。

在大体积混凝土施工中，施工不当引起的温度裂缝主要有表面裂缝和贯穿裂缝两种。大体积混凝土施工阶段产生的温度裂缝，是其内部矛盾发展的结果。一方面是混凝土由于内外温差产生应力和应变；另一方面是结构物的外约束和混凝土各质点的约束阻止了这种应变，一旦温度应力超过混凝土能承受的极限抗拉强度，就会产生不同程度的裂缝。产生裂缝的主要原因如下。

(1) 没有选用矿渣硅酸盐水泥和低热水泥，水泥用量过大，没有充分利用掺加粉煤灰等掺合料来减少水泥的用量。

(2) 没有注意原材料的选择，如骨料级配差、含泥量大、水胶比偏大等。

(3) 混凝土振捣不密实，影响了混凝土的抗裂性能。

(4) 没有严格加强混凝土的养护，加强温度监测。

(5) 发现混凝土温度变化异常，没有及时采取有效的技术措施。

(6) 没有有效地减少边界约束作用。

（7）没有选择合理的混凝土浇筑方案。

（8）原大体积基础拆模后，没有及时回填土以保温保湿，使混凝土长期暴露。

（9）混凝土掺用UEA等外加剂时，使用的品种、用量不合理，没有达到预期效果。

应用案例3-10

某工程有两块厚2.5m、平面尺寸分别为27.2m×34.5m和29.2m×34.5m的板，两块厚2m、平面尺寸分别为30m×10m和20m×10m的板。

设计中规定把上述大块板分成小块，间歇施工。其中厚2.5m的板每大块分成6小块，厚2m的板分成10m×10m的小块。

混凝土所用材料为P42.5抗硫酸盐水泥，中砂，花岗岩碎石，其最大粒径为100mm，人工级配5～20mm、20～50mm、50～100mm共3级。

混凝土强度等级：厚2.5m的板为C20，抗渗等级为S4，抗冻等级为M150，其配合比为水泥∶砂∶石=1∶2.48∶5.04，水胶比为0.51，单方水泥用量为262kg/m^3，三级级配石子的比例是大∶中∶小=0.56∶0.21∶0.23；厚2m的板为C20混凝土，抗渗等级为S6，抗冻等级为M300，配合比为水泥∶砂∶石=1∶2.02∶4.71，水胶比为0.46，水泥用量为294kg/m^3，石子级配大∶中∶小=0.55∶0.23∶0.22。

混凝土中掺入0.006%～0.01%的松香热聚物加气剂，含气量控制在3%～5%(用含气量测定仪控制)。

配筋情况：在距离板的上、下表面50mm处配置双向螺纹钢筋Φ28～Φ36@300。

地基情况：钢筋混凝土板直接浇筑在微风化的软质岩石地基上。浇筑混凝土前用钢丝刷及高压水冲刷干净。

大块板分成小块时，其临时施工缝采用键槽形施工缝（图3.15）。缝面用人工凿毛，并设插筋Φ16@500。块体内配置的螺纹钢筋网在接缝处拉通。

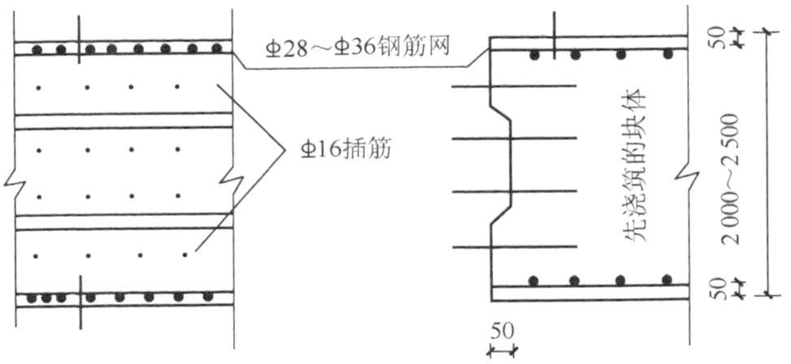

图3.15 施工缝详图

为了进行温度观测，在混凝土板中埋设了28个电阻温度计和87个测温管，进行了4个多月的温度观测。裂缝观测时用5倍的放大镜寻找裂缝，用20倍带刻度的放大镜测读裂缝宽度。

裂缝情况有以下几种。

（1）表面裂缝。在大部分板的表面都发现程度不同的裂缝，裂缝宽度为0.1～0.25m，长度短的仅几厘米，长的达160cm。裂缝出现时间是拆模后的1～2d。

(2) 临时施工缝(即小块板接缝处)裂开。在一小块板浇筑后的第6～17d，再浇筑相邻的另一块板。当后浇的一块板为第23～42d期间，两块板之间的临时施工缝全部裂开，裂缝宽度为0.1～0.35mm。

(3) 裂缝的开展。裂缝是逐渐开展的。如一块板的第一条裂缝出现在拆模后的第一天，裂缝长15cm，最大宽度0.15mm。隔一天裂缝发展为长40cm、宽0.2mm。临时施工缝也是由局部的、分段的表面裂缝逐步发展成为通长的表面裂缝，随着时间的推移，裂缝向深处发展，以致全部裂开。

原因分析如下。

(1) 温差引起裂缝。

由于该工程属于大体积混凝土，因此水泥水化热大量积聚，而散发很慢，造成混凝土内部温度高，表面温度低，形成内外温差；在拆模前后或受寒潮袭击时，表面温度降低很快，造成了温度陡降(骤冷)；混凝土内达到最高温度后，热量逐渐散发而达到使用温度或最低温度，它们与最高温度的差值就是内部温差。这3种温差都可能导致混凝土裂缝。

① 内外温差、温度陡降引起的表面裂缝。图3.16所示为2.5m厚板内温度分布曲线。这条温度曲线是用埋入混凝土内的电阻温度计(共5只)测得的。测温时的气温为6℃。从图中可见，内部温度与表面温度差值为23℃左右，内部温度与气温差为26℃左右。混凝土内部温度高，体积膨胀大，表面温度低，体积膨胀较小，它约束了内部膨胀，在表面产生了拉应力，内部产生压应力。当拉应力超过混凝土的抗拉强度时，就产生了裂缝。

在有裂缝的板中，多数受到8～10℃的温度骤降的作用。因此，表面温度骤降是引起表面裂缝的重要原因。温度骤降通常出现在拆模前后或寒潮袭击时，由这种温差所造成的温度应力形成较快，徐变影响较小，产生表面裂缝的危险性更大。

② 内部温差引起的裂缝。本例中的板在岩石地基上浇筑，水泥水化热使内部温度升高，在基岩的约束下产生压应力，然后经过恒温阶段后，开始降温(图3.17)，混凝土收缩(除了降温收缩外，还有干缩)在基岩的约束下产生拉应力。由于升温较快，此时混凝土的弹性模量较低，徐变影响又较大，因此压应力较小。但经过恒温阶段到降温时，混凝土的弹性模量较高，降温收缩产生的拉应力较大，除了抵消升温时产生的压应力外，在板内形成了较高的拉应力，导致混凝土裂缝。这种拉应力靠近基岩面最大，裂缝靠近基岩处较宽(图3.18)。当板厚较小，基岩约束较大时，拉应力分布较均匀，从而产生贯穿全断面的裂缝。

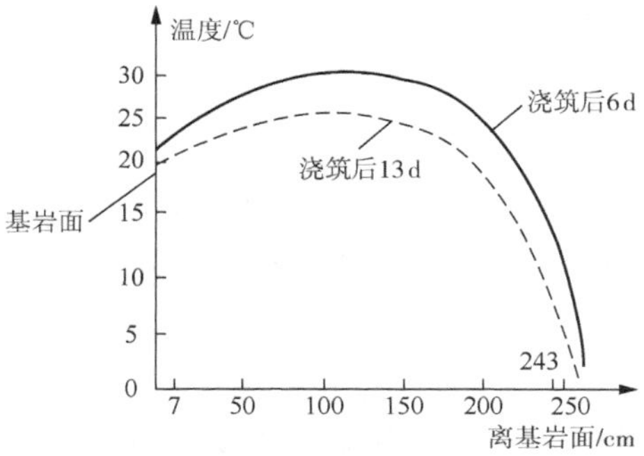

图3.16　2.5m厚板内温度分布曲线

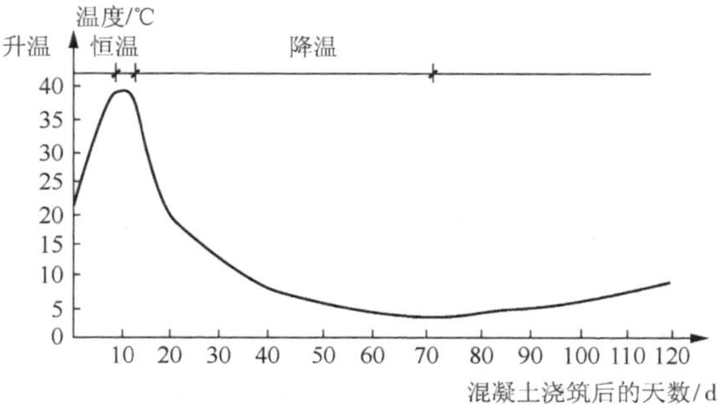

图3.17　温度曲线

从图3.17中可见板内部温差值为37℃。从施工记录中可见，施工缝全部裂开时的内部温差仅12～19℃(两块大的板温差12℃左右，一块小的板温差19℃左右)，实际温差都大大超出裂开时的温差。值得指出的是，尺寸小的板，约束相对减小，其裂缝的温差相应就增大。

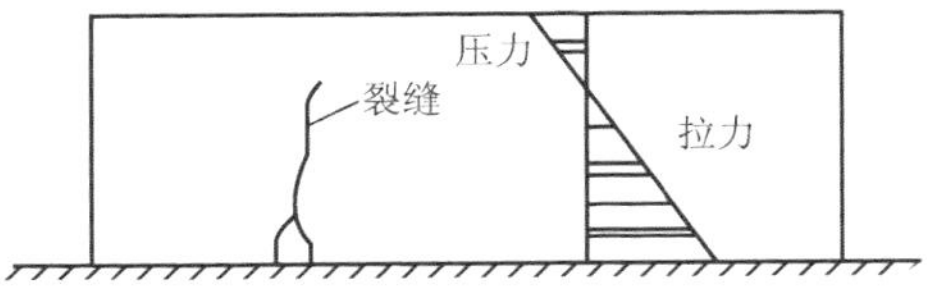

图3.18 内部温差应力与裂缝

(2) 干缩裂缝。

混凝土表面干缩快，内部干缩慢，表面的干缩受到内部混凝土的约束，因而在表面产生了拉应力，这是造成表面裂缝的重要原因之一。

内外温差、温度陡降与干缩引起的拉应力可能同时产生，几种应力叠加后，造成裂缝的危险性更大。当表面裂缝与内部裂缝的位置接近时，可能导致贯穿裂缝，将影响结构安全和建筑物的正常使用。

3.3 桩基础工程

桩基础是一种能适应各种地质条件、各种建(构)筑物荷载和沉降要求的深基础。它具有承载力高、稳定性好、变形量小、沉降收敛快等特性。近年来，随着设计理论的进步、建筑施工技术水平的提高，对桩的承载力、地基变形、桩基施工质量提出了更高的要求。

当场地土质很差，不能作为天然地基，或上部荷载太大，无法采用天然地基，或要严格控制建筑不同部位的沉降时，常用桩基础解决这些问题。若考虑桩穿越软弱土层时能加固天然地基，则桩构成人工地基(如灰土、砂石等挤土桩)；若考虑通过桩将上部结构荷重传给坚硬土层，则桩成为深基础。所以桩在地基土中的工作机制是非常复杂的。

桩按承载性质分为摩擦型桩和端承型桩；按所用材料分为混凝土桩、钢桩和组合材料(闭口钢管内填素混凝土)桩；按成桩方法分为挤土桩(如打入预制桩)、非挤土桩(如灌注桩)、部分挤土桩(如打入式敞口桩)；按受力条件分为竖向抗压桩、竖向抗拔桩、横向受荷桩、组合受荷桩。

本节主要讨论预制混凝土桩和灌注混凝土桩。

桩在使用时要注意以下4点。

(1) 不能不问地基具体情况盲目采用，使用时必须有详细的勘察资料，说明其必要性。

(2) 不能主观确定桩基方案，要按土层分布和地下水情况、上部结构荷载和沉降量要求、施工机械设备和现场条件(如上海已将沉桩作业的振动和噪声对环境安宁的影响作为深基础的四大难题之一)及资金等条件，经分析比较后确定。

(3) 不能单凭理论计算和勘察资料确定单桩承载力，需要通过现场静载试验加以确定。

(4) 由于桩基在使用中的重要性及桩基在施工中可能遇到较多的质量问题，需要在竣工后进行桩身质量检验(可采用开挖法、钻孔取芯法、整体加压法、射线散射、声测、激振等技术)。

预制混凝土桩基中常见的质量问题如下。

(1) 打入深度不够(导致承载力不足)。

(2) 最后贯入度太大(说明持力层尚未满足要求)。

(3) 贯入度剧变(可能桩已折断或遇到与预计不一的土层或暗埋物)。

(4) 桩身上拥(往往因软土中桩距过小，打桩时周围土层受到急剧挤压扰动所致)。

(5) 已就位桩身移位(原因同桩身上拥)。

(6) 桩身倾斜(桩尖遇到倾斜基岩面，或桩与送桩纵轴线不一造成偏心)。

(7) 锤击时回弹，桩打不下去(桩位处可能有地下构筑物)。

(8) 桩顶被击碎(锤击时有严重偏心或桩顶抗锤击力不足)。

(9) 桩身折断(桩身承载力不足，或接桩处连接质量差，如焊缝不足、连接角钢脱落、接头有空隙等)。

(10) 桩位及垂直度偏移过多(单排桩偏移 10～15cm 以上，群桩偏移桩直径 d 以上，垂直度偏移 $H/100$ 以上)。

各种灌注混凝土桩基中常见的质量问题如下。

(1) 坍孔(地下水位以下存在粉土、粉细砂或淤泥时常发生)。

(2) 缩颈(桩身四侧遇有压缩性很高的土层，或拔管过快，或冲钻孔时产生较大孔隙水压力时发生)。

(3) 断桩(缩颈的极端，部分坍孔的后果，或者由于混凝土不能连续灌注，或由于混凝土发生离析现象导致四周土挤入而发生)。

(4) 桩底沉渣超厚(以摩擦力为主的桩、以端承力为主的桩沉渣厚度分别为 30cm、10cm 以上者为超厚)。

(5) 桩身混凝土低劣(夹泥量高，混凝土强度低，蜂窝、孔洞、露筋处众多，桩身破碎，桩底脱空等)。

(6) 桩身钢筋笼低劣(缺筋、直径过小、间距过大、钢筋锈蚀、长度不足等)，或钢筋笼上浮(混凝土品质差、孔口固定不牢、施工操作程序不当等原因引起)。

(7) 桩身埋深不足。

(8) 桩顶未达设计标高或浮浆未做处理。

(9) 桩位及垂直度偏移过多(与预制桩类似)。

特别提示

桩基工程的施工是一项技术性十分强的施工技术，又属于隐蔽工程，在施工过程中，如处理不当，就会发生工程质量事故。

3.3.1 预制打入桩施工

钢筋混凝土预制桩一般采用锤击打入或压桩施工。常见的质量事故有桩身倾斜过大、断桩、桩顶碎裂、桩顶位移过大、单桩承载力低于设计要求等。

1. 桩身倾斜过大

【预制桩(方桩)制作】

桩身垂直偏差过大的主要原因如下。

(1) 预制桩质量差，其中桩顶面倾斜和桩尖位置不正或变形，最易造成桩倾斜。

(2) 桩锤、桩帽、桩身的中心线不重合，产生锤击偏心。

(3) 桩端遇孤石或坚硬障碍物。

(4) 桩基倾斜。

(5) 桩过密，打桩顺序不当，产生较强烈的挤压效应。

2. 断桩

断桩是指桩在沉入过程中，桩身突然倾斜错位（图 3.19)，桩尖处土质条件没有特殊变化，而贯入度逐渐增加或突然增大，同时，当桩锤跳起后，桩身随即出现回弹现象。产生桩身断裂的主要原因如下。

(1) 桩堆放、起吊、运输的支点和吊点不当，或制作质量差。

(2) 沉桩过程中，桩身弯曲过大而断裂。例如，桩身制作质量差造成的弯曲，或桩伸到较硬的土层时，锤击产生过大的弯曲，当桩身不能承受抗弯强度时，即产生断裂。

(3) 桩身倾斜过大。在锤击荷载作用下，桩身反复受到拉应力和压应力。当拉应力超过混凝土的抗拉强度时，桩身某处即产生横向裂缝，表面混凝土剥落，如拉应力过大，钢筋超过极限，桩即断裂。

3. 桩顶碎裂

桩顶碎裂是指在沉桩施工中，在锤击作用下，桩顶出现混凝土掉角、碎裂、坍塌，甚至桩顶钢筋全部外露等现象，如图 3.20 所示。

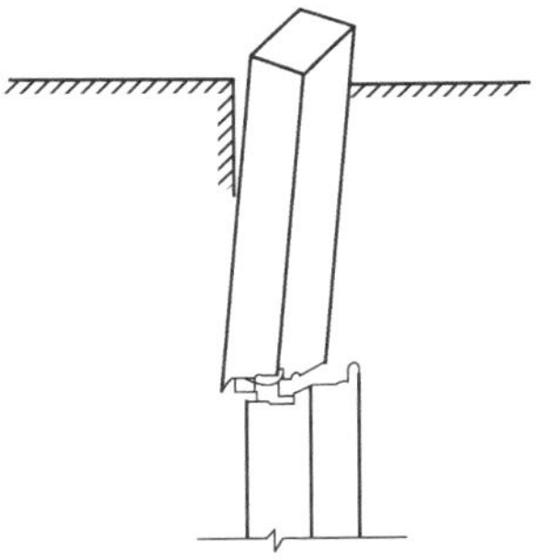

图 3.19 桩身倾斜错位

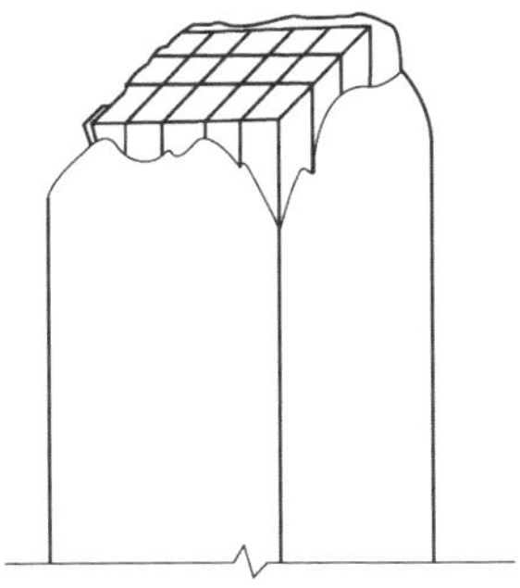

图 3.20 桩顶碎裂

产生桩顶碎裂的主要原因如下。

(1) 桩顶强度不足。如混凝土养护时间不够或养护措施不当，桩顶混凝土配合比不当，振捣不密实，混凝土强度等级低，桩顶加密钢筋位置、数量不正确等均会引起桩顶强度不足。

(2) 桩顶凹凸不平，桩顶平面与桩轴线不垂直，桩顶保护层厚。

(3) 桩锤选择不合理。桩锤过大，冲击能量大，桩顶混凝土承受不了过大的冲击能量而碎裂；桩锤小，要使桩沉入到设计标高，桩顶受打击次数过多，桩顶混凝土同样会因疲劳破坏被打碎。

(4) 桩顶与桩帽接触面不平，桩沉入土中不垂直使桩顶面倾斜，造成桩顶局部受集中力作用而破碎。

4. 桩顶位移过大

桩顶位移过大的主要原因如下。

（1）测量放线误差。

（2）桩位放得不准，偏差过大；施工中定桩标志丢失或挤压偏高，造成错位。

（3）桩数过多，桩间距过小，在沉桩时，土被挤到极限密实度而隆起，相邻桩一起涌起。

（4）对于在软土地基中较密的群桩，由于沉桩引起的空隙压力把相邻的桩推向一侧或涌起。

5. 单桩承载力低于设计要求

（1）桩沉入深度不足。

（2）桩端未进入规定的持力层，但桩深已达设计值。

（3）最终贯入度太大。

（4）桩倾斜过大、断裂等原因引起的承载力降低。

应用案例 3－11

武汉沌口工业园高层桩基承载力不足问题

1. 问题来源

2000 年 10 月，武汉经济技术开发区高科技产业园综合楼经静载试验和高低应变检测，发现部分人工挖孔桩不合格。

2. 工程概况

1）场区工程地质情况

武汉经济技术开发区高科技产业园综合楼主体为 10 层框架结构，人工挖孔桩基础，采取一柱一桩的布桩形式。

场区工程地质资料表明，场区原地表面低洼，是开发区场地平整时的填方区。自地面起，第①层为厚 4.5～6.5m 的杂填土，$f_k=75$kPa，$E_s=2.5$MPa；第②层为厚 1.4～3.8m 的粉质土，$f_k=135$kPa，$E_s=5.5$MPa；第③$_{-1}$层为厚 3.8～7.0m 的老黏土，$f_k=350$kPa，$E_s=14$MPa，第③$_{-2}$层为厚 1.0～5.4m 的黏土夹碎石，$f_k=400$kPa，$E_s=16$MPa；第④层为厚 3.7～4.7m 的粉质黏土夹卵石，$f_k=400$kPa，$E_s=18$MPa；第⑤层为基岩，最大揭露厚度为 4.2m。

2）桩基设计及变更情况

综合楼的±0.000 较现场地表面高 1.33～2.03m，桩顶标高为－5.24m，桩端持力层为第④层，总桩数为 70 根。主体结构柱网较大，单桩设计承载力为 1 114～12 031kN，桩径为 800～1 600mm，桩端扩孔圆孔形的直径为 1 200～4 000mm，椭圆形的长轴为 3 800～4 400mm，短轴为 3 000～3 400mm。

首批 11 根桩孔开挖时，因孔底涌水，未能按原设计深度继续施工，故进行桩基设计变更，将未施工的 59 根桩的原设计持力层第④层改为第③$_{-2}$层，桩底约提高 4～6m，桩底标高为－17m。

3）桩基施工及检测

桩基于 2000 年 8 月 25 日开工，首批 11 根桩呈离散状分布，因圆孔底涌水而中途停工。2000年9月6日按设计变更通知要求，施工其余59根桩，施工中挖孔、扩头和混凝土浇筑均为干作业。10月6日，首批11根桩复工，采用抽水掏土、扩头及水下浇筑混凝土的方法施工。据介绍，孔底抽水时先浑后清，水量先小后大，施工困难，单桩复工后，平均费时约10d。

在首批施工的11根桩中，抽检2根做桩基静载检测，承载力结果分别达到设计值的30%和79.4%，同时高应变检测中发现有Ⅲ类桩，说明首批11根桩存在承载力严重不足的质量问题。第二批干法施工的59根桩，其静载及高低应变检测均为合格。

3. 质量问题原因分析

人工挖孔桩属于“端承桩”桩型，其承载力主要由桩端持力层提供，所以首批11根桩承载力不合格的直接原因是持力层经水浸泡后软化。据对其中3根桩所做的取芯试验证明，在桩底存在约0.3m厚且承载力低的软塑土层，而该层软弱土是原硬状土软化后的产物。造成持力层软化的主要因素有3方面：一是孔底渗水量大，土层浸泡时间长；二是孔底扩大后，桩端土层隆起和施工扰动；三是孔底地下水补给充分，且有一定压力，长时间抽水导致桩端下土层中土颗粒流失。

此外，勘察、设计、业主和施工单位对该工程场区的地下水缺乏深入了解，也是造成质量问题的一个重要原因。在桩基施工中，若能严格按程序施工，即按先做3根试桩，然后再施工工程桩的正确程序进行，那么这11根桩也可像第二批施工的59根桩那样，避免地下水对其质量产生的危害。

4. 质量问题处理

上述静载检测结果表明，首批施工的11根桩的桩端土软化对其承载力影响的离散性很大(30%与79.4%相差两倍多)，加之高应变检测数据可靠性不足，定量地利用其承载力是很困难的。所以这批桩在未做桩底软化土层加固处理时，不宜加以利用。首批11根桩在复工后，长时间和大量抽水可能会对其桩底及扩大头周边的下部土层造成不利影响，这种因素将直接影响质量问题的处理范围、方法和效果，是至关重要的。

1）桩基质量问题处理的原则和范围

(1) 处理原则。一是处理后的承载力必须满足设计要求；二是要考虑变形协调。所以方案设计中要注意，补强部分的桩(新桩)不宜采用嵌岩桩，新桩不应置于原桩扩大头底面积范围的上方，当新桩利用上部$③_{-1}$或$③_{-2}$土层作为持力层时，应考虑下部(原桩底)软土层的不利影响。

(2) 处理范围。一是首批11根桩；二是经补充勘察查明，确定存在抽水不利影响的其他桩。

2）质量问题的处理措施

鉴于该综合楼基础埋置较深，原来的桩不宜利用(桩顶为－5.24m)，所以不妨将埋深增加一些，这样还可增设一层地下室，可取得较大的使用空间，并对底板以下的填土及第②层土采用CFG桩复合地基全代换处理，底板仅承受水压反力。桩和底板的连接如图3.21所示。

CFG桩复合地基设计桩径400mm，设计有效桩长8.0m，进入$③_{-1}$老黏土层不小于3.3m，桩身混凝土强度等级为C15，单桩承载力设计值为320kN，复合地基承载力标准值为220kPa，工程总桩数771根。桩基平面布置示意如图3.22所示。

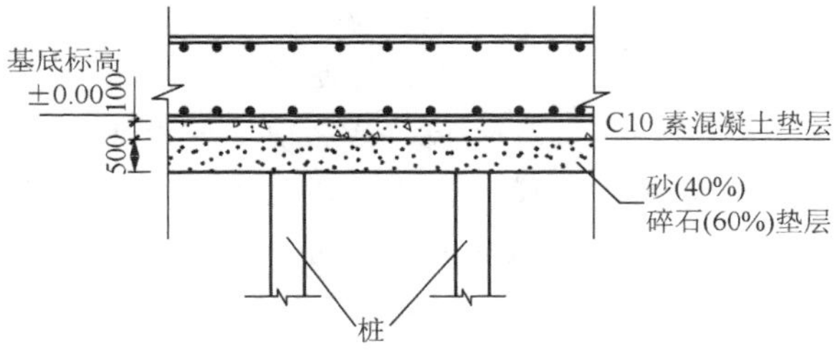

图 3.21　桩和底板的连接

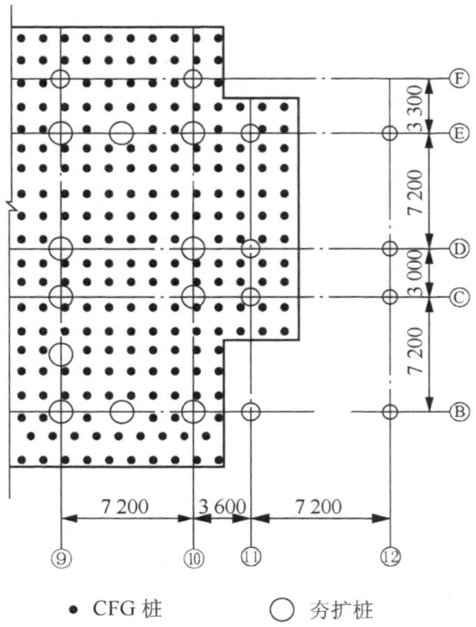

图 3.22　桩基平面布置示意

5. 处理效果

2001 年 2 月，开发商委托武汉金石建筑科技公司对该工程原有人工挖孔桩实施了 CFG 桩复合地基全代换处理。

CFG 桩复合地基荷载试验检测共进行了 3 组，沉降测点布置示意如图 3.23 所示。其中两组在最大试验荷载 372kPa 的作用下，累计沉降量分别为 20.44mm、15.56mm，一组(试桩)在最大试验荷载 382kPa 的作用下，累计沉降量为 18.75mm，均未出现明显破坏现象。按《建筑地基处理技术规范》(JGJ 79—2002)规定的 1/1.7 取值，前两组承载力基本值不小于 220kPa，后一组承载力基本值不小于 225kPa。以上 3 组复合地基承载力基本值均满足要求。

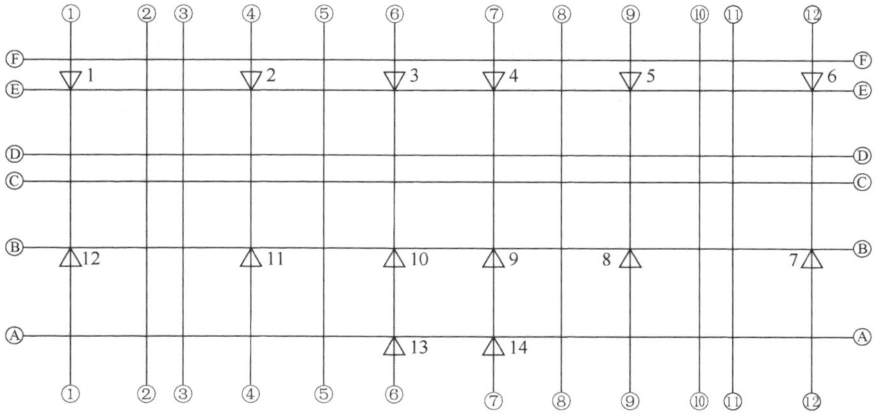

图 3.23　沉降观测点布置示意

CFG 桩复合地基低应变检测抽检了其中的 77 根桩，占全部桩数的 10%。其中Ⅰ类桩 63 根，占 81.8%；Ⅱ类桩 14 根，占 18.2%；无Ⅲ类桩，符合有关规范要求。

2001年4月，在基础加固处理并经检测合格后，进行了主体结构的施工，施工期间进行了沉降观测，结果见表3-1。

可见，在采用CFG桩复合地基全代换处理后，经桩基静载试验和施工沉降观测，结果表明CFG桩复合地基符合设计要求，主体自重加载后，基础沉降快速趋于收敛。

6. 经验与教训

本工程出现人工挖孔桩承载力不足的原因是清楚的，教训却是深刻的。

表3-1 沉降观测结果

观测日期	间隔天数/d	平均沉降速率/(mm/d)	平均沉降量/mm	平均累计沉降量/mm	备注
2001年4月6日					
2001年4月29日	13	−0.011	−0.79	−0.79	施工至一层
2001年5月9日	10	−0.010	−0.74	−1.53	施工至二层
2001年5月14日	5	−0.002	−0.22	−1.75	施工至三层
2001年5月21日	7	−0.074	−0.51	−2.26	施工至四层
2001年6月4日	13	−0.050	−0.70	−3.36	施工至五层
2001年6月8日	4	−0.140	−0.57	−3.93	施工至六层
2001年6月18日	10	−0.100	−1.01	−4.94	施工至七层
2001年6月28日	10	−0.112	−1.11	−6.05	施工至八层
2001年7月9日	11	−0.117	−0.28	−6.33	施工至九层
2001年7月25日	16	−0.062	−0.95	−7.28	施工至十层

3.3.2 钢筋混凝土灌注桩施工

钢筋混凝土灌注桩是一种就地成形的桩，它是直接在桩位上成孔，然后灌注混凝土或钢筋混凝土而成。钢筋混凝土灌注桩分为钻孔灌注桩和沉管灌注桩。钻孔灌注桩又分为干作业成孔灌注桩和湿作业成孔灌注桩。

【人工挖孔桩施工】

1. 干作业成孔灌注桩施工

干作业成孔灌注桩即不用护壁措施而直接排出土成孔的灌注桩。它适用于地下水以上的地质条件。干作业成孔灌注桩常见的质量事故有孔底虚土多、桩身混凝土质量差、塌孔、桩孔倾斜或偏斜等。

1）孔底虚土多

成孔后孔底虚土过多，超过规范所要求的不大于10cm的规定。其产生的主要原因如下。

(1) 土质差，如松散填土，含有炉灰、砖头等大量杂物的土层，以及流塑淤泥、松散砂土等，成孔后或成孔过程中土体容易坍落。

(2) 钻杆不直或使用过程中变形、钻杆拼接后弯曲等都能使钻杆在钻进过程中产生晃动，造成孔径扩大，提钻时部分土滑落孔底。

(3) 孔口的土未及时清理干净，施工中不注意使土掉入孔内，或因未及时灌注混凝土，孔壁或孔底被雨水冲刷或浸泡。

2）桩身混凝土质量差

灌注的钢筋混凝土桩身表面有蜂窝、孔洞，桩身夹土，分段级配不均匀。分析其原因，主要有以下几方面。

(1) 混凝土配合比不当，材料选用不合理，造成桩身混凝土强度低。

(2) 没有按照合理的施工工艺边灌注边振捣，混凝土不密实，出现蜂窝、孔洞等。

(3) 灌注混凝土时，孔壁受到振动使孔壁土塌落，同混凝土一起灌入土中，造成桩身夹土，或放钢筋笼时碰到孔壁使土掉入孔内。

(4) 每盘或每车混凝土的搅拌时间或水胶比不一致，造成和易性不匀，坍落度不一，灌注时有离析现象，使桩身出现分段不均匀的情况。

3）塌孔

成孔后，孔壁局部塌落的主要原因如下。

(1) 在有砂卵石、卵石或流塑淤泥质土夹层中成孔，这些土层不能直立而塌落。

(2) 局部有上层滞水渗漏作用，使该层坍塌。

(3) 成孔后没有及时浇筑混凝土。

4）桩孔偏斜或倾斜

成孔后，桩孔偏离桩轴线，桩孔垂直偏差大于规范要求的1%。分析其原因，主要有以下几方面。

(1) 钻孔机架不正或不稳，运转过程中发生移动式倾斜。

(2) 地面不平，使桩架导向杆不垂直。

(3) 土质软硬不均，或成孔一侧有大块石把钻孔挤向一边。

(4) 钻杆不直，两节钻杆不在同一轴线上，钻头的定位尖与钻杆中心线不在同一轴线上。

2. 湿作业成孔灌注桩施工

湿作业成孔灌注桩是指采用泥浆或清水护壁排出土成孔的灌注桩。它适用于一般黏性土、淤泥和淤泥质土及砂土地基，尤其适宜在地下水位较高的土层中成孔。湿作业成孔灌注桩常见的质量事故有塌孔、成孔偏斜、桩身夹泥、断桩等。

1）塌孔

钻孔灌注桩的塌孔质量事故主要有三类：第一类是成孔过程中塌孔、埋钻事故；第二类是浇筑混凝土前塌孔，造成沉渣超厚事故；第三类是混凝土浇筑过程中塌孔形成缩颈夹泥、断桩事故。发生这三类塌孔的主要原因如下。

(1) 没有根据土质条件选用合适的成孔工艺和相应质量的泥浆，起不到护壁的作用。

(2) 孔内水头高度不够或孔内出现承压水，降低了静水压力。例如，护筒埋置太浅，或护筒周围填封不严、漏水、漏浆；未及时向孔内加泥浆或水，造成孔内泥浆面低于孔外水位。

(3) 遇流砂、淤泥、松散土层时，钻孔速度太快。

(4) 钻杆不直，摇摆碰撞孔壁。

(5) 清孔操作不当，供水管直接冲刷孔壁导致塌孔。

(6) 清孔后泥沙密度、黏度降低，对孔壁压力减小。

(7) 提升、下落冲锤，掏渣筒和放钢筋笼时碰撞孔壁。

(8) 水下浇筑混凝土时导管碰撞孔壁。

2）成孔偏斜

成孔偏斜的主要原因如下。

（1）建筑场地土质松软，桩架不稳，钻杆导架不垂直。

（2）钻机磨损严重，部件松动。

（3）起重滑轮边缘、固定钻杆的卡孔和护筒三者不在同一轴线上，又没有经常检查和校正。

（4）钻孔弯曲或连接不当，使钻头和钻杆中心线不在同一轴线上。

（5）土层软硬差别大，或遇障碍物。

3）桩身夹泥、断桩

钻孔灌注桩桩身夹泥、断桩的主要原因如下。

（1）孔壁坍塌。

（2）水下浇筑混凝土时，导管提出混凝土面。

（3）浇筑混凝土过程中产生卡管停浇。

（4）混凝土浇筑不及时。

3. 沉管灌注桩施工

沉管灌注桩是利用锤击打桩法或振动打桩法，将带有钢筋混凝土桩靴或带有活瓣式桩靴的钢桩管沉入土中，然后灌注混凝土并拔管而成。若配有钢筋，则在规定标高处吊放钢筋骨架。在沉管灌注桩的施工中，如施工处理不当，则易发生单桩承载力低、桩身缩颈、桩身断裂及桩底部不实等质量事故。

【沉管灌注桩】

1）单桩承载力低

沉管灌注桩单桩承载力低的主要原因如下。

（1）沉管中遇到硬夹层，又无适当措施处理。

（2）振动沉管灌注桩中，设备功率太小或压力不足，或桩管过于细长、刚度差，使振动冲击能量减小，不能传至桩尖，这些都可能造成桩管沉不到设计标高。

（3）沉管灌注桩是挤土桩，当群桩数量大、桩距小，随土层挤密后，可能出现桩管下沉困难，这类问题在砂土中更常见。

（4）地质勘察资料不准。

（5）遇到地下障碍物。

（6）由于缩颈、夹泥、桩身断裂、桩底部不实、成孔偏斜等原因引起的单桩承载力不足。

2）桩身缩颈

沉管灌注桩引起桩身缩颈的主要原因如下。

（1）在淤泥或淤泥质软土中，在沉管产生的挤土效应和超孔隙水压力作用下，土壁挤压新浇混凝土，造成桩身缩颈。

（2）混凝土配合比设计不合理，和易性差，流动性低，骨料粒径过大。

（3）拔管速度太快。

（4）拔管时管内混凝土量过少。

（5）桩间距较小，邻近桩施工时挤压已成桩的新浇混凝土。

（6）桩管内壁不光滑，浇筑的混凝土与管壁黏结，拔管后使桩身变细。

3）桩身断裂

沉管灌注桩桩身断裂事故常见的原因主要有以下几方面。

（1）沉管引起的振动挤压，将新浇的混凝土桩剪断，尤其在土层变化处或软硬土层界面处，更易发生这类事故。

（2）灌注混凝土时，混凝土质量差或桩管壁摩阻力大，出现混凝土拒落，造成断桩。

（3）拔管速度过快，桩孔周围土体迅速回缩或坍孔，形成断桩。

（4）桩距过小时，不采用间隔跳打，挤断已浇的尚未凝固的混凝土桩。

（5）大量桩体混凝土嵌入土体，造成场地土体隆起，使桩身产生拉应力而断裂。

（6）桩基完成后，基坑开挖中挖土机铲斗撞击桩头，造成桩身断裂。

4）桩底部不实

桩底部不实是指桩底部无混凝土或混进泥沙，俗称吊脚桩。其产生的主要原因如下。

（1）桩靴与桩管处封堵不严，造成桩管进泥水。

（2）桩靴尺寸太小，造成桩靴进入桩管，浇筑混凝土后，桩靴又未迅速挤出，拔管后造成桩底部不实。

（3）桩靴质量低劣，沉管时破碎并进入桩管，泥水也一起混入，与灌注的混凝土混合形成松软层。

（4）采用活瓣式桩靴时，灌混凝土后，活瓣未能及时张开，或没有完全张开。

应用案例 3－12

上海在建大楼倒塌事故原因分析

2009 年 6 月 27 日凌晨 5 点 30 分左右，在没有任何征兆的情况下，位于上海闵行区莲花河畔景苑小区中一栋 13 层的在建住宅楼倒塌，具体见项目 1 引例。

发生事故的小区位于上海市闵行区莲花南路与罗阳路交界处。小区一共有 11 栋楼，全是 13 层的建筑。

1. 原因分析

涉及勘察、设计、地质、水利等多方面专业的 14 人专家组对倒塌原因进行了分析。

上海莲花河畔景苑小区“6·27”事故专家调查组组长、中国工程院院士、上海现代建筑设计集团有限公司结构设计专家江欢成先生在事故处理会上谈到：“这个建筑整体倒塌，在我从业 46 年来，从来没有听说过，也没有见到过。”

事故调查显示：原勘察报告，经现场补充勘察和复核，符合规范要求；原结构设计，经复核符合规范要求；大楼所用 PHC 管桩，经检测质量符合规范要求。

据分析，楼房倒覆事故的直接原因是：紧贴 7 号楼北侧，在短期内堆土过高，最高处为 10m 左右；与此同时，紧邻大楼南侧的地下车库基坑正在开挖，开挖深度 4.6m，大楼两侧的压力差使土体产生水平位移，过大的水平力超过了桩基的抗侧能力，从而导致房屋倾倒。

房屋倒塌的间接原因如下。一是土方堆放不当。在未对天然地基进行承载力计算的情况下，建设单位随意指定将开挖土方短时间内集中堆放于 7 号楼北侧。二是开挖基坑违反相关规定。土方开挖单位在未经监理方同意、未进行有效监测，不具备资质也没有按照相关技术要求施工的情况下开挖基坑。三是监理不到位。监理方对建设方、施工方的违法、违规行为未进行有效处置，对施工现场的事故隐患未及时报告。四是管理不到位。建设单位管理混乱，违章指挥，违法指定施工单位，压缩施工工期；总包单位未予以及时制止。五是安全措施不到位。施工方对基坑开挖及土方处置未采取专项防护措施。六是围护桩施工不规范。施工方未严格按照相关要求组织施工，施工速度快于规定的技术标准要求。

倒塌楼房下的古河道淤积层也是造成事故的诱因之一。7号楼下面的古河道淤积层深30m，前段时间上海的大雨导致淀浦河河水的起伏，7号楼桩基周围的土有可能受河水影响而流失。

另外，先建主体后挖地下室的违规施工，也是造成事故的原因之一。

2. 事故处理措施

事故发生后，首要工作是“抢救”与倒覆的7号楼情况类似的6号楼。6号楼紧邻7号楼，也是后方有堆土、前方有基坑，只是6号楼距离基坑的距离比7号楼稍远些。经过清除堆土、回填基坑的抢险施工，6号楼第二天即向北复位约8mm。清除堆土工作完成后，6号楼复位29mm。

在7号楼塌楼处增建公共配套设施或绿地，提升功能，改善环境，降低容积率，提升住宅小区的居住品质。

此外，对6号楼进行加固。加固方案为：一是把原有桩基全部替换，不考虑原有的112根PHC管桩的好坏，保留在原地，新增加116根钢管桩。二是在原基础梁之间的房间区格内设置基础底板。原房屋结构中基础梁由桩基支撑，相当于多个点支撑着纵横的基础梁。增加基础底板后，桩基支撑点被连接在一起形成“墙面”，支撑范围由点扩展至面，支撑力度更大，房屋更稳固。

小区除6号楼外，1～5号楼、8～11号楼的倾斜均未超过4‰的标准，上部主体结构工程、基础工程和桩基工程的总体施工质量满足设计和规范要求，结构安全性和抗震性能满足规范要求。故不对1～5号楼、8～11号楼进行加固。

应用案例3-13

一些著名的地基基础工程事故

1. 意大利比萨斜塔

这是举世闻名的建筑物倾斜的典型实例。该塔自1173年9月8日动工，至1178年建至第4层中部，高度约为29m时，因塔明显倾斜而停工。94年后，于1272年复工，经过6年时间，建完第7层，高48m，再次停工中断82年。于1360年再次复工，至1370年竣工。全塔共8层，高度为55m。

塔身呈圆筒形，1～6层由优质大理石砌成，顶部7、8层采用砖和轻石料。塔身每层都有精美的圆柱与花纹图案，是一座宏伟而精致的艺术品。1590年伽利略曾在此塔做自由落体实验，创建了物理学上著名的自由落体定律。斜塔也成为世界上最珍贵的历史文物，吸引了无数来自世界各地的游客。

全塔总荷重约为145MN，基础底面平均压力约为50kPa。地基持力层为粉砂，下面为粉土和黏土层。目前塔向南倾斜，南北两端沉降差为1.80m，塔顶离中心线已达5.27m，倾斜5.5°，成为危险建筑。1990年1月14日此塔被封闭。现除加固塔外，正用压重法和取土法对其进行地基处理，尚无明显效果。

2. 上海展览中心馆

上海展览中心馆原称上海工业展览馆，位于上海市区延安中路北侧。展览馆中央大厅为框架结构，箱形基础；展览馆两翼采用条形基础。箱形基础为两层，埋深 7.27m。箱形基础顶面至中央大厅顶部塔尖，总高 96.63m。地基为高压缩性淤泥质软土。展览馆于 1954 年 5 月开工，当年年底实测地基平均沉降量为 60cm。1951 年 6 月，中央大厅四周的沉降量最大达 146.55cm，最小为 122.8cm。

1957 年 7 月，应邀来我国讲学的苏联土力学专家库兹明和清华大学陈梁生教授，赴上海展览中心馆进行调查研究。在仔细观察展览馆内严重的裂缝情况，分析沉降观测资料并研究展览馆勘察报告和设计图纸后，他们做出将展览馆裂缝修补后可以继续使用的结论。

1979 年 9 月，其再次对上海展览中心馆调查。当时展览馆中央大厅累计平均沉降量为 160cm。从 1957 年至 1979 年共 22 年的沉降量仅 20 多厘米，不及 1954 年下半年沉降量的一半，说明沉降已趋向稳定，展览馆开放使用情况良好。

但由于地基严重下沉，不仅使散水倒坡，而且对于建筑物室内外连接，内外网之间的水、暖、电管道的断裂，都需付出相当大的代价。

3. 加拿大特朗斯康谷仓

该谷仓平面呈矩形，南北向长 59.44m，东西向宽 23.41m，高 31.00m，容积为 36 368m^3。谷仓为圆筒仓，每排 13 个圆筒仓，有 5 排，共计 65 个圆筒仓。谷仓基础为钢筋混凝土筏板基础，厚度 61cm，埋深 3.66m。

谷仓于 1911 年动工，1913 年秋完工。谷仓自重 20 000t，相当于装满谷物后满载总质量的 42.5%。此谷仓于 1913 年 9 月开始装谷物，10 月 17 日当谷仓已装了 91 822m^3 谷物时，发现 1h 内竖向沉降量达 30.5cm。结构物向西倾斜，并在 24h 内倾倒，倾斜度达 26°53′，谷仓西端下沉 7.32m，东端上抬 1.52m，上部钢筋混凝土筒仓坚如磐石。

谷仓地基土事先未进行调查研究。根据邻近结构物基槽开挖试验结果，计算地基承载力为 352kPa，这一数据被应用到此谷仓。1952 年经勘察试验与计算，谷仓地基实际承载力为 193.8～276.6kPa，远小于谷仓破坏时发生的压力 329.4kPa，因此，谷仓地基因超载发生强度破坏而滑动。

4. 徐州市区塌陷

徐州市区东部新生街居民密集区于 1992 年 4 月 12 日发生了一次大塌陷。最大的塌陷长 25m、宽 19m，最小的塌陷直径为 3m，共 7 处塌陷，深度普遍为 4m 左右。整个塌陷范围长达 210m、宽达 140m。

塌陷造成了严重的灾情，位于塌陷内的 78 间房屋全部陷落倒塌。邻近塌陷区周围的房屋墙体开裂的达数百间。

1992 年 8 月上旬，徐州市发生第二次塌陷，塌陷区位于徐州市区东北部，大小塌陷共 10 余处。

塌陷区地基为黄河泛滥沉积的粉砂与粉土，厚达 22m。其底部为古生代奥陶系灰岩，中间缺失老黏土隔水层，灰岩中存在大量溶洞与裂隙。徐州市过量开采地下水，水位下降对灰岩上的覆盖层粉土与粉砂形成潜蚀与空洞，并不断扩大。在当地下大雨后雨水渗入地下，导致大型空洞上方土体失去支承而塌陷。

思考题

1. 平整场地施工中造成场地积水的原因有哪些？

2. 土方回填工程的质量事故有哪些？是如何产生的？

3. 基坑(槽)开挖时，什么情况下容易出现滑坡、塌方事故？

4. 深基坑工程施工中常见的质量事故有哪些？说明产生的原因。

5. 结合自己的工程施工实践谈谈深基坑工程实例的学习体会和认识。

6. 造成灰土地基质量差的原因有哪些？(分别从材料和施工方法两方面加以阐述。)

7. 深层水泥土搅拌桩常见的质量事故有哪些？产生的原因是什么？

8. 哪些原因会造成碎石挤密桩常见的质量事故？

9. 灰土桩常见的质量事故有哪些？试分析其原因。

10. 基础错位的质量事故有哪些？

11. 为什么基础会产生沉降？试分析其原因。

12. 试述大体积混凝土施工的特点和水泥水化热对混凝土内部温度的影响。

13. 试述大体积混凝土产生裂缝的原因。

14. 深刻理解、领会本章工程实例的深刻教训。

15. 预制桩施工中常常会有哪些质量事故？产生的原因是什么？

16. 干作业成孔灌注桩的质量事故有哪些？是什么原因造成的？

17. 湿作业成孔灌注桩的质量事故有哪些？是什么原因造成的？

18. 以工程实例中质量事故的分析，结合自己的施工实践，谈谈在施工中应如何避免这类质量事故的产生。

项目4 砌体结构工程

教学目标

本项目重点分析了砖砌体产生裂缝的原因，并进行了梳理和归纳。开裂、屋面渗漏、基础沉降是砌体结构常见的质量问题。

对小型砌块砌体工程容易产生的“热”“裂”“漏”质量缺陷，从多方面进行分析，使学生掌握砖砌体承载力和稳定性不足的加固方法。

教学要求

能力目标	知识要点	权重
了解相关知识	(1) 砖砌体质量事故有关的概念 (2) 砖砌体质量控制要点	15%
熟练掌握知识点	(1)“热”“裂”“漏”质量缺陷的原因分析 (2) 砖砌体结构裂缝的种类、开裂原因 (3) 砖砌体结构裂缝的处理方法	50%
运用知识分析案例	砖砌体承载力和稳定性不足的加固方法	35%

引例

灰砂砖墙体严重开裂事故

1. 事故概况

在某市石油物资基地修建4幢危险品仓库。库房施工刚刚结束，准备办理交工手续时，发现墙体出现裂缝，并不断增多、增宽，最大裂缝宽度达2.1mm，一般为1mm左右，因此不得不停办交工事宜，请专家检查墙体开裂原因。

2. 工程概况

该工程手续完备，程序合格，设计和施工管理均合乎要求。库房为砖混结构，每幢面积为937.7m^2，库房长60.5m、宽5.5m，墙体高4.32m。中间无任何内隔墙，前后墙上每隔6m有一外凸壁柱(370mm墙，370mm×370mm垛子)。两壁柱间墙上离地面3.12m处设两个高窗(1.5m×1.2m)，窗上设一道圈梁(240mm×180mm)。前墙上开有两个2.1m×2.4m的大门。屋盖为钢筋混凝土V形折板，上铺珍珠岩保温层，采用二毡三油防水层，上铺小豆石。地基为戈壁土，地质勘测报告建议地基承载力为180kN/m^2。基础采用C10毛石混凝土。

裂缝大多从窗下口开始，大致垂直向下发展，370mm厚墙由外向里裂透，裂缝发展了3个月，基本已稳定，在两壁柱间均有一道大裂缝，山墙上有1道或2道裂缝。

3. 事故分析

本工程原设计采用红砖MU7.5，因红砖供应短缺，经协商，改用MU10灰砂砖；但对灰砂砖的性能缺乏深入了解，只是按等强度替换。其实，灰砂砖的性能有一定的特点，具体如下。

(1) 其抗压性能与普通黏土砖相当，但抗剪强度的平均值只有普通黏土砖的80%，并且与含水率有很大关系，其含水量对抗剪强度的影响见表4-1。

表4-1 含水量对抗剪强度的影响

含水率	砂浆强度/MPa	砌体抗剪强度/MPa
3%(烘干)	3.79	0.09
7.24%(自然状态)	3.79	0.14
16.2%(饱和)	3.79	0.12

可见，灰砂砖的含水量过低或过高，均会使其抗剪强度降低。

(2) 新出厂的灰砂砖，其含水量随时间的推移而减小，收缩变形较大，约于25d后趋于稳定。

(3) 灰砂砖的饱和吸水率为19.8%，与红砖相当，但其吸水速度比红砖慢。

如对以上性能掌握不好，处置不当，则易造成开裂事故。

该工程使用灰砂砖，由于灰砂砖供应也很紧张。所有使用的砖都是在砖厂堆放不到4d就运到工地砌筑，有的一出窑便装车运往工地。施工时，工人不懂灰砂砖的特点，考虑到新疆库尔勒属干燥地区，施工时又猛浇水，使砖的干燥时间大为延长。施工时值7、8月间，天气炎热，地表温度有时可高达60℃，这些因素加剧了砖的干缩变形，从而造成大面积开裂。

鉴于上述事故，对使用灰砂砖的墙体工程，在设计和施工时应注意以下几点。

（1）对空旷库房，车间纵墙很长时，最好不采用灰砂砖。

（2）灰砂砖一定要在出窑后停放1个月后再使用。堆放时要防水、防潮，以防含水率过高。

（3）一般情况下，灰砂砖含水率为5%～7.5%，不需要浇水湿润。在干燥高温时可适当浇些水，但应提前，因为灰砂砖吸水速度很慢，临时浇水形成水膜而未吸收，反而会降低砌体强度。

（4）采用灰砂砖的砌体宜适当增加圈梁。在窗下、墙顶两皮砖位置可放置Φ4钢筋网片，两端各伸入墙内500mm。

4.1 砌体结构工程概述

砌体结构工程是指砖砌体、混凝土小型空心砌块砌体、石砌体、填充墙砌体、配筋砖砌体工程。由于砌体结构材料来源广泛、施工时可以不使用大型机械、手工操作比例大、相对造价低廉，因而得到广泛应用。许多住宅、办公楼、学校、医院等单层或多层建筑，均采用砖、石或砌块墙体和钢筋混凝土楼盖组成的混合结构体系。砌体结构子分部中，砖砌体、小型砌块砌体、配筋砖砌体等用于建筑的受压部位还占有一定的比重，虽然施工技术比较成熟，但质量事故仍屡见不鲜。引起质量事故的主要原因是砌体的强度不够和结构不稳定。

为确保砌体结构质量，先要从块材和砂浆的材料控制，以及砌体工程砌筑的质量控制做起。

鉴于砌体结构所使用材料的特点和施工工艺的特殊性，砌体结构中存在一些内在的缺陷，主要表现在以下几个方面。

（1）砌体结构的结构性能较差。一般来讲，砌体结构的强度比普通混凝土的强度要低很多，所以需要的柱、墙表面尺寸大。又因为材料用量增多，导致结构自重增大，随之而来的后果就是结构承担的地震作用增加。由于结构构件的抗剪性能相对较差，所以结构的抗震性能差，这一点对无筋砌体而言尤为明显。

（2）砌体结构对地基变形比较敏感。砌体结构属于整体刚性较大的结构。因为砌块与砌块之间依靠砂浆黏结在一起，整体抗剪、抗拉、抗弯性能差。当地基有沉降不均时，上部结构极易产生裂缝。

（3）砌体结构对施工质量比较敏感。砌体结构的施工主要依靠手工方式来完成。一般民用建筑的砖混住宅楼砌筑工作量要占整个施工工作量的25%以上，工作量较大。所以结构的质量和工作人员的素质、材料的选择有极大关系。

（4）砌体结构对温度作用比较敏感。在砌体结构中，根据构造要求，应设置多道钢筋混凝土圈梁和钢筋混凝土构造柱，这样在结构中就存在两种不同材料。由于两种材料的温度线膨胀系数不同，所以在温度作用下就会产生不同的伸缩变形，造成结构墙体开裂。

（5）砌体结构本身存在大量微裂缝。砌体结构是由砂浆（水泥砂浆或混合砂浆）将砌块黏结在一起构成的结构，砂浆在固化过程中要蒸发水分，砂浆体要收缩，而砌块限制其收缩，就容易产生微裂缝。

知识链接 4-1

砌体结构质量控制

1. 块材的质量控制

(1) 黏土砖的各项技术性能应符合《烧结普通砖》(GB 5101—2003)的规定。

(2) 混凝土小型空心砌块的各项技术性能应符合《普通混凝土小型砌块》(GB/T 8239—2014)的规定。

2. 砂浆的质量控制

(1) 材料选用控制(采用质量比)应符合相应规范的要求。

(2) 砂浆应采用机械拌制，搅拌时间自投料结束算起不得少于1.5min；若人工拌制，要拌和充分和均匀；若拌和过程中出现泌水现象，应在砌筑前再次搅拌；要求随拌随用，不得使用隔夜或已凝结的砂浆；已拌制砂浆必须在3～4h内用完。

(3) 强度要求(分M15、M10、M7.5、M5、M2.5、M1、M0.4这7个等级)由标准养护的试块的抗压强度确定。对于每一层楼或每250m³砌体中的各种强度的砂浆，每台搅拌机至少制作一组(每组6个)试块，每个分项工程不少于两组。

(4) 和易性要求，沉入度应符合要求。分层度应不大于20mm(混合砂浆)、30mm(水泥砂浆)。过大分层度的砂浆易离析；分层度约为0时，砂浆易干缩。

3. 砌筑时的质量控制

砖墙墙体尺寸控制、砖墙砌筑方法控制、砖墙墙体砌筑时的构造控制均应符合要求。混凝土小型砌块宜采用“铺浆法”砌筑，铺灰长度为2～3m，砂浆沉入度为50～70mm。水平和竖向灰缝厚度为8～12mm。应尽量采用主规格砌块砌筑和对孔错缝搭接(搭接长度不小于90mm)。纵横墙交接处也应交错搭接。砌体临时间断处应留踏步槎，槎高不得超过一层楼，槎长应不小于槎高的2/3。每天砌体的砌筑高度不宜大于1.8m。

4.2 砖、石砌体工程

砖、石砌体工程的质量事故从现象上来看，包括砌体裂缝、砌体错位变形、砌体倒塌等，其中砌体裂缝最为常见。

在建筑工程中，砌体裂缝频率高，有的裂缝也难于避免。《砌体结构工程施工质量验收规范》(GB 50203—2011)对砌体开裂做了如下规定。

对有可能影响结构安全性的砌体裂缝，应由有资质的检测单位检测鉴定，需返修或加固处理的，待返修或加固满足使用要求后进行二次验收。

对不影响结构安全性的砌体裂缝，应予以验收，对明显影响使用功能和观感质量的裂缝，应进行处理。

从上述规定来看，完全避免砌体裂缝有一定的难度。

【古代著名砖石结构建筑】

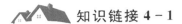

【砖墙砌筑要点】

4.2.1 砖、石砌体裂缝产生的原因

引起砖、石砌体裂缝产生的原因主要有如下几方面。

1. 地基不均匀沉降

(1) 地基沉降差大，造成砌体下部出现斜向裂缝。

(2) 地基局部塌陷，使墙体出现水平或斜向裂缝。

(3) 地基冻胀造成基础埋深不足。

(4) 填土地基浸水产生不均匀沉降。

(5) 地下水位较高的软土地基，因人工降低地下水位，引起附加沉降。

2. 温差收缩变形

(1) 温差影响不同材质或使同一材质不同部位线膨胀系数产生差异。

(2) 在北方寒冷地区，砌体胀缩受到地基约束。

3. 设计不当或设计构造处理不当

1) 设计方面的原因

(1) 设计马虎，不够细心。有许多是套用图纸，应用时未经校核。有时参考了别的图纸，但荷载增加了，或截面面积减少了而未做计算。有的虽然做了计算，但因少算或漏算荷载，使实际设计的砌体承载力不足，如再遇上施工质量不佳，则常常引起房倒屋塌。

(2) 整体方案欠佳，尤其是未注意空旷房屋承载力的降低因素。一些机关会议室、礼堂、食堂或农村企业车间，层高大，横墙少，大梁下局部压力大，若采用砌体结构，应慎重设计、精心施工。目前，随着农村经济的发展，农用礼堂、车间采用的空旷房屋结构迅速增加，但未重视有关空旷房屋的严格要求，造成的事故很多。

(3) 有的设计人员注意了墙体总的承载力的计算，但忽视了墙体高厚比和局部承压的计算。高厚比不足也会引起事故，这是因为高厚比过大的墙体过于单薄，容易引起失稳破坏。支承大梁的墙体总体上承载力可满足要求，但大梁下的砖柱、窗间墙的局部承压强度不足，如不设置梁垫或设置的梁垫尺寸过小，则会引起局部砌体被压碎，进而造成整个墙体的倒塌。

(4) 未注意构造要求。重计算、轻构造是没有经验的工程师的一些不良倾向。在构造措施中，圈梁的布置、构造柱的设置可提高砌体结构的整体安全性，在意外事故发生时可避免或减轻人员伤亡及财产损失，必须注意。

2) 施工方面的原因

(1) 砌筑质量差，砌体结构为手工操作，其强度高低与砌筑质量有密切关系。施工管理不善、质量把关不严是造成砌体结构事故的重要原因。例如，施工中雇用非技术工人砌筑，砌出的墙体达不到施工验收规范的要求。其中，砌体接槎不正确、砂浆不饱满、上下通缝过长、砖柱采用包心砌法等引起的事故频率很高。

(2) 在墙体上任意开洞，或拆除脚手架，脚手眼未及时填好或填补不实，以致过多地削弱了断面。

(3) 有的墙体比较高，横墙间距又大，在其未封顶时，未形成整体结构，处于长悬臂状态。施工中如不注意临时支撑，则遇上大风等不利因素将造成失稳破坏。

(4) 对材料质量把关不严。对砖的强度等级未经严格检查，砂浆配合比不准、含有杂质过多，因而造成砂浆强度不足，从而导致砌体承载力下降，严重的会引起倒塌。

4. 承载力不足

砌体承载力不足，主要原因是砌体的强度不够和砌体的稳定性差，存在这两个原因，就容易引起砌体裂缝。

1） 影响砌体抗压强度不够的主要原因

（1） 砖和砂浆的强度等级是确定砌体强度的两个主要因素。在施工中如降低了强度等级，势必降低砌体的强度。

（2） 砖的形状和灰缝厚度不一会影响砌体的强度。如果砖表面不平整或厚薄不均匀，就会造成砂浆层厚度不一，引起较大的附加弯曲应力，使砖破裂；砂浆和易性差、灰缝不饱满，也会增加单砖内受到的弯曲和剪切应力，降低砌体的强度。据有关科研单位试验结果表明，当竖缝砂浆很不饱满或完全无砂浆时，砌体的抗剪强度会降低40%～50%。

2） 影响砌体稳定性的主要原因

（1） 墙、柱的高厚比超过了规范允许的高度比，使其刚度变小，稳定性差。

（2） 砌体受温差收缩变形影响，当收缩引起的应力超过砌体的抗拉强度时，容易在纵墙中部沿砌体高度方向产生上下贯通的竖向裂缝，降低砌体的稳定性。

（3） 砖砌组合不当。砖通过一定的排列，依靠砂浆的粘接形成一个整体(砌体)。例如，砌体是在受压状态承受压力，为了使所有砖能平均承受外力和自重，必须使将受到的压力沿45°角线向下传递，使整个砌体由交错45°应力线连为整体。如果在砌筑砖砌块时，排序不合理，就会降低砌体的抗压强度和稳定性，引起裂缝。

（4） 在砌筑石料时，因料石自重大，表面又不规则，没有使石料的重心尽量放低，又忽视设置拉结石，或设置的拉结石没有相互错开，或每0.7m² 墙面拉结石少于1块，都会造成砌体不稳定，如图4.1所示。此外，砌体裂缝的产生，还关系到使用方面的原因。

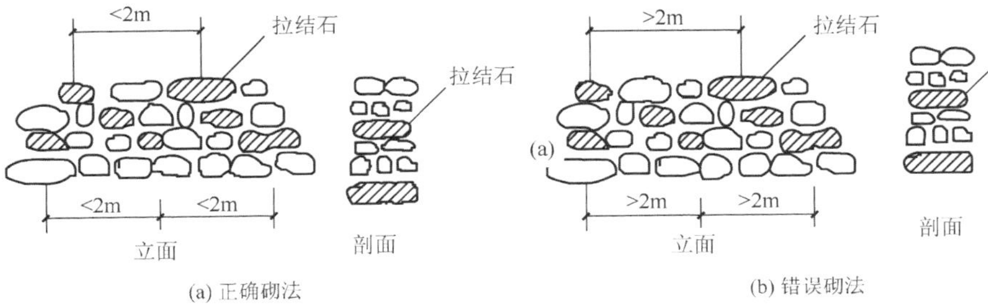

图4.1 石砌体组砌示意

4.2.2 砖、石砌体常见裂缝的特性

砖、石砌体常见裂缝的特性如下。

（1） 温度变形造成的裂缝。

① 裂缝的位置。裂缝多出现在房屋顶部附近，以两端最为常见。

② 裂缝的形态。常见的裂缝为斜裂缝，裂缝呈一头宽、一头细或两头细、中间宽的形态；其次是水平裂缝，形态为中间宽、两头细，呈断续状；再次是竖向裂缝，缝宽不均匀。

③ 裂缝出现的时间。裂缝多出现在冬夏两季之后。

④ 裂缝的变化。裂缝会随温度变化产生裂缝宽度和长度的变化，但不会无限制地增宽和增长。

（2） 地基不均匀沉降造成的裂缝。

① 裂缝的位置。裂缝多出现在房屋下部；对于等高的一字形房屋，裂缝一般出现在房屋两端；其他形状的房屋，裂缝多出现在沉降最为剧烈处；一般裂缝都发生在纵墙体上。

② 裂缝的形态。常见的裂缝为斜向裂缝，位于门窗洞口处，较宽；贯穿房屋全高的裂缝上宽下细。地基局部塌陷呈水平裂缝，缝宽比较大。

③ 裂缝出现的时间。裂缝一般在房屋建成后不久出现，施工期间出现裂缝则不多见。

④ 裂缝的变化。随地基的不均匀沉降，裂缝增多、增宽、增长，地基变形稳定后，裂缝不再变化。

（3）砌体承载能力不足造成的裂缝。

① 裂缝的位置。裂缝多数出现在砌体应力较大的部位。轴心受压柱裂缝常发生在柱下部 1/3 处，如梁或梁垫下的因局部承压强度不足出现的裂缝。

② 裂缝的形态。裂缝方向与应力一致，裂缝两头细、中间宽，受拉裂缝与应力垂直，受弯裂缝在受拉区外边缘较宽，受剪裂缝与剪力作用方向一致。

③ 裂缝出现的时间。大多数裂缝发生在荷载突然增加时。

④ 裂缝的变化。随荷载和作用时间的增加，裂缝宽度增大。

应用案例 4－1

因砖柱采用低质量包心砌法致使房屋倒塌

1．工程及事故概况

某地区建一座 4 层住宅楼，长 61.2m、宽 7.8m。砖墙承重、钢筋混凝土预制楼盖，局部(厕所等)为现浇钢筋混凝土结构。图纸为标准住宅图。唯一改动的地方为底层有一个大活动室，去掉了一道承重墙，改用 490mm×490mm 砖柱，上搁钢筋混凝土梁。置换时，经计算确认其承载力足够。但在楼盖到 4 层时，大活动室的砖柱被压坏而引起房屋大面积倒塌。

2．计算复核

房屋结构为标准图，地基良好，经察看无下沉及倾斜等失效情况。从现场查看、初步估计来看，倒塌是由大活动室砖柱被压酥引起的。设计砖的强度等级为 MU7.5，有出厂证明并经验收合格。设计砂浆强度等级为 M5，经查验，含水泥量过少，倒塌后呈松散状，只能达到 M0.4。砖柱采用包心砌法，如图 4.2 所示。中间填心为碎砖及杂灰，根本不能与外皮砌体共同受力。

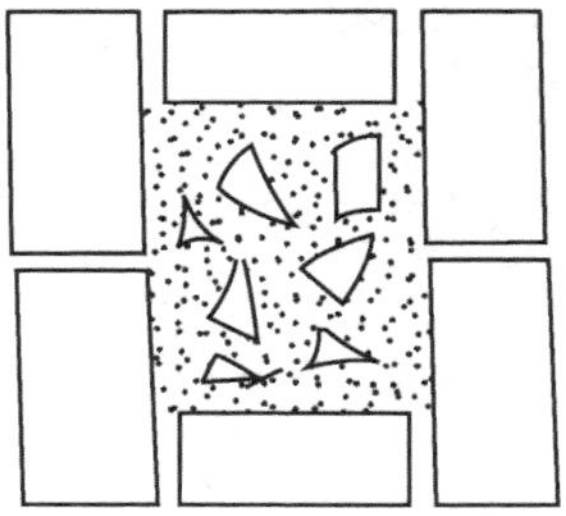

图 4.2 砖柱包心砌法

现验算如下。

经荷载计算：结构恒荷载 $N_G=140.5$kN，使用活荷载 $N_Q=80.37$kN，则设计荷载 $N_{设}=1.2N_G+1.4N_Q=1.2\times140.5+1.4\times80.37\approx281$(kN)。

采用刚性方案，砖柱高取 $H_0=3.2+0.5$(地面以下到大放脚)$=3.7$(m)，高厚比 $\beta=\dfrac{3.7}{0.49}\approx7.55$。

砖 MU7.5，砂浆 M5，查得砌体强度 $f=1.37\text{N/mm}^2$。

承载面积 $A=0.49\times0.49\approx0.24(\text{m}^2)<0.3\text{m}^2$，故应取强度降低系数 $\gamma_a=0.7+A\approx0.7+0.24=0.94$。

按中心受压柱计算，由 $\beta=0.55$ 及 M5 查得 $\phi=0.915$，可得 $N_u=\phi\gamma_a fA=0.915\times0.94\times1.37\times0.24\times10^6\,\text{N}=282.8\text{kN}>281\text{kN}$。

可见原设计可满足要求。

但施工过程中采用包心砌法，且砂浆强度达不到要求，按实际情况计算，按 MU7.5 及 M0.4 查得 $f=0.79\text{N/mm}^2$，考虑到柱芯不起作用，承载面积减为 $0.49\times0.49-0.24\times0.24=0.1825(\text{m}^2)$。

这样，砖柱承载力 $N_u=0.915\times0.94\times0.79\times0.1825\times10^6=0.124\times10^6(\text{N})=124\text{kN}$。

可见与设计承载力相差太远。

$\gamma_0=\dfrac{124}{281}\approx0.441$，属 D 级，是随时有可能发生倒塌的，且因 $N_u<N_G=140.5\text{kN}$，连对恒荷载的承载力都不足，发生倒塌是必然的。

由以上分析可知，包心砌法只图外观看得过去，质量往往不能保证。若填芯为散灰（落地砂浆等）及碎砖杂物时，砖芯往往不能起承载作用，其总承载力会大大降低。因包心砌法而引起的事故屡见不鲜，施工规程已严禁采用这种砌法，在施工中必须遵守。

特别提示

混合结构砌体的裂缝比较普遍，河北省某设计院对该市的 73 栋新建砖混结构建筑物进行了调查，发现 68 栋房屋的砖墙都有较明显的裂缝，占调查建筑物总数的 93.2%。裂缝不仅影响建筑物美观，而且有的已造成渗、漏水，导致保温、隔热、隔声性能下降等；有的降低或削弱了建筑结构的强度、刚度、稳定性、整体性和耐久性，缩短了使用年限；有的甚至发展成倒塌事故。因此，一旦发现砌体裂缝，就应定期观测、及时分析，并采取必要的应急措施。砌体裂缝种类甚多，形态各异，原因又较复杂，分析的关键是区别裂缝的种类与成因。造成砌体裂缝的原因是多方面的：90%的裂缝是温度变形和地基变形造成的，少量裂缝是由设计不合理、材料质量低劣、施工不规范、施工环境和外部影响等因素引起的。

4.3 混凝土小型空心砌块砌体工程

墙体材料的用量几乎占整个房屋建筑总质量的 50%。长期以来，房屋建筑的墙体砌筑一直是沿袭使用黏土砖为主，既破坏良田又耗用大量能源。发展混凝土小型空心砌块建筑体系和轻墙体系是必然趋势。当前，新型墙体材料的生产与应用发展很快。

【普通混凝土小型空心砌块】

混凝土小型空心砌块是一种新型的建筑材料，它的出现给古老的砌体结构注入了新的生命力。鉴于诸多优点，它已经成为替代传统黏土砖的最有竞争力的墙体材料。

【加气混凝土砌块】

但是调查发现，小型砌块房屋的裂缝比砖砌体房屋多发且更普遍，引起了工程界的重视。由于种种原因可能出现各种各样的墙体裂缝，从大的方面来说，墙体裂缝可分为受力裂缝与非受力裂缝两大类。在各种荷载的直接作用下墙体产生的相应形式的裂缝称为受力裂缝；而由于砌体收缩、温湿度变化、地基沉降不均匀等引起的裂缝则为非受力裂缝，又称变形裂缝。

小型砌块砌体与砖砌体相比，力学性能有着明显的差异。在相同的块体和砂浆强度等级下，小型砌块砌体的抗压强度比砖砌体高许多(表 4－2)。这是因为砌块高度比砖大 3 倍，不像砖砌体那样受到块材抗弯指标的制约。

表 4－2　砌体抗压强度设计值　　单位:MPa

砌体种类	块体强度等级	砂浆强度等级			
		M10	M7.5	M5	M2.5
砖砌体	MU15	2.44	2.19	1.94	1.69
	MU10	1.99	1.79	1.58	1.38
	MU7.5	1.73	1.55	1.37	1.19
小型空心砌块砌体	MU15	4.29	3.85	3.41	2.97
	MU15	2.98	2.67	2.37	2.06
	MU10	2.30	2.06	1.83	1.59
	MU7.5	—	1.43	1.27	1.10

但是，相同砂浆强度等级下小砌块砌体的抗拉、抗剪强度却比砖砌体小了很多，沿齿缝截面的弯拉强度仅为砖砌体的 30%，沿通缝的弯拉强度仅为砖砌体的 45%～50%，抗剪强度仅为砖砌体的 50%～55%(表 4－3)。因此，在相同受力状态下，小型砌块砌体抵抗拉力和剪力的能力要比砖砌体小很多，所以更容易开裂。这个特点往往却不被人重视。

表 4－3　砌体抗拉、抗剪强度设计值　　单位:MPa

受力形式	砌体种类	砂浆强度等级			
		M10	M7.5	M5	M2.5
轴　拉	砖 砌 体	0.20	0.17	0.14	0.10
	砌块砌体	0.10	0.08	0.07	0.05
齿弯受拉	砖 砌 体	0.36	0.31	0.25	0.18
	砌块砌体	0.12	0.10	0.08	0.06
通缝弯拉	砖 砌 体	0.18	0.15	0.12	0.09
	砌块砌体	0.08	0.07	0.06	0.04
抗　剪	砖 砌 体	0.18	0.15	0.12	0.09
	砌块砌体	0.10	0.08	0.07	0.05

此外，小型砌块砌体的竖缝比砖砌体大 3 倍，其薄弱环节更容易产生应力集中。

砌筑混凝土小型空心砌块的墙体，容易出现的质量缺陷是“热”“裂”“漏”。

1. “热”的原因分析

(1) 混凝土砌块保温、隔热性能差，这是因混凝土本身传热系数高所致。

(2) 砌块使用了单排孔的规格品种，使起保温隔热作用的空气层厚 130mm，没有充分发挥空气特别具有的保温隔热作用。轻集料混凝土小型砌块的块型如图 4.3 所示。

(3) 单排孔通孔砌块墙体，上、下砌块仅靠壁肋面粘接，上下通孔，易产生空气对流，热辐射大。

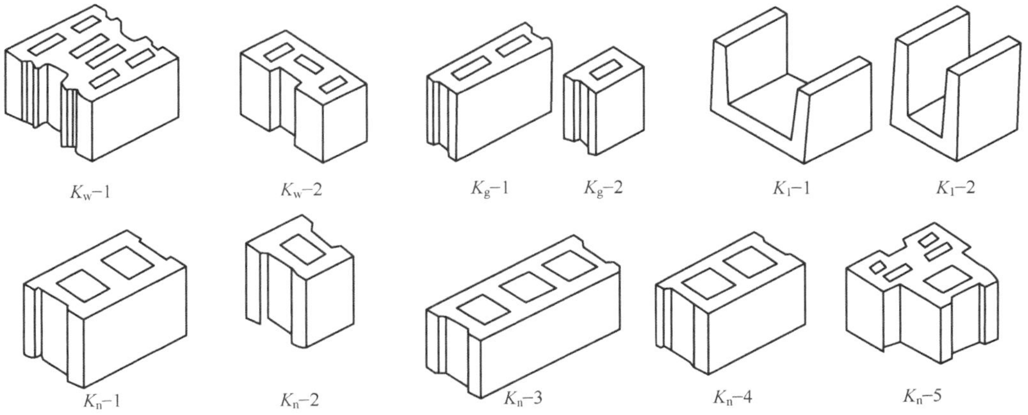

图 4.3 轻集料混凝土小型砌块的块型

(4) 外墙内面没有粉刷保温砂浆。

2. “裂”的原因分析

混凝土小型砌块墙体，产生裂缝的部位及裂缝的原因(如沉降裂缝、温差裂缝、收缩裂缝)大致相同。现根据砌块本身的特性及其他方面做一些分析。

1) 砌块本身变形特征引起墙体裂缝

轻集料混凝土小型砌块受温度、湿度变化影响比黏土砖大，存在潮湿膨胀、干燥收缩的变形特征。若养护龄期不足 28d，其还没有完成自身收缩变形便砌筑墙体，因自身的制作产生的应力还没有消除，变形仍在继续，势必造成墙体开裂。

(1) 砌块墙体对温度特别敏感，线膨胀系数为 1.0×10^{-5}，是黏土砖的两倍，空心砌块壁薄，抗拉力较低，当胀缩拉应力大于砌体自身抗拉强度时，就会产生裂缝。

(2) 砌块干燥稳定期一般要一年，第一个月仅能完成其收缩率的 30%～40%，砌块墙体与框架梁、柱连接处也会因收缩率不一致而产生裂缝。

2) 构造不合理造成墙体裂缝

(1) 砌块墙柱高厚比、砌块墙体伸缩缝、沉降缝的间距等超过了空心砌块规范规定的限值。

(2) 砌体与框架、柱连接缝处没有采取防裂技术措施。

(3) 没有针对砌体的抗剪、抗拉、抗弯的特性，提高砂浆的黏结强度。

3) 施工质量的影响

(1) 使用了龄期不足、潮湿的砌块。

(2) 砌块的搭接长度不够(小于 90mm) 或通缝。

(3) 砌筑砂浆强度低，灰缝不饱满。

(4) 预制门窗过梁直接安放在非承重砌块上，没设梁垫或钢筋混凝土构造柱，造成砌体局部受压，造成墙体裂缝。

(5) 采用砌块和黏土砖混合砌筑。

3. “漏”的原因分析

(1) 砌块本身面积小，单排孔砌块的外壁尺寸为 30～35mm，上、下砌块结合面约为 47%。

(2) 水平灰缝不饱满，低于净面积的 90%，留下渗漏通道。

（3）砌筑顶端竖缝铺灰方法不正确，先放砌块后灌浆，或竖缝灰浆不饱满，低于净面积的80%。

（4）外墙未做防水处理。

应用案例 4-2

某工程建筑面积为3 645.6m²，平面尺寸为54.5m×10.1m，6层砌体结构，按7度抗震设防。层高：一至五层为2.7m，六层为2.9m，室内外高差为0.6m，房屋总高为17m。工程建成后使用不足半年，发现墙体有裂缝，顶层内纵墙重新抹灰后，仍然开裂，裂缝有继续发展的趋势。

设计墙体一、二层采用MU10红砖，M7.5混合砂浆砌筑；三至六层采用M7.5红砖，M5混合砂浆砌筑。经调查证实，三层及以上砌筑砂浆用粉煤灰取代白灰，且施工中未严格控制配合比，技术档案中红砖、水泥等的合格证明存在问题，砂浆复试报告与实际质量不符。从二、三、五层各取一组红砖检测，除三层达到MU10外，其余均为MU7.5；一至六层砌筑砂浆饱满度也不符合规范要求。砂浆检测结果见表4-4。

根据检测结果，对部分砌体进行了抗压强度和抗震验算(表4-5)。其中，三、四层砌体抗压强度严重不足，承载力设计值与荷载设计值之比最小，仅为0.5，其他各层砌体抗压强度尚能满足安全要求；三层砌体抗剪强度严重不足，抗剪强度设计值与地震作用下剪力设计值之比最小仅为0.29，四、六层砌体抗剪强度也略显不足。砌体安全评价为D级，楼房鉴定为危险房屋。

由于砂浆强度严重偏低，增加了砌体自身变形，降低了砌体整体刚度。

表4-4 砂浆检测结果

层数	1	2	3	4	5	6
砂浆饱满度/%	—	63.1	36.7	60.5	35.9	38.8
抗压强度/MPa	>7.5	2.480	0.005	0.305	0.430	0.102
设计强度/MPa	7.5	7.5	5.0	5.0	5.0	5.0

表4-5 砌体抗压强度和抗震验算

楼层	抗压强度验算			抗震验算		
	承载力 $N/(kN\cdot m)$	荷载 $N_d/(kN\cdot m)$	N/N_d	承载力 V/kN	荷载 V_d/kN	V/V_d/kN
六	62.95	41.79	1.51	27.30	24.14	1.13
五	121.34	76.90	1.58	73.21	48.12	1.52
四	68.681	112.49	0.61	78.17	67.50	1.16
三	78.96	144.71	0.55	29.78	82.29	0.36
二	228.48	179.34	1.27	179.92	92.49	1.95
一	290.16	212.20	1.37	270.49	98.10	2.76

裂缝分析如下。

砌体产生裂缝主要是温度变形，砌体自身变形和地基不均匀沉降综合作用的结果，其根本原因是砌筑砂浆强度严重不足。

（1）温度变形产生裂缝。根据裂缝的分布、开展形式可知，大多数是温度变形引起的裂缝。楼房总长度较长，建筑构造设计及屋面工程施工质量方面存在产生较大温度应力的充分条件；砌筑砂浆中大量使用粉煤灰取代白灰，所用水泥、砂子质量也与复试不符，且未按规定控制配合比，根据检测结果，砌筑砂浆强度极低，为裂缝产生、开展提供了客观条件。由于砌体强度不足，严重降低了适应各种变形的能力，因此，即使发生规范允许的变形，墙体也会开裂。

（2）砌体自身变形产生裂缝。砂浆强度过低，砌体自身的变形也较大，对裂缝的产生、开展也起到助长作用。

（3）地基不均匀沉降产生裂缝。由于基础设计不合理，楼房长高比较大，$L/H=3.2$，而砌体刚度又较低，促使地基产生不均匀沉降。据地质报告，持力土层属中高压缩性土，沉降持续时间较长，因此交付使用后沉降仍在进行。

应用案例 4-3

某砌体住宅楼倾斜事故的分析与处理

某住宅楼位于该市某住宅区内，为五层砌体结构，总建筑面积为 4 167m^2，在平面上被划分为 A、B 两部分(段)，A 段平面轴线尺寸为 10 600mm×26 600mm，B 段平面轴线尺寸为 10 600mm×53 081mm(图 4.4)。楼板为装配式预制 RC 板，采用条形基础，下有 750mm 厚 3∶7 灰土垫层。自 1992 年始，房屋局部墙体即出现裂缝，个别住户门窗开启不畅。自 2001 年 3 月起，该楼纵墙即有裂缝发展迅速，局部门窗玻璃被挤碎，局部室内隔墙形成通缝；散水随建筑物下沉后呈倒流水状；楼前道路有多处开裂下陷；建筑物地基出现下沉迹象，已对房屋的安全使用造成一定的影响。

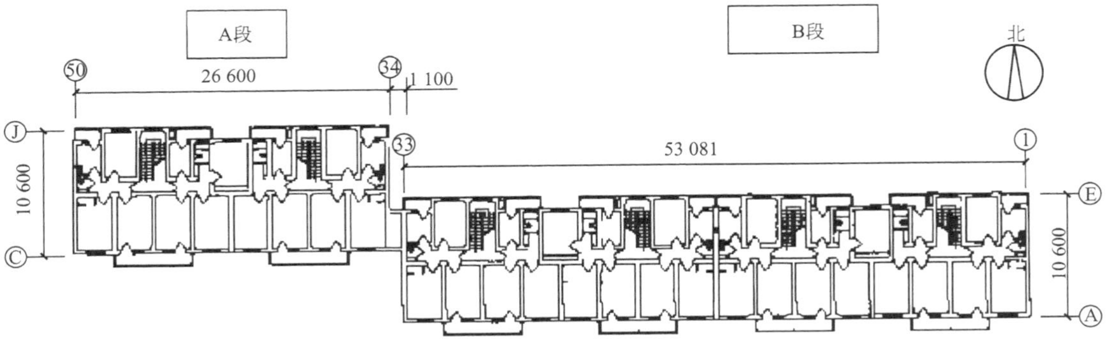

图 4.4 某五层砌体结构住宅平面简图

倾斜原因分析如下。

（1）该住宅楼楼体破坏的根本原因是由于该建筑物地基局部浸水所致。这一点从位于原开挖基坑范围内的 1、2 号探井各土层含水量与位于原开挖基坑范围外的 3、4 号探井各土层含水量的差异上即可清楚看出。

（2）通过对 1、2 号探井的土层②的观察看到，该住宅楼地基中的灰土垫层施工质量较差。根据观察结果推断，该垫层施工时是先铺一层素土，再在其表面铺设灰层，用农用旋耕机搅拌后压实。虽然位于原基坑边缘处的 1、2 号探井揭示的垫层压实情况并不能真正代表建筑物下的垫层压实情况，但由于农用旋耕机的搅拌厚度（虚铺厚度）一般为 120mm，而实际施工中垫层每层的虚铺厚度多在 250mm 以上，因此，采用这种方法施工的垫层，质量无法满足规范要求。

（3）为了判断建筑物下沉的直接原因并提供准确有效的加固处理措施，对房屋周围环境的影响进行了调查。

① 房屋设备管道渗水情况调查：由于现场条件的限制，本次检测未能对房屋设备管道进行揭露调查，但从检测土样探井调查看，设备管沟处土样含水率明显大于其他地方。另外从楼北侧混凝土路面看，管沟处的路面破损明显重于非管沟处，而且路面破损的严重程度与房屋相对沉降观测的数据也较符合。故推断房屋沉降可能是由于设备管沟渗水引起地基湿陷所致。

② 东侧高层住宅地基施工方案调查：该住宅楼东侧约 20m 处有一高层住宅，楼顶标高 62.6m，地下室底面标高－4.00m，采用钢筋混凝土灌注桩，$d=700\text{mm}$，$l=38\text{m}$；2001 年开始施工，施工未采用井点降水。考虑到纵墙裂缝的“八”字形分布模式，基本可排除其对房屋沉降的影响。

③ 东北角深水井影响调查：该住宅楼东北角约 60m 处为该住宅区深水井，目前已很少使用，可排除其对该住宅楼沉降的影响。

知识链接 4－2

砌体抗压强度不足的处置措施

（1）对于砖的质量低劣、砂浆强度不足，又是采用包心砌法砌的砖柱，可采用“托梁换柱”的方法，并一定要用支撑撑牢承重梁。支撑必须经过计算，要确保安全和稳定。然后，拆除不合格的砖柱，换上合格的优质砖，并提高砌筑砂浆强度等级，重新砌好砖柱和放置预制梁垫。安装梁垫时，先浇水湿润砖柱顶面，铺设 1∶2 水泥砂浆 10mm 左右厚，将预制梁垫就位，用 4 个铁楔子楔紧加压，使梁垫下与砖柱接触紧密，上面与梁底经铁楔子楔紧的空隙用硬性 1∶2 水泥砂浆填满，堵塞紧密，湿养护 7d。当砌筑砂浆强度达到设计要求，填缝砂浆强度达到 M5 以上时，将梁下支撑慢慢拆除。

（2）若砖柱的承压力不足主要是因截面偏小时，可采用外包配筋的砖砌体的加固方法。每隔 5 皮砖高要在砖缝中插两根钢筋与新砌砖搭接，也可采用在原有砖柱外配钢筋浇筑混凝土的方法，扩大截面，提高砖柱的抗压强度。

（3）在设计时，应验算砖柱结构的强度和稳定性。柱顶要设置钢筋混凝土垫块，垫块可预制，也可现浇。

（4）加强砖柱的施工管理。例如，砖需用整砖，强度等级必须满足设计要求；浇水湿润；砂浆成分严格按配合比计量，搅拌均匀，随拌随用；砌筑砂浆稠度控制在 70mm 左右，分层度应不小于 90mm。另外，砌筑前必须先立皮数杆，并根据进场砖块的平均厚度排列；控制灰缝厚度不小于8mm、不大于12mm；严禁采用包心砌法；正确掌握砌砖的平整度和垂直度，每砌高5皮砖后，要吊直4个头角。严禁砌好后发现偏差，用砸砖法纠正偏差。经检查合格后，及时浇水养护7d。冬季要做好防冻保暖工作；加强成品保护，防止碰撞，防止大风吹倒。当砌好的砖柱没有及时安梁和承重构件时，要加设支撑撑稳。

应用案例4-4

湖南凤凰桥倒塌事故分析

1. 事故概况

2007年8月13日下午4时40分左右，湖南省湘西土家族苗族自治州凤凰县正在建设的堤溪沱江大桥发生坍塌事故，桥梁将凤凰县至山江公路塞断，当时现场正在施工，造成64人死亡，22人受伤，直接经济损失3 974.7万元。倒塌事故现场如图4.5所示。

图4.5 倒塌事故现场

相关技术资料显示，堤溪沱江大桥是凤凰县至大兴机场二级路的公路桥梁，桥身设计长328m，跨度为4孔，每孔65m，高度42m。按照交通运输部的标准，此桥属于大型桥。

堤溪沱江大桥上部构造主拱券为等截面悬链空腹式无铰拱，腹拱采用等截面圆弧拱。基础则奠基在弱风化泥灰或白云岩上，混凝土、石块构筑成基础，全桥未设制动墩。

2. 原因分析

湖南凤凰县沱江大桥在竣工前出现了整体坍塌，这是中华人民共和国成立以来建桥史上的首例。沱江大桥突然坍塌，是由于存在以下几个问题。

(1) 为了州庆缩短大桥养护期。沱江大桥施工工期过紧，施工中变更了主拱券砌筑的程序，拱架拆卸过早。据了解，因为湘西土家族苗族自治州要进行50年州庆，所以沱江大桥施工采取了项目倒计时。6月20日主拱券的砌筑完成，第19天开始卸架，养护期不够，比规定少了9d。按规定，大桥养护期是28d。因为养护期缩短，大桥拱券承载能力减弱。

(2) 桥下地质复杂，桥墩严重裂缝。施工中，就已经发现桥墩的地质构造比较复杂，而且还发现0号桥墩下面有严重裂隙。施工中虽然对此处进行了一些处理，但没有从根本上解决问题。大桥垮塌是从0号桥墩开始，像多米诺骨牌一样顺一个方向垮塌。

（3）所用砂石含土量过高。主拱券砌筑质量有问题。砌筑要使用料石，才能够相互咬合。但事故后发现，塌下来的主拱券中还有片石，而且砌筑的砂浆混凝土不饱和，未填实，有空隙、空洞。另外，砂石含土量比较高。砂石应该用水洗过的砂，一旦含土就会影响混凝土的黏结力。

（4）工程层层分包，质量管理混乱。施工中施工单位有变更，却没有及时告知监理单位，监理单位对发现的问题也没有及时向上级工程质量监督管理部门反映，而且中间分包单位多，层层分包。

桥梁专家认为桥梁坍塌是由拱圈下沉造成的，其主要原因如下。

沱江大桥是四跨连拱，四个拱圈产生的推力通过桥墩实现相互平衡，一方面要求桥墩自身有足够的重量；另一方面，桥墩要足够牢固，二者是相辅相成的，因此石拱桥的桥墩体积一般都十分庞大。由于拱圈之间互有推力，只要一个拱圈出现问题，大桥就会像多米诺骨牌一样出现“一垮俱垮”的情形。

（1）混凝土灌注太少。根据媒体报道，沱江大桥一号拱圈在 2007 年 5 月曾下沉 10cm。如果报道准确，说明桥墩没有打牢，这可能跟灌注的混凝土太少有关，也有可能和当地的地质条件有关。但不管什么原因，拱圈下沉对沱江大桥造成的影响都是致命的。因为石拱桥的特点是不怕压力，最怕变位，石头属刚性，承重能力好，但不能承受弯曲和挠曲。桥墩位移会导致拱圈弯曲，对拱圈产生附加力，打破了石拱桥各个部位之间的受力均衡，从而导致大桥垮塌。

（2）修建拱圈石料规格不一。修建石拱桥对石材的质量要求较高，这样形成的拱圈才能确保足够紧密，如果拱圈不紧密，就会出现漏水的情形。另外，修建拱圈所用的石料规格不统一，也是导致事故发生的原因之一。除了比较整齐的石块外，大桥还使用了许多碎石。石料不规整，灌注的混凝土又不够饱满，就很容易出现经常掉石头的情况。

（3）过早拆除拱圈。另外，拱圈建好后，还要等一段时间让灌注的混凝土将石料凝结成一个整体，时间长短有明确规定，一般是 28d。如果时间太短，拱圈还没有形成整体，就拆掉起支撑作用的拱圈架，也会出现意外事故。此外，为了确保拱圈的安全性，在拆卸拱圈架之前，一般要做一个初步的荷载试验，测试拱圈的承重能力。

3. 专家视点

著名桥梁专家黎宝松接受采访时提出以下观点：拱圈下沉对桥造成了致命影响。

湖南凤凰沱江大桥骤然坍塌，留下问号一串。媒体和社会各界纷纷质疑大桥在建造过程中是否存在偷工减料的情况，大桥本身是否为“豆腐渣工程”，抑或从一开始选址设计就存在问题。

带着对沱江大桥的种种疑问，记者咨询了广东省政协委员、著名桥梁专家黎宝松教授。

（1）问题一：设计方案是否合理？

据媒体报道，沱江大桥跨度达 328m，有网友质疑桥梁跨度这么大，设计者仅设计了 4 个拱圈，设计方案是否有问题？此外网友反映“大桥东岸是石灰石覆盖的黄泥地质，西岸是强风化砂土地质”，认为此地不应该建石拱桥。

黎教授表示，由于自己不在现场，不清楚河流的水文情况，仅就媒体报道的情况来看，桥型的设计看不出有什么错误。

至于地质情况，即使当地的地质像网友说的是“石灰石、强风化砂土地质”，也不能说就完全不能建桥，关键是看设计与施工怎么根据具体情况加以处理。此外，在建桥之前，必须要做的沉降变形检测足以让大桥避开因地质原因可能造成的不利影响。

（2）问题二：大桥是否为“豆腐渣”？

不少网友指出，从塌桥照片来看，混凝土中看不见几根钢筋，水泥、砂子、石子不成比例，几乎尽是石头，和“豆腐渣”非常相似。

对此，黎教授解释道，沱江大桥是石拱桥，桥墩里可以放钢筋也可以不放钢筋。假如水泥很少，可能会影响桥梁的两个方面：一方面是桥墩的牢固度，尽管是石拱桥，桥墩也需要灌注大量的混凝土，才能保证桥墩足够牢固；另一方面，桥身也需要足够的混凝土、砂浆将石块黏合在一起，如果混凝土太少，桥身无法牢固地粘成一个整体，就会出现媒体报道的那样“经常有碎石头掉下来”的情况。

（3）问题三：大桥仅靠脚手架支撑吗？

大桥是在工人们拆卸脚手架的时候垮掉的，有网友质疑“难道这座桥竟是靠脚手架来支撑的吗？”

对这个问题，黎教授首先纠正了许多媒体及网友所说的“脚手架”的概念。他说，工人们拆卸的并不是脚手架，而是拱圈架，也就是承接沱江大桥4个拱圈的架子。在石拱桥的各个部件中，拱圈是大桥的主要承重构件，而拱圈及桥身上的一些附件（如小拱圈）的质量又都要由拱圈架一力承受。所以拱圈架的作用十分重要，拱圈架绑扎得好不好直接关系到石拱桥的质量。如果大桥质量本身有问题，工人在拆卸拱圈架时会垮塌也就不奇怪了。

中国工程院土木水利建筑学部陈肇元院士的观点：事故是由结构设计标准的低要求造成的。

包括桥梁在内的建筑安全问题，早在5年前就引起了专家们的注意。“我国结构设计在安全设置水准上的低要求，在世界上是非常突出的。”从2003年起，就有14位中国工程院院士两次向国家有关部门递交咨询报告，时间分别在2003年和2005年。

“公路桥梁的短寿首先源于设计规范对耐久性的低标准要求。”陈肇元院士在咨询报告中写道。他是该咨询项目的负责人和编写人。

报告中说，一方面，我国规范规定的车辆荷载安全系数为1.40，低于美国的1.75和英国的1.73；另一方面，在估计桥梁构件本身的承载能力时，我国规范规定的材料设计强度又定得较高，因而对于车辆荷载来说，我国桥梁的设计承载能力仅为美国的68%、英国的60%。

桥梁土木工程经常处于干湿交替、反复冻融和盐类侵蚀的环境中，以致一些桥梁包括大型桥梁无须大修的使用寿命仅有一二十年，甚至不到10年就被迫大部分拆除重建。按照交通运输部以往的桥涵设计规范，室外受雨淋（干湿交替环境）的混凝土构件，钢筋保护层最小设计厚度尚不到国际通用规范规定的一半。

“如果规范上没有确切要求，怎么能追究设计者的责任呢？”中国著名桥梁专家范立础院士在做学术报告时认为，我国的桥梁规范应及时修改。

在报告中，院士们还说，我国已经面临已建工程过早劣化的巨大压力。在今后二三十年的时间内，仍将处于持续大规模建设的高潮期。由于土建工程的耐久性设计标准过低，施工质量较差，如再不采取措施，将会陷入永无休止的大建、大修、大拆与重建的怪圈中。

思考题

1. 影响砖砌体裂缝的主要原因有哪些？

2. 举例说明从裂缝出现的位置、出现的时间、裂缝的形态、裂缝的发展方面，分析裂缝产生的原因。

3. 造成小型砌块砌体工程质量缺陷的主要原因是什么？

项目5 钢筋混凝土工程

教学目标

钢筋混凝土结构子分部工程由模板及脚手架、钢筋、混凝土、预应力混凝土等分项工程组成。本项目主要对在分项工程施工过程中造成混凝土结构工程质量事故的原因做具体分析。

在模板及脚手架工程中，主要分析了梁、柱、板、基础、楼梯等基本构件在模板施工中常见的质量事故及其原因。在钢筋工程中，主要介绍了钢筋材质达不到标准或设计要求、钢筋配筋量不足、钢筋偏位、钢筋裂纹和脆断等质量事故产生的原因，并通过大量的工程实例充分印证了这些质量事故。在混凝土工程中，主要介绍了混凝土强度不足、混凝土裂缝、结构或构件错位变形、混凝土外观质量差等质量事故产生的原因，重点对混凝土裂缝产生的原因做了分析。在预应力混凝土工程中，主要分析了预应力筋和锚固夹具事故、预应力构件裂缝、变形事故、预应力筋张拉事故和预制构件制作等质量事故产生的原因，重点分析了预应力筋张拉事故和预制构件制作质量事故产生的原因。

教学要求

能力目标	知识要点	权重
了解相关知识	（1）钢筋混凝土工程质量控制要点 （2）钢筋混凝土工程质量事故特点与防治	15%
熟练掌握知识点	（1）模板及脚手架工程常见质量事故原因及处理 （2）钢筋工程常见质量事故原因及处理 （3）混凝土工程常见质量事故原因及处理 （4）预应力混凝土工程常见质量事故原因及处理	50%
运用知识分析案例	钢筋混凝土工程常见质量事故原因分析、加固方案、设计方法、加固方法	35%

引例

几起典型的钢筋混凝土结构工程事故

1. 哈尔滨阳明滩大桥引桥坍塌事故

2012年8月24日5时30分左右，哈尔滨机场高速由江南往江北方向，即将进入阳明滩大桥主桥的最后一段被4辆重载货车压塌，4辆货车冲下桥体。坍塌大梁长度为130m左右，整体垮塌。在现场看到带血迹的枕头和方向盘等物，有些大货车驾驶室已经完全瘪塌。4辆大货车上共有8人，事故造成3人死亡、5人受伤。据现场目击者介绍，24日早晨5时许，他驾驶出租车拉运乘客经过事故引桥旁辅道，忽然听到巨响，一段往江北方向的引桥整体向人行道方向倾倒，桥面三大一小4辆货车掉落地面。坍塌事故现场如图5.1(a)所示。事故造成2人当场死亡，6名伤者送往两家医院救治，1人因伤势过重抢救无效身亡。

阳明滩大桥位于哈尔滨市西部松花江干流上，是目前我国长江以北地区桥梁长度最长的超大型跨江桥，因主桥穿越松花江阳明滩岛而得名，它北起松北区三环路与世贸大道交叉口，南下跨越松花江航道与三环高架路衔接。工程于2009年12月5日开工建设，2011年11月6日建成通车，估算总投资18.82亿元。它是哈尔滨市首座悬索桥(双塔自锚式悬索桥)，全长7 133m，其中桥梁部分长6 464m，接线道路长669m，每小时车流量可达9 800辆，桥面宽度41.5m，双向8车道，主桥跨度427m，主塔高80m，桥下通航净高不小于10m，可满足松花江三级航道通航要求。

2. 韩国圣水大桥

事故原因：材料及施工缺陷。坍塌事故现场如图5.1(b)所示。

圣水大桥位于韩国首都首尔的汉江上，全长1 160m，最初于1979年建成。

1994年10月21日早上，在车流量高峰时刻，圣水大桥位于第五与第六根桥柱间的48m长混凝土桥板整体塌落入水，六辆汽车包括一辆载满学生及上班族的巴士和一辆载满准备参加庆祝会的警员的面包车跌进汉江，导致33人死亡、17人受伤。

经过长达五个月的调查，发现大桥坍塌的直接原因是：承建大桥工程的东亚建设公司没有按设计图纸施工，而且在施工中又偷工减料。

圣水大桥在发生意外后不久进行修葺，于1997年8月15日重新开放。

3. 小尖山大桥

事故原因：支架问题。坍塌事故现场如图5.1(c)所示。

小尖山大桥位于开阳县南江乡龙广村村后的两座大山之间，全长155m，桥墩高47m。2005年12月14日5时30分左右，小尖山大桥突然发生支架垮塌，横跨在3个桥墩上的两段正在浇筑的桥面轰然坠下，桥面上施工的工人也同时跌落谷中。事故共造成8人死亡、12人受伤。

这起事故发生的原因主要是支架搭设时基础施工不符合相关规范要求，部分支架钢管壁厚不够，部分支架主管与枕木之间缺垫板。

(a) 哈尔滨阳明滩大桥引桥坍塌事故现场

(b) 韩国圣水大桥坍塌事故现场

(c) 小尖山大桥坍塌事故现场

图 5.1 事故现场情况

应用案例 5-1

混凝土结构工程在土木工程中占主导地位，其施工方案的优劣、安全技术措施是否合理且全面，对工程的质量与安全影响很大。混凝土结构工程按施工方法，分为现浇钢筋混凝土结构和装配式预制混凝土结构两类；按钢筋是否预先施加应力，分为混凝土结构和预应力混凝土结构两类。

混凝土结构工程包括模板工程、钢筋工程和混凝土工程等。因混凝土结构工程是由多个工种工程组成，且施工程序多、施工周期长，因此，在安排计划、组织生产的同时，要考虑安全生产的因素，从而保证在安全生产的基础上达到高质量、高速度和低造价的项目管理目标。

确保钢筋混凝土结构质量，首先要从混凝土和钢筋的材料控制，以及钢筋混凝土工程施工的质量控制做起；然后要对形成钢筋混凝土质量缺陷和事故的各种因素和现象进行讨论和分析，才能提高对钢筋混凝土工程质量的认识。

5.1 模板及脚手架工程

模板的制作与安装质量，对于保证混凝土、钢筋混凝土结构与构件的外观平整和几何尺寸的准确，以及结构的强度和刚度等将起到重要的作用。由于模板尺寸错误、支模方法不妥引起的工程质量事故时有发生，应引起高度重视。

脚手架是施工现场为方便工人操作并解决垂直和水平运输而搭设的各种支架。脚手架在搭设、施工、使用中作业危险因素多，存在安全问题也较多，极易发生伤亡事故，是诱发混凝土事故的重要原因之一。

应用案例 5-2

脚手架是建筑施工中必不可少的临时设施，砖墙砌筑、混凝土浇筑、墙面抹灰、装修粉刷、设备管道安装等，都需要搭设脚手架，以便在其上进行施工作业，堆放建筑材料、用具和进行必要的短距离水平运输。

由于脚手架是为保证高处作业人员安全、顺利进行施工而搭设的工作平台和作业通道，因此其搭设质量直接关系到施工人员的人身安全。如果脚手架选材不当，搭设得不牢固、不稳定，就会造成施工中的重大伤亡事故。因此，对脚手架的选型、构造、搭设质量等决不可疏忽大意。

《混凝土结构工程施工质量验收规范》(GB 50204—2015)中规定：模板及其支架应根据工程结构形式、荷载大小、地基土类别、施工设备和材料供应等条件进行设计。模板及其支架应具有足够的承载能力、刚度和稳定性，能可靠地承受浇筑混凝土的质量、侧压力及施工荷载。模板及其支架的拆除顺序及安全措施应按施工技术方案执行。

此规范对模板的安装提出的要求如下。

(1) 模板的接缝不应漏浆，在浇筑混凝土前，木模板应浇水湿润，但模板内不应有积水。

(2) 模板与混凝土的接触面应清理干净并涂刷隔离剂，但不得采用影响结构性能或妨碍装饰工程施工的隔离剂。

(3) 浇筑混凝土前，模板内的杂物应清理干净。

(4) 对清水混凝土工程及装饰混凝土工程，应使用能达到设计效果的模板。

从规范的要求来看，如果模板不能按设计要求成形，不能有足够的强度、刚度和稳定性，不能保证接缝严密，就会影响混凝土的质量、构件的尺寸和形状、结构的安全，产生严重的质量事故。

5.1.1 模板工程中容易出现的缺陷

1. 带形基础模板

在带形基础模板施工中，常见的缺陷(图 5.2)有沿基础通长方向，模板上口不直，宽度不准；下口陷入混凝土内；侧面混凝土露石子、麻面；底部上模不牢；模板口用铁丝对拉，有松有紧等。其主要原因如下。

（1）模板安装时，挂线垂直度有偏差，模板上口不在同一直线上。

（2）钢模板上口未用圆钢穿入洞口扣住，仅用铁丝对拉，有松有紧，或木模板上口未钉木带，浇筑混凝土时，其侧压力使模板下端向外推移，以致模板上口受到向内推移的力而内倾，使上口宽度大小不一。

【模板安装施工】

（3）模板未撑牢，在自重作用下模板下垂。浇筑混凝土时，部分混凝土由模板下口翻上来，未在初凝时铲平，造成侧模下部陷入混凝土内。

（4）模板平整度偏差过大，残渣未清除干净；拼缝缝隙过大，侧模支撑不牢。

（5）木模板临时支撑直接撑在土坑边，以致接触处土体松动掉落。

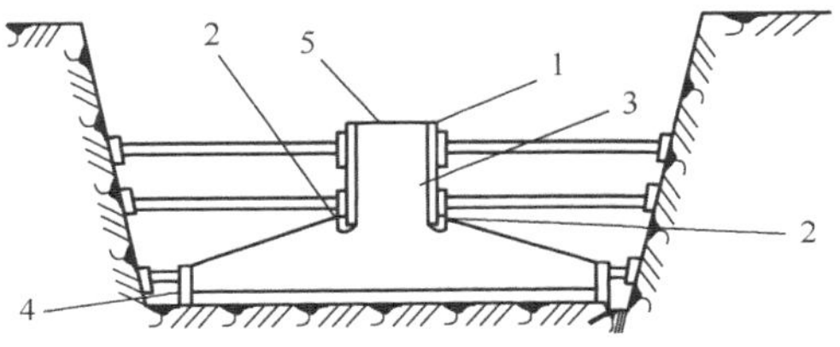

图 5.2　带形基础钢模板缺陷示意

1—上口不直，宽度不准；2—下口陷入混凝土内；

3—侧面露石子、麻面；4—底部上模不牢；5—模板口用铁丝对拉，有松有紧

2. 杯形基础模板

在杯形基础模板施工中，常常会造成杯基中心线不准、杯口模板位移、混凝土浇筑时芯模浮起、拆模时芯模起不出等问题，如图 5.3 所示。其主要原因如下。

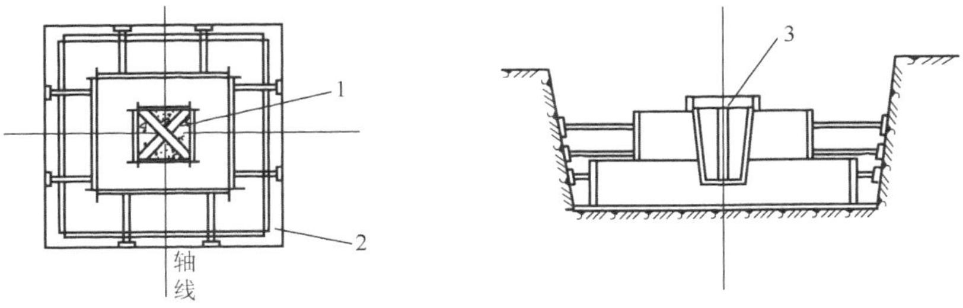

(a) 平面图　　(b) 剖面图

图 5.3　杯形基础钢模板缺陷示意

1—排气孔；2—角模；3—杯芯模板

（1）杯形基础中心线弹线未兜方。

（2）杯形基础上段模板支撑方法不当，浇筑混凝土时，杯芯木模板由于不透气，相对密度较轻，向上浮起。

（3）模板四周的混凝土振捣不均衡，造成模板偏移。

（4）操作脚手板搁置在杯口模板上，造成模板下沉。

（5）杯芯模板拆除过迟，黏结太牢。

3. 梁模板

在梁模板施工中，常见的缺陷有梁身不平直，梁底不平、下挠，梁侧模炸模（模板崩坍），拆模后发现梁身侧面有水平裂缝、掉角、表面毛糙，局部模板嵌入柱梁间、拆除困难等，如图 5.4 所示。其主要原因如下。

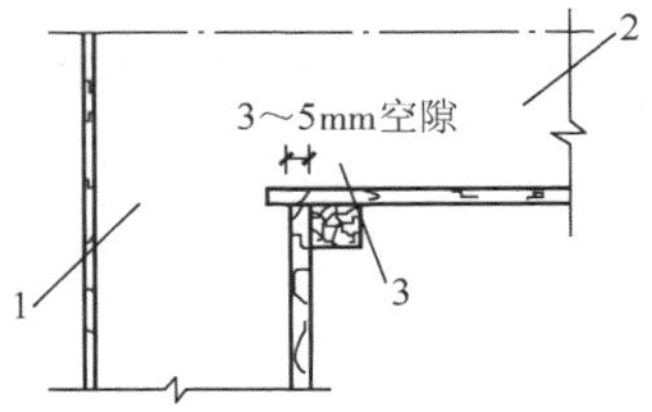

图 5.4　梁模板缺陷示意

1—柱模；2—梁模；3—梁底模板与柱侧模相交处需稍留空隙

（1）模板支设未校直撑牢。

（2）模板没有支撑在坚硬的地面上。混凝土浇筑过程中，由于荷载增加，泥土地面受潮降低了承载力，支撑随地面下沉变形。

（3）梁底模未起拱。

（4）操作脚手板搁置在模板上，造成模板下沉。

（5）侧模拆模过迟。

（6）木模板采用黄花松或易变形的木材制作，混凝土浇筑后变形较大，易使混凝土产生裂缝、掉角和表面毛糙。

（7）木模在混凝土浇筑后吸水膨胀，事先未留有空隙。

4. 深梁模板

在深梁模板施工中，常见的缺陷有梁下口炸模、上口偏歪，梁中部下挠等。其主要原因如下。

（1）下口围檩未夹紧或木模板夹木未钉牢，在混凝土侧压力作用下，侧模下口向外歪移。

（2）梁过深，侧模刚度差，又未设对拉螺栓。

（3）支撑按一般经验配料，梁自重和施工荷载未经核算，致使超过支撑能力，造成梁底模板及支撑不够牢固而下挠。

（4）斜撑角度过大（大于 60°），支撑不牢造成局部偏歪。

（5）操作板搁置在模板上，造成模板下沉。

5. 柱模板

在柱模板施工中，常见的缺陷有：炸模，炸模会造成断面尺寸鼓出、漏浆、混凝土不密实或蜂窝麻面；偏斜，一排柱子不在同一轴线上；柱身扭曲。其主要原因如下。

（1）柱箍间距太大或不牢，或木模钉子被混凝土侧压力拔出。

（2）板缝不严密。

（3）成排柱子支模不跟线，不找方，钢筋偏移未扳正就套柱模。

（4）柱模未保护好，支模前已歪扭（图 5.5），未整修好就使用。

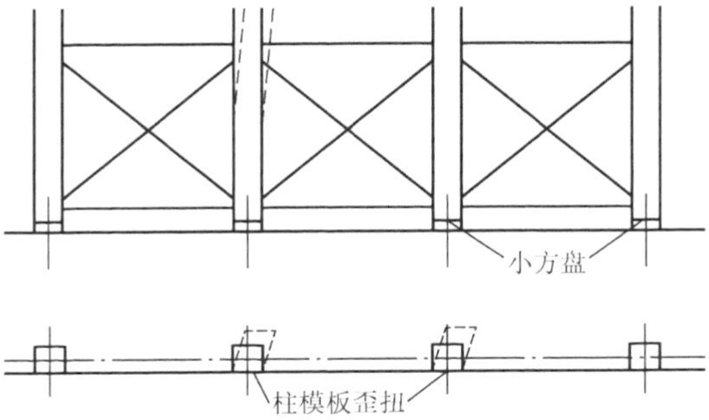

图 5.5　柱模板歪扭

（5）模板两侧松紧不一。

（6）模板上有混凝土残渣未清理干净，或拆模时间过早。

6. 板模板

在板模板施工中，处理不当可能会出现板中部下挠、板底混凝土面不平、采用木模板时梁边模板嵌入梁内不易拆除等缺陷。其主要原因如下。

（1）板搁栅用料不足，造成挠度过大。

（2）板下支撑底部不牢，混凝土浇筑过程中荷载不断增加，支撑下沉，模板下挠。

（3）板底模板不平，混凝土接触面平整度超过允许偏差。

（4）将板模板铺钉在梁侧模上面，甚至略伸入梁模内，浇筑混凝土后，板模板吸水膨胀，梁模也略有外胀，造成边缘一块模板嵌牢在混凝土内，如图 5.6 所示。

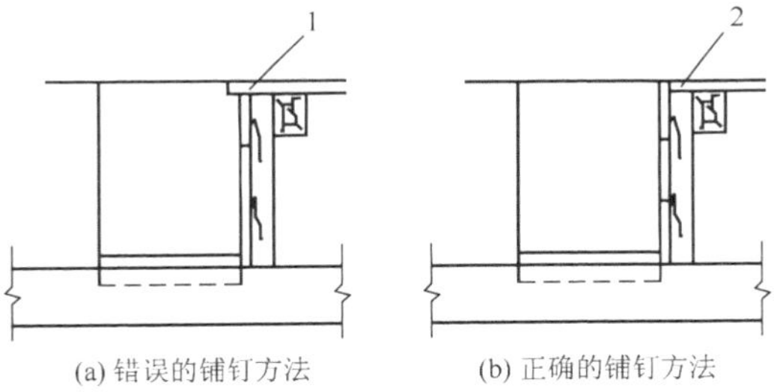

图 5.6　板模板缺陷示意

1—板模板铺钉在梁侧模上面；2—板模板铺钉到与梁侧模外口齐平

7. 墙模板

在墙模板施工中，常见的缺陷主要有以下几种。

（1）炸模、倾斜变形。

（2）墙体厚薄不一，墙面高低不平。

（3）墙根跑浆、露筋，模板底部被混凝土及砂浆裹住，拆模困难。

（4）墙角模板拆不出。

其主要原因如下。

（1）钢模板事先未做排板设计，相邻模板未设置围檩或间距过大，对拉螺栓选用过小或未拧紧。墙根未设导墙，模板根部不平，缝隙过大。

（2）木模板制作不平整，厚度不一，相邻两块墙模板拼接不严、不平，支撑不牢，没有采用对拉螺栓来承受混凝土对模板的侧压力，以致混凝土浇筑时炸模(或因选用的对拉螺栓直径太小，不能承受混凝土侧压力而被拉断)。

（3）模板间支撑方法不当，如图 5.7 所示。如只有水平支撑，当①墙振捣混凝土时，墙模板受混凝土侧压力作用向两侧挤出，①墙外侧有斜支撑顶住，模板不易外倾；而①墙与②墙间只有水平支撑，侧压力使①墙模板鼓凸，水平支撑推向②墙模板，使模板内凹，墙体失去平直；当②墙浇筑混凝土时，其侧压力推向③墙，使③墙位置偏移更大。

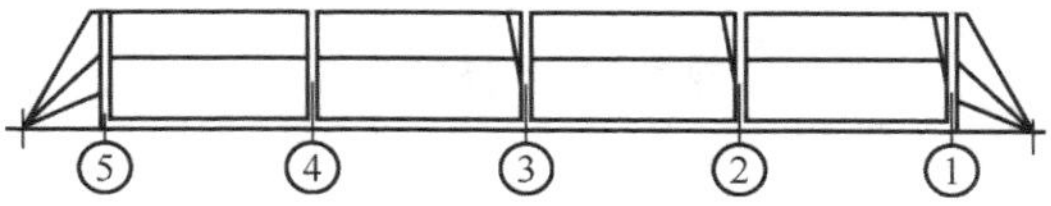

(a) 错误的支撑方法

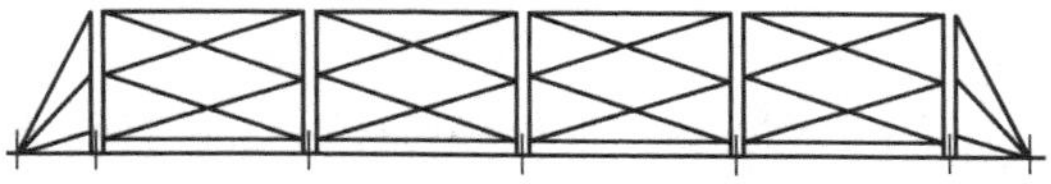

(b) 正确的支撑方法之一

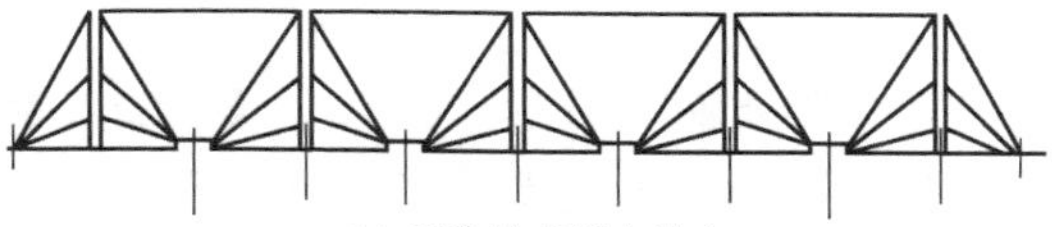

(c) 正确的支撑方法之二

图 5.7　墙模板支撑方法

（4）混凝土浇筑分层过厚，振捣不密实，模板受侧压力过大，支撑变形。

（5）角模与墙模板拼接不严，水泥浆漏出，包裹模板下口。拆模时间太迟，模板与混凝土黏结力过大。

（6）未涂刷隔离剂，或涂刷后被雨水冲走。

8. 楼梯模板

楼梯模板施工常见缺陷有楼梯侧帮露浆、麻面、底部不平。其主要原因如下。

（1）楼梯底模采用钢模板，遇有不能满足模数配齐情况时，以木模板相拼，楼梯侧帮模板也用木模板制作，易形成拼缝不严密，造成跑浆。

（2）底板平整度偏差过大，支撑不牢靠。

应用案例 5-3

北京西单西西工程事故

1. 事故概况

2005 年 9 月 5 日 22 时 10 分左右，在北京市西城区西单地区西西工程 4 号地项目工地(建筑面积为 205 276m^2)，施工人员在浇筑混凝土时，模板支撑体系突然坍塌，造成 8 人死亡、21 人受伤，事故现场情况如图 5.8 所示。后经专家鉴定因计算错误造成模板支架承载力不够，导致浇筑混凝土后坍塌。

(a)

(b)

(c)

图 5.8 事故现场情况

2. 各方解释

施工单位：当时监理方同意施工。

据悉，西单工地坍塌事故发生后，北京市组织专家对事故发生原因进行了鉴定，专家组报告结论为，造成事故的根本原因是计算错误。

监理方律师团成员苏某解释说，搭建模板支架是为了在模板上浇筑混凝土，脚手架搭建起来后，如果不浇筑混凝土，根本不会造成坍塌。浇筑混凝土后，由于计算错误造成模板支架承载力不够，才造成坍塌。

按工程要求，工程施工必须经过监理单位同意。那么，谁允许浇筑则是案件责任分担的关键。

法庭上，施工方的 3 名被告都表示，浇筑是经过监理方同意的。施工方李某和胡某都说，他们已向公安机关交代，有监理方同意施工的书面证据，但此次开庭公诉机关却没有出示，两人申请法院重新调取。

施工方总工程师李某的律师说，施工方案并不是李某制定的，他只是在技术上进行核实，然后还要报监理方审批。他认为李某对事故负有责任，但“如果是监理方同意施工，那么责任肯定就小一些”。

监理单位：从未同意浇筑混凝土。

“这实际上是两个利益集团的博弈。”作为监理方的律师，苏某分析说：“如果监理方同意浇筑，施工方责任就小一点；如果监理方没同意，监理方责任就小了。”

监理单位的吕某和吴某都表示，他们没有同意浇筑。

检察机关出示证人证言，证实监理方当时同意浇筑。证人证言遭到了监理方律师苏某的质疑：“两名证人，一个是直接指挥 4 区施工的项目部副经理，一个是施工方案的制定者，他们本身没有作为责任人被诉就已经不合适了，再出庭作证就更荒唐了。”苏某认为，因两人都是施工单位的人，他们的证词没有证明力。

苏某提交了他们调取的监理单位在施工过程中下发的通知文件等材料，证明监理单位做了大量工作。

3. 事故处理结果

检察机关：5 人构成重大责任事故罪。

检察机关指控，施工单位和监理单位的 5 名责任人构成重大责任事故罪。

施工单位有3人被诉。该公司西西工程4号地工程土建总工程师李某被指控明知设计方案没经过审批，仍要求施工队施工；项目部总工程师杨某被指控对存在问题的搭建情况未采取措施，导致严重的安全隐患；工程项目经理胡某被指控对模板支架施工没给予制止，并组织进行混凝土浇筑作业。

监理单位有2人被诉。该公司驻4号地工程项目部总监吕某和监理员吴某，被指控没有履行监理职责，对不符合安全要求的模板支架施工没有给予制止。

4. 事故教训

事故发生后，国务院领导做出重要指示，要求有关方面全力抢救伤员，查明事故原因，并且举一反三，采取切实有效的措施，防止类似事故发生。北京市立即启动应急预案，开展现场救援和处置工作。各地建设行政主管部门要认真贯彻落实国务院领导指示精神，汲取此次重大事故的教训，结合本地区实际做好以下工作：切实加大预防模板坍塌等事故的措施力度；进一步落实工程监理企业的安全监理责任；严格实施安全生产行政许可制度；制定和完善应急救援预案，定期进行演练；有针对性地做好当前有关建筑安全生产工作。

特别提示

模板安装完工后，在绑扎钢筋、灌注混凝土及养护等过程中，必须有专职人员进行安全检查，若发现问题，应立即整改。遇有险情，应立即停工并采取应急措施，修复或排除险情后，方可恢复施工。对模板工程的安全检查内容通常包括：模板的整体结构是否稳定；各部位的结合及支承着力点是否有脱开和滑动等情况；连接件及钢管支撑的机件是否有松动、滑丝、崩裂、位移等情况；灌注混凝土时，钢模板是否有倾斜、弯曲、局部鼓胀及裂缝漏浆等情况；模板支承部位是否坚固，地基是否有积水或下沉；其他工种作业时，是否有违反模板工程的安全规定，是否有损模板工程的安全使用；施工中突遇大风、大雨等恶劣气候时，模板及其支架的安全状况是否存在安全隐患；等等。

【建筑施工扣件式钢管脚手架安全技术规范（JGJ 130—2011）】

【建筑施工门式钢管脚手架安全技术规范（JGJ 128—2010）】

5.1.2 脚手架工程安全措施

1. 严格执行脚手架搭设与拆除的安全操作规程

1）脚手架作业层防护要求

（1）脚手板。脚手架作业层应满铺脚手板，板与板之间紧靠，离开墙面120～150mm；当作业层脚手板与建筑物之间缝隙大于150mm时，应采取防护措施。脚手板一般应至少两层，上层为作业层，下层为防护层。只设一层脚手板时，应在脚手板下设随层兜网。自顶层作业层的脚手板向下宜每隔12m满铺一层脚手板。

（2）防护栏杆和挡脚板。均应搭设在外立杆内侧，上栏杆上皮高度应为1.2m，挡脚板高度为180mm，中栏杆应居中设置。

（3）密目网与兜网。脚手架外排立杆内侧，要采用密目式安全网进行全封闭。密目网必须用符合要求的系绳，将网周边每隔450mm系牢在脚手架钢管上。建筑物首层要设置兜网，向上每隔3层设置一道，作业层下设随层网。兜网要采用符合质量要求的平网，并用系绳系牢，不可留有漏洞。密目网和兜网破损严重时，不得使用。

2）连墙件的设置要求

连墙件的布置间距除满足计算要求外，还应不大于最大间距；连墙件宜靠近主节点设置，偏离主节点的距离应不大于300mm；应从底层第一步纵向水平杆开始设置，否则应采用其他可靠措施固定；宜优先采用菱形布置，也可采用方形、矩形布置；一字形、开口型脚手架的两端必须设置连墙件，连墙件的垂直间距应不大于建筑物的层高，并应不大于4m；高度24m以下的单、双排架宜采用刚性连墙件与建筑物可靠连接，也可采用拉筋和顶撑配合使用的附墙连接方式，严禁使用仅有拉筋的柔性连墙件；高度24m以上的双排架必须采用刚性连墙件与建筑物可靠连接；连墙件中的连墙杆或拉筋宜水平设置，当不能水平设置时，与脚手架连接的一端应下斜连接，不应采用上斜连接。

【脚手架安全事故案例】

3）剪刀撑的设置要求

每组剪刀撑跨越立杆根数为5～7根；对于高度在24m以下的单、双排脚手架，必须在外侧立面的两端各设置一组剪刀撑，由底部到顶部随脚手架的搭设连续设置；对于高度在24m以上的双排架，在外侧立面必须沿长度和高度连续设置剪刀撑；剪刀撑斜杆应与立杆和伸出的横向水平杆进行连接；剪刀撑斜杆的接长均采用搭接。

4）横向水平杆的设置要求

主节点处必须设置一根横向水平杆，用直角扣件扣接且严禁拆除；作业层上非主节点处的横向水平杆，宜根据支承脚手板的需要等间距设置，最大间距应不大于纵距的1/2；使用钢脚手板、木脚手板、竹串片脚手板时，双排架的横向水平杆两端均应采用直角扣件，固定在纵向水平杆上。

5）脚手架的拆除要求

拆除前的准备工作：全面检查脚手架的扣件连接、连墙件、支撑体系是否符合构造要求；根据检查结果补充完善施工方案中的拆除顺序和措施，经主管部门批准后实施；由工程施工负责人进行拆除安全技术交底；清除脚手架上的杂物及地面障碍物。拆除时应做到：拆除作业必须由上而下逐层进行，严禁上下同时作业；连墙件必须随脚手架逐层拆除，严禁先将连墙件整层或数层拆除后再拆脚手架，分段拆除高差应不大于两步，如大于两步应增设连墙件加固；当脚手架拆至下部最后一根长立杆的高度时，应先在适当位置搭设临时抛撑加固后，再拆除连墙件；当脚手架分段、分立面拆除时，对不拆除的脚手架两端，应按照规范要求设置连墙件和横向斜撑加固；各构配件严禁抛掷至地面。

2. 加强脚手架构配件材质的检查，按规定进行检验、检测

多年来，由于种种原因，大量不合格的安全防护用具及建筑构配件流入施工现场。因安全防护用具及构配件不合格而造成的伤亡事故占有很大比例。因此，施工企业必须从进货的关口把住产品质量关，保证进入施工现场的产品必须是安全、有效的合格产品，同时在使用过程中，还要按规定进行检验、检测，达不到安全防护要求的用具及构配件不得继续使用。

3. 认真做好脚手架使用中的安全检查

脚手架使用中，应定期检查下列项目：杆件的设置和连接，连墙件、支撑、门洞桁架等的构造是否符合要求；地基是否积水，底座是否松动，立杆是否悬空；扣件螺栓是否松动；立杆的沉降与垂直度的偏差是否符合规范规定；安全防护措施是否符合要求；是否超载。

以上所述是预防脚手架方面安全事故的几条基本的措施。在建筑施工过程中，每个施工项目还应根据工程的特点，拟订切合实际的预防安全事故的具体措施。

特别提示

脚手架搭设应有专项施工方案，搭设完毕应进行验收、安全交底后才能使用。这方面的教训极其深刻。例如，2010 年 1 月 12 日，贵州省福泉市利森水泥厂一处工地脚手架突然倒塌，造成 8 死 2 伤，事故现场如图 5.9 所示。

图 5.9　脚手架倒塌事故现场

5.2 钢筋工程

特别提示

钢筋是钢筋混凝土结构或构件中的主要组成部分，所使用的钢筋是否符合材料标准，配筋量是否符合设计规定，钢筋的位置是否准确等，都直接影响着建筑物的安全。国内外的许多重大工程质量事故的重要原因之一，就是钢筋工程的质量低劣。

钢筋工程常见的质量事故主要有：钢筋材质不良，达不到质量标准或设计要求；配筋不足；钢筋错位偏差严重；因钢筋加工、运输、安装不当等造成的钢筋裂纹、脆断和锈蚀等。

5.2.1 钢筋材质不良

钢筋材质不良的主要表现有：钢筋屈服点和极限强度达不到国家标准的规定；钢筋裂纹、脆断；钢筋焊接性能不良；钢筋拉伸试验的伸长率达不到国家标准的规定；钢筋冷弯试验不合格；钢筋的化学成分不符合国家标准的规定。

其中最主要的原因就是劣质钢筋被使用到建筑工程中。针对此情况，《混凝土结构工程施工质量验收规范》(GB 50204—2015)严格规定如下。

(1) 钢筋进场时，应按现行国家标准《钢筋混凝土用钢 第2部分：热轧带肋钢筋》(GB/T 1499.2—2018)、《钢筋混凝土用 第1部分热轧光圆钢筋》(GB/T 1499.1—2017)和《钢筋混凝土用余热处理钢筋》(GB 13014—2013)的规定抽取试件做力学性能检验，其质量必须符合有关标准的规定。

【钢筋的检验】

(2) 对有抗震设防要求的框架结构，其纵向受力钢筋的强度应满足设计要求；当设计无具体要求时，对一、二级抗震等级，检验所得的强度实测值应符合下列规定：钢筋的抗拉强度实测值与屈服强度实测值的比值应不小于1.25；钢筋的屈服强度实测值与强度标准值的比值应不大于1.3。

(3) 当发现钢筋有脆断、焊接性能不良或力学性能显著不正常等现象时，应对该批钢筋进行化学成分检验或其他专项检查。

在《混凝土结构设计规范》(GB 50010—2010)中对钢筋材料的选用也做了具体的规定。

(1) 普通钢筋宜采用HRB 400级钢筋，也可采用HPB 300级和RRB 400级钢筋。其中，HRB 400级钢筋即通常所讲的新Ⅲ级钢筋，与旧Ⅲ级钢筋相比，解决了Ⅲ级钢筋的可焊性问题，HRB 400级钢筋焊接性能良好，凡能焊接HRB 335级钢筋的熟练焊工均能进行这种钢筋的焊接。按照GB 1499.2—2018的规定：HRB 400级钢筋的屈服强度为400N/mm^2，抗拉强度为540N/mm^2，伸长率δ_5为14%，冷弯90°弯心直径D为$3d$，外形为月牙肋。

(2) 预应力钢筋宜采用预应力钢绞线、钢丝，也可采用热处理钢筋。

应用案例5-4

钢筋脆断事故

四川省某单层厂房建筑面积为12 000m^2，屋盖主要承重构件为12m跨的薄腹梁，梁高1 300mm，主筋为5Φ25，其中两根为“元宝”钢筋。

为了确定钢筋材质是否有问题，首先检查了钢筋进场的材质证明和使用前的施工检验报告。在钢筋脆断后，又重新取样检验，最后还对两根断下的钢筋做拉伸试验，前后共做了6次拉伸与冷弯试验，其结果全部符合Ⅱ级钢筋的标准。尤其需要指出的是延伸率达到22.5%～36%，超过标准值的16%以上，有83%试件的屈服强度大于400N/mm^2(标准值340N/mm^2)，92%试件的极限强度大于600N/mm^2(标准值340N/mm^2)。此外，还对断下的钢筋，以其制作时的弯心直径60mm做冷弯检验，试件均无裂缝。综上所述，这批钢筋的物理力学性能全部达到和超过了规范的规定。钢筋脆断后，对化学成分提出怀疑，因而做了化学分析，结果表明：试件2完全符合要求，试件1的P、S含量符合要求，C、Si、Mn含量均超出或略高于标准的规定，这与钢筋强度较高有一定关系，其中C超过了0.01%等因素不可能造成钢筋脆断。综上所述，钢筋脆断的主要原因不是材质问题，而是由于撞击、摔打造成的，钢筋弯曲时弯心太小，也带来了不利的影响。

5.2.2 配筋不足

为了承受各种荷载，混凝土结构或构件中必须配置足够量的受力钢筋和构造钢筋。施工中，常因各种原因造成配筋品种、规格、数量及配置方法等不符合设计或规范的规定，从而给工程的结构安全和正常使用留下隐患。常见的配筋不足事故主要是受力钢筋配筋不足和构造钢筋配筋不足。

造成配筋不足的原因主要是设计和施工两方面。

1. 设计方面

(1) 设计计算错误。例如，荷载取值不当，没有考虑最不利的荷载组合，计算简图选择不正确，内力计算错误，以及配筋量计算错误等。

(2) 构造配筋不符合要求。例如，违反钢筋混凝土结构设计规范有关构造配筋的规定，造成必要的构造钢筋缺失或数量不足。

(3) 其他诸如设计中主筋过早切断，钢筋连接或锚固不符合要求等问题。

2. 施工方面

(1) 配料错误。例如，常见的看错图纸、配料计算错误、配料单制定错误等。

(2) 钢筋安装错误。不按施工图纸安装钢筋，造成漏筋、少筋。

(3) 偷工减料。施工中少配、少安钢筋，或使用劣质钢筋。

钢筋混凝土构件或结构配筋不足会造成混凝土开裂严重、混凝土压碎、结构或构件垮塌、构件或结构刚度下降等质量事故。

特别提示

板、次梁、主梁相交节点处的钢筋纵横交叉，重叠密集，常因安装施工误差或钢筋高出板面而露筋，在节点处产生裂缝。其原因如下。

(1) 设计图中无节点处的钢筋排列详图，或施工单位钢筋翻样没有明确规定交叉节点处钢筋的排列方法。该处钢筋密集，安装绑扎困难，致使重叠排列有误差，节点处的钢筋已超出现浇板的板面而露筋。

(2) 梁、板钢筋的位置不符合设计和规范规定，造成有的梁负弯矩受力，钢筋下沉，降低承载力而裂缝。

(3) 技术交底不明确，操作技术素质差，缺乏钢筋安装经验。

应用案例 5-5

某电子有限公司食堂宿舍楼建筑面积 6 600m^2，4 层。此建筑上部为现浇钢筋混凝土框架结构，砖砌空斗填充墙，下部采用天然地基，钢筋混凝土独立柱基础坐落在南北不同的天然地基上，无基础梁相互联系。进深三跨布置，长度为 10 开间，每个开间为 6m。柱网平面布置如图 5.10 所示。南北向边跨柱网为 6m×9.5m，中间柱网为 6m×8.5m，总长度为 65m，宽度为 27.5m。底层是大空间的食堂，层高 4.5m，2～4 层为员工宿舍，层高为 4m，总高度为 16.5m。

该工程竣工一年多后，某一天突然倒塌，4 层框架一塌到底，造成 32 人死亡，78 人受伤。据了解，在倒塌前就已发现该楼有明显的倾斜(向南倾斜)，墙体、梁、柱多处发现裂缝，特别是通向附属房的过道连梁有明显的拉裂现象，但一直没有引起重视。

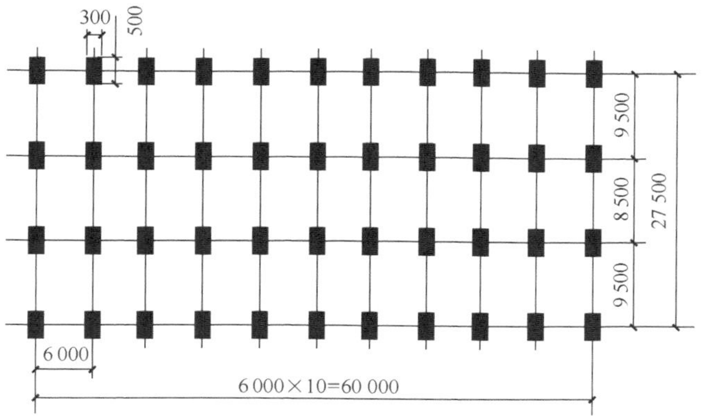

图 5.10　柱网平面布置

原因分析如下。

(1) 设计计算严重错误。除了地基超载受力是造成房屋倒塌的主要因素之外，该房屋的上部结构计算和配筋严重不足是造成倒塌的另一重要原因。

通过对倒塌后现场的柱、梁配筋实测，列表模拟计算的结果见表 5-1 和表 5-2。

表 5-1　各层柱配筋结果表

部位 \ 项目		需要配筋/cm^2		实际配筋/cm^2		实际与需要之比	
		A_y(纵向)	A_x(横向)	A_y(纵向)	A_x(横向)	A_y(纵向)	A_x(横向)
南北向边柱	一层	22	25	7.1	5.09	32.3%	20.4%
	二层	18	10	7.1	5.09	39.4%	50.9%
	三层	10	4	7.1	5.09	71%	满足
	四层	18	5	7.1	5.09	39.4%	满足
中柱	一层	43	48	9.42	6.28	21.9%	13.1%
	二层	28	32	9.42	6.28	33.6%	19.6%
	三层	14	16	9.42	6.28	67.3%	39.3%
	四层	3	3	9.42	6.28	满足	满足

表 5-2　梁配筋结果表

部位 \ 项目	实际配筋/cm^2	需要配筋/cm^2				实际与需要之比			
		一层	二层	三层	四层	一层	二层	三层	四层
边跨跨中	15.3(6⌀8)	21	20	19	31	72.9%	76.5%	80.5%	49.4%
边支座	40.2(2⌀16)	12	13	14	9	33.5%	31%	20.8%	44.7%
中间支座	14.73(3⌀25)	27	26	25	25	54.5%	55.6%	58.9%	58.9%
中间跨跨中	15.3(6⌀18)	18	19	20	9	85%	80.5%	76.5%	满足

从模拟计算结果来看，柱、框架梁等主要受力构件的设计均不符合设计规范的要求，特别是一层柱的配筋，中柱纵横向（A_y、A_x）实际配筋分别只达到需要配筋的21.9%和13.1%；边柱纵横向（A_y、A_x）实际配筋分别只达到需要配筋的32.3%和20.4%，属于严重不安全的上部结构。

从倒塌现场实测情况来看，其结构构件尺寸、构造措施、锚固和支承长度均不符合有关规范的要求。

(2) 施工中偷工减料，工程质量失控。

从倒塌现场实测情况来看，结构上所用的钢筋大量为改制材，现场截取了Φ6、Φ10、Φ12、Φ14、Φ16、Φ18、Φ20、Φ25这8种规格钢材进行力学试验，除Φ10规格符合要求，其余均不符合规定要求；结构构造、锚固、支承长度也都不符合规范要求；大量的拉结筋、箍筋没有设置，这些都进一步降低了建筑物的刚度和延性，致使上部结构更趋于不安全。

5.2.3 钢筋错位偏差严重

钢筋在构件中的位置偏差是钢筋工程施工中常见的质量事故之一，如果钢筋在构件中的位置偏差在规范允许的范围内，不会对结构或构件带来多大的影响，但是，如果钢筋在构件中的位置偏差超过规范所规定的要求，甚至偏差严重，就会引起结构或构件的刚度、承载力下降，混凝土开裂，甚至引起结构或构件的倒塌。例如，常见的悬挑阳台板、雨篷板的钢筋网错放在板的下部时，结构就可能发生倒塌。

常见的钢筋错位偏差事故有：梁、板的负弯矩配筋下移错位或错放至下部；梁、柱主筋的保护层厚度偏差；钢筋间距偏差过大；箍筋间距偏差过大；等等。

造成钢筋错位偏差的主要原因如下。

(1) 随意改变设计。常见的有两类：一是不按施工图施工，把钢筋位置放错；二是乱改建筑的设计或结构构造，导致原有的钢筋安装固定有困难。

(2) 施工工艺不当。例如，主筋保护层不设专用垫块，钢筋网或骨架的安装固定不牢固，混凝土浇筑方案不当，操作人员任意踩踏钢筋等原因均可能造成钢筋错位。

应用案例5-6

某住宅阳台倒塌事故

某住宅建筑面积为603m²，为3层混合结构，2、3层均有4个外挑阳台。在用户入住后，3层的一个阳台突然倒塌。

从倒塌现场可见，混凝土阳台板折断（钢筋未断）后，紧贴外墙面挂在圈梁上，阳台栏板已全部坠落至地面。住户迁入后，曾反映阳台栏板与墙连接处有裂缝，但无人检查处理。倒塌前几天，因裂缝加大，再次提出此问题，施工单位仅派人用水泥对裂缝做表面封闭处理。倒塌后，验算阳台结构设计，未发现问题。混凝土强度、钢筋规格、数量和材质均满足设计要求，但钢筋间距很不均匀，阳台板的主筋错位严重，从板断口处可见主筋位于板底面附近。阳台结构断面及实测钢筋骨架位置如图5.11所示。

阳台栏板锚固：阳台栏板压顶混凝土与墙或构造柱的锚固钢筋，原设计为2Φ12，实

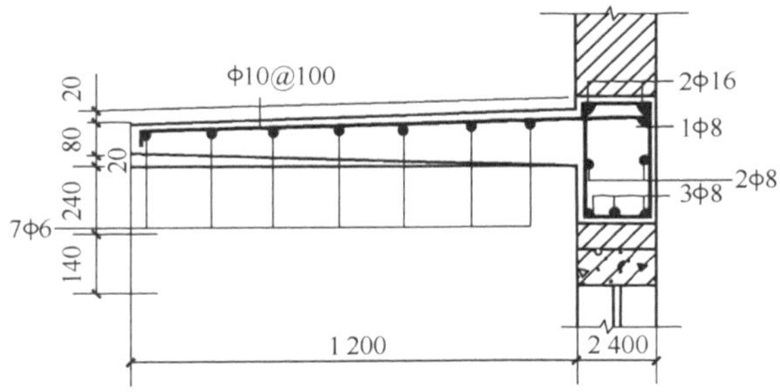

图 5.11 阳台结构断面及实测钢筋骨架位置

际为 3 ф8，但锚固长度仅 40～50mm，锚固钢筋末端无弯钩。

原因分析如下。

(1) 乱改设计。与阳台板连接的圈梁的高度原设计为 360mm，施工时，取消阳台门上的过梁和砖，把圈梁高改为 500mm，但是钢筋未做修改且无固定钢筋位置的措施，因此，梁中钢筋位置下落，从而造成根部(固定端处)主筋位置下移，最大达 85mm。

(2) 违反工程验收有关规定。未对钢筋工程做认真检查，却办理了隐蔽工程验收记录。

(3) 发现问题不及时处理。阳台倒塌前几个月就已发现栏板与墙连接处等出现裂缝，住户也多次反映此问题，都没有引起重视，既不认真分析原因，又不采取适当措施，最终导致阳台突然倒塌。

应用案例 5 - 7

某工程框架柱基础配筋搞错方向事故

某工程框架柱断面为 300mm×500mm，弯矩作用主要沿长边方向，设计在短边两侧各配筋5 ф25，如图 5.12(a)所示。在基础施工时，工人误认为长边应多放钢筋，将两排 5 ф25的钢筋放置在长边，而两短边只有 3 ф25，不满足受力需要，如图 5.12(b)所示。基础浇筑完毕，混凝土达到一定强度后绑扎柱子钢筋，发现基础钢筋与柱子钢筋对不上，这时才发现搞错了，必须采取补救措施。经研究，处理方法如下。

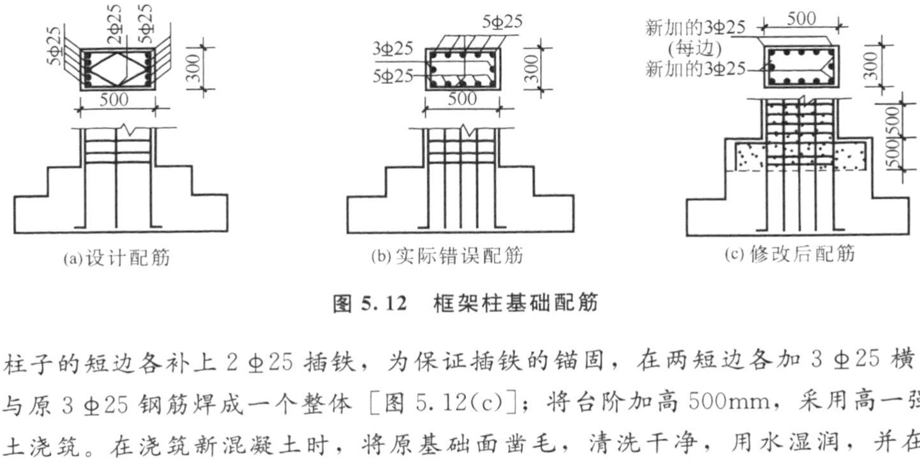

图 5.12 框架柱基础配筋

在柱子的短边各补上 2 ф25 插铁，为保证插铁的锚固，在两短边各加 3 ф25 横向钢筋，将插铁与原 3 ф25 钢筋焊成一个整体［图 5.12(c)］；将台阶加高 500mm，采用高一强度等级的混凝土浇筑。在浇筑新混凝土时，将原基础面凿毛，清洗干净，用水湿润，并在新台阶的面层加铺ϕ6@200钢筋网一层；原设计柱底钢箍加密区为300mm，现增加至500mm。

特别提示

悬挑构件在嵌固支座处受负弯矩，即上面受拉，下面受压，与简支梁结构的受力情况刚好相反。悬挑结构的受力钢筋应在上面，而个别施工人员不懂结构，错将受力主筋倒放，造成事故。例如，某宿舍工程为4层砖混结构，通廊阳台。挑梁外挑1.3m，施工中错将挑梁钢筋放反，拆模时4根挑梁全部折断而塌落。

对悬挑构件的钢筋工程，都要逐一进行检查：一查钢筋级别，二量直径，三核对根数，四查确保钢筋位置不下沉的技术措施是否可靠。铺设操作平台，严禁重物压或操作工人踩踏钢筋，要设专人负责看管纠正钢筋位置。混凝土强度等级必须满足设计要求，并加强湿养护不少于7d。混凝土强度没有达到拆模规定时，不准提前拆模。拆模前要检查嵌固端上部的砖墙、楼板是否满足抗倾覆的荷载，确保安全。

5.2.4 钢筋脆断、裂纹和锈蚀

1. 钢筋脆断

造成钢筋脆断的主要原因如下。

(1) 钢材材质不合格或轧制质量不合格。

(2) 运输装卸不当、摔打碰撞，使钢筋承受过大的冲击应力。

(3) 钢筋制作加工工艺不当。

(4) 焊接工艺不良造成钢筋脆断。

2. 钢筋裂纹

钢筋产生的裂纹主要有纵向裂纹和成形弯曲裂纹。

(1) 造成钢筋纵向裂纹的主要原因是钢材轧制生产工艺不当。

(2) 造成钢筋在成形弯曲处外侧产生横向裂缝的主要原因是钢筋的冷弯性能不良或成形场所温度过低。

3. 钢筋锈蚀

钢筋锈蚀主要是指尚未浇入混凝土内的钢筋锈蚀和混凝土构件内的钢筋锈蚀。

尚未浇入混凝土内的钢筋锈蚀主要有以下3种。

(1) 浮锈。钢筋保管不善或存放过久，就会与空气中的氧起化学作用，在钢筋表面形成氧化铁层。初期，铁锈呈黄色，称为浮锈或色锈。对于钢筋浮锈，除在冷拔或焊接处附近必须清除干净外，一般均不做专门处理。

(2) 粉状或表皮剥落的铁锈。当钢筋表面形成一层氧化铁(呈红褐色)，用锤击，有锈粉或表面剥落的铁锈时，一定要清除干净后，方可使用。

(3) 老锈。钢筋锈蚀严重，其表面已形成颗粒状或片鳞状，这种钢筋不可能与混凝土黏结良好，影响钢筋和混凝土共同作用，这种钢筋不得使用。

混凝土构件内的钢筋锈蚀问题必须认真分析处理。因为构件内的钢筋锈蚀，导致混凝土构件体积膨胀，使混凝土构件表面产生裂缝，由于空气的侵入，更加速了钢筋的锈蚀，形成恶性循环，最终造成混凝土构件保护层剥落、钢筋截面减小、使用性能降低，甚至出现构件安全破坏。

应用案例 5-8

某大厦建筑面积 34 000m^2，主楼 20 层，总建筑高度 77m，采用框架-剪力墙结构，主楼底层层高 5m，2、3 层层高 4.8m，4～10 层层高 3.4m，11～20 层层高 3m。该工程作为高层建筑，竖向钢筋用量较大，直径较粗，同时，为了便于运输，钢筋的生产长度一般在 9m 以内。在比较了焊接质量、生产效率和经济效益等综合指标后，该工程采用了竖向钢筋电渣压力焊。但由于选择的施工队伍素质不高，在焊接过程中操作不当，焊接工艺参数选择不合理，产生了各种各样的质量缺陷。在钢筋工程质量检查中，发现了大量的电渣压力焊钢筋偏心、倾斜、咬边、未溶合、焊包不匀、气孔、烧伤、夹渣、焊包上翻、焊包下流等缺陷(图 5.13)，致使大面积钢筋焊接工程返工。

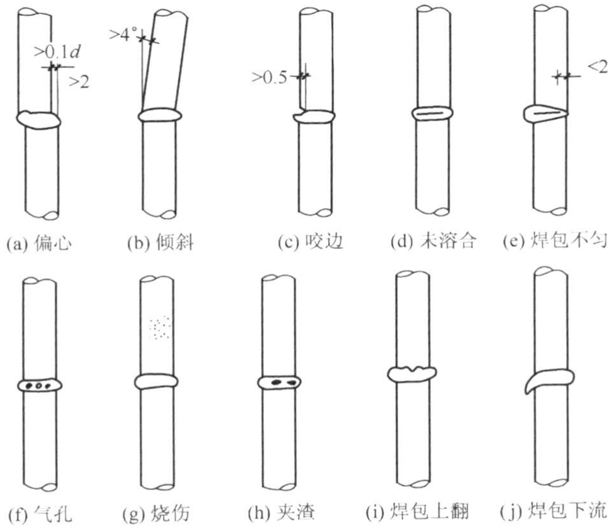

图 5.13　电渣压力焊接头缺陷

部分接头缺陷原因分析如下。

(1) 接头偏心、倾斜。钢筋焊接接头的轴线偏移大于 0.1d(d 为钢筋直径)或超过 2mm 即为偏心，接头弯折角度大于 4°为倾斜。造成偏心和倾斜的主要原因如下。

① 钢筋端部歪扭不直，在夹具中夹持不正或倾斜。

② 由于长期使用，夹具磨损，造成上下不同心。

③ 顶压时用力过大，使上钢筋晃动和移位。

④ 焊后夹具过早放松，接头未冷却，使上钢筋倾斜。

(2) 焊包不匀。现场焊接钢筋焊包不匀的主要原因如下。

① 钢筋端头倾斜过大而熔化量不足，加压时熔化金属在接头四周分布不匀。

② 采用铁丝圈引弧时，铁丝圈安放不正，偏到一边。

(3) 气孔、夹渣。造成气孔和夹渣的主要原因如下。

① 焊剂受潮，焊接过程中产生大量气体渗入溶池。

② 钢筋锈蚀严重或表面不清洁。

③ 通电时间短，上端钢筋在熔化过程中还未形成凸面即进行顶压，熔渣无法排出。

④ 焊接电流过大或过小。

⑤ 焊剂熔化后形成的熔渣黏度大，不易流动。

⑥ 预压力太小。

5.3 混凝土工程

【混凝土工程】

混凝土工程是建筑施工中一个重要的工种工程。无论是工程量、材料用量，还是工程造价所占建筑工程的比例均较大，造成质量事故的可能性也较大。在建筑工程施工中，必须对混凝土结构工程的质量高度重视。

混凝土工程常见的质量事故主要有混凝土强度不足、混凝土裂缝、混凝土表面缺损、结构或构件变形错位等质量事故或质量缺陷。

5.3.1 混凝土强度不足

混凝土强度不足对结构的影响程度较大，可能造成结构或构件的承载能力降低，抗裂性、抗渗性、抗冻性和耐久性的降低，以及结构构件的强度和刚度的下降。

造成混凝土强度不足的主要原因如下。

1. 材料质量

(1) 水泥质量差。

① 水泥实际活性(强度)低。造成水泥活性(强度)低的原因可能如下：一是水泥的出厂质量差；二是水泥保管条件差，或储存时间过长，造成水泥结块，活性降低而影响强度。

② 水泥安定性不合格。其主要原因是水泥熟料中含有过多的游离 Ca^{2+}、Mg^{2+} 离子，有时也可能由于掺入石膏过多。

(2) 骨料(砂、石)质量差。

① 石子强度低。

② 石子体积稳定性差。有些由多孔燧石、页岩、带有膨胀黏土的石灰岩等制成的碎石，在干湿交替或冻融循环作用下，常表现为体积稳定性差，而导致混凝土强度下降。例如，变质粗玄岩，在干湿交替作用下体积变形可达 $6\times10^{-4}m^3$。以这种石子配制的混凝土在干湿条件变化下，可能造成混凝土强度下降。

③ 石子外形与表面状态差。针片状石子含量高(或石子表面光滑)都会影响混凝土的强度。

④ 骨料中(尤其砂)有机质、黏土、三氧化硫等含量高。骨料中的有机质对水泥水化产生不利影响，使混凝土强度下降。

骨料中黏土、粉尘的含量过大，会影响骨料与水泥的黏结，增加用水量，同时黏土颗粒体积不稳定，干缩湿胀，对混凝土有一定的破坏作用。

当骨料中含有硫铁矿或生石膏等硫化物或硫酸盐，且含量较高时，其就可能与水泥的水化物作用，生成硫铝酸钙，产生体积膨胀，导致硬化的混凝土开裂或强度下降。

（3）拌和水质量不合格。

（4）掺用外加剂质量差。

应用案例 5-9

碱-骨料反应破坏混凝土

活性骨料是能与水泥中的碱发生反应的石子。这种反应一般在水泥混凝土硬化后进行。反应主要指石子中的活性二氧化硅(如白云质石灰岩石子等)与水泥中过量的碱发生的化学反应。

用活性石子浇筑的混凝土硬化后，与水泥中过量的碱反应生成碱性硅酸盐或碳酸盐，体积会膨胀，膨胀压力使混凝土破坏、裂纹，产生一个裂纹网。当混凝土总含碱量较高，又使用含有碳酸盐或活性氧化硅成分的粗骨料(如沸石、流纹岩等)时，可能产生碱-骨料反应，即碱性氧化物水解后形成的氢氧化钠与氢氧化钾，它们与活性骨料起化学反应，生成不断吸水、膨胀的凝胶体，造成混凝土开裂和强度降低。据日本的相关资料介绍，在其他条件相同的情况下，碱-骨料反应后混凝土强度仅为正常值的60%左右。

2. 混凝土配合比不当

混凝土配合比是决定混凝土强度的重要因素之一，其中水胶比的大小直接影响混凝土的强度；其他如用水量、砂率、骨灰比等也都会影响混凝土的强度和其他性能，从而造成混凝土强度不足。这些影响因素在施工中表现如下。

（1）随意套用配合比。混凝土配合比是根据工程特点、施工条件和材料的品质，经试配后确定的。但是，目前有些工程却不顾这些特定条件，仅根据混凝土强度等级的指标，或者参照其他工程，或者根据自己的施工经验，随意套用配合比，造成强度不足。

（2）用水量加大。

（3）水泥用量不足。

（4）砂、石计量不准。

（5）用错外加剂。其主要表现在：一是品种用错，在未弄清外加剂属早强、缓凝、减水等性能前，盲目乱掺外加剂，导致混凝土达不到预期的强度；二是掺量不准。

3. 混凝土施工工艺

（1）混凝土拌制不佳。例如，混凝土搅拌时投料顺序颠倒，搅拌时间过短造成拌合物不匀，影响混凝土强度。

（2）运输条件差。例如，没有选择合理的运输工具，在运输过程中混凝土分层离析、漏浆等，均影响混凝土的强度。

（3）混凝土浇筑不当。例如，混凝土自由倾倒高度过高，混凝土入模后振捣不密实等。

（4）模板漏浆严重。

（5）混凝土养护不当。

4. 混凝土试块管理不善

例如，不按规定制作试块，试块模具管理差，试块未经标准养护等。

应用案例 5－10

某热电厂的锅炉基础，浇筑的混凝土养护 28d 后的强度不足设计强度的 32%，属质量事故。

现场调查：该基础混凝土采用现场搅拌，混凝土中掺木质素磺酸钙作减水剂。配合比规定减水剂掺量为水泥质量的 0.3%，搅拌时却错将 $1m^3$ 混凝土中的掺量掺入 1 包水泥中。结果使拌制混凝土的坍落度达到 180mm，混凝土灌注后的结构不匀，浇好后 100h 仍不凝固硬化，以致养护 28d 后的强度不足设计强度的 32%。

处理方法：凿除，重新浇筑合格的混凝土。

5.3.2 混凝土裂缝

混凝土的抗压强度高而抗拉强度很低，并且其极限拉应变很小，因而很容易开裂。混凝土材料来源广阔，成分多样，构成复杂，而且施工工序多，制作工期较长，其中任何一个环节出了差错都可能导致开裂事故。与截面承载力计算相比，混凝土结构裂缝的计算是很粗略的，很多仅靠构造措施来防止裂缝和限制裂缝开展，其中有很多问题还有待深入研究。普通钢筋混凝土结构在使用过程中，出现细微的裂缝是正常的、允许的(如一般构件不超过 0.3mm)。但是，如果出现的裂缝过长、过宽就不允许了，甚至是危险的。许多混凝土结构在发生重大事故之前，往往有裂缝出现并不断发展，应特别注意。本节讨论钢筋混凝土结构或构件产生裂缝的主要原因，有关预防措施可参照施工技术方面的书籍。

混凝土裂缝产生的主要原因有以下几个方面。

(1) 材料方面。例如，水泥的安定性不合格，水泥的水化热引起过大的温差，混凝土拌合物的泌水和沉陷，混凝土配合比不当，外加剂使用不当，砂、石含泥量或其他有害杂质超过规定，骨料中有碱性骨料或已风化的骨料，混凝土干缩等。

(2) 施工方面。例如，外加掺合剂拌和不均匀；搅拌和运输时间过长；泵送混凝土过量增用水泥及加水；浇筑顺序错误；浇筑速度过快；捣固不实；混凝土终凝前钢筋被扰动；保护层太薄，箍筋外只有水泥浆；滑模施工时工艺不当；施工缝处理不当，位置不正确；模板支撑下沉，模板变形过大；模板拼接不严，漏浆、漏水；拆模过早；混凝土硬化前受振动或达到预定强度前过早受载；养护差，早期失水太多；混凝土养护初期受冻；构件运输、吊装或堆放不当等。

(3) 设计方面。例如，设计承载力不足、细部构造处理不当、构件计算简图与实际受力情况不符、局部承压不足、设计中未考虑某些重要的次应力作用等。

(4) 环境和使用方面。例如，环境温度与相对湿度的急剧变化，冻胀、冻融作用，钢筋锈蚀，锚具(锚头)失效，腐蚀性介质作用，使用超载，反复荷载作用引起疲劳，振动作用，地基沉降，高温作用等。

(5) 其他各种原因，如火灾、地震作用、燃气爆炸、撞击作用等。

裂缝产生的原因不同，其表面形态及特征也各异，一些常见的裂缝形态如图 5.14 所示。

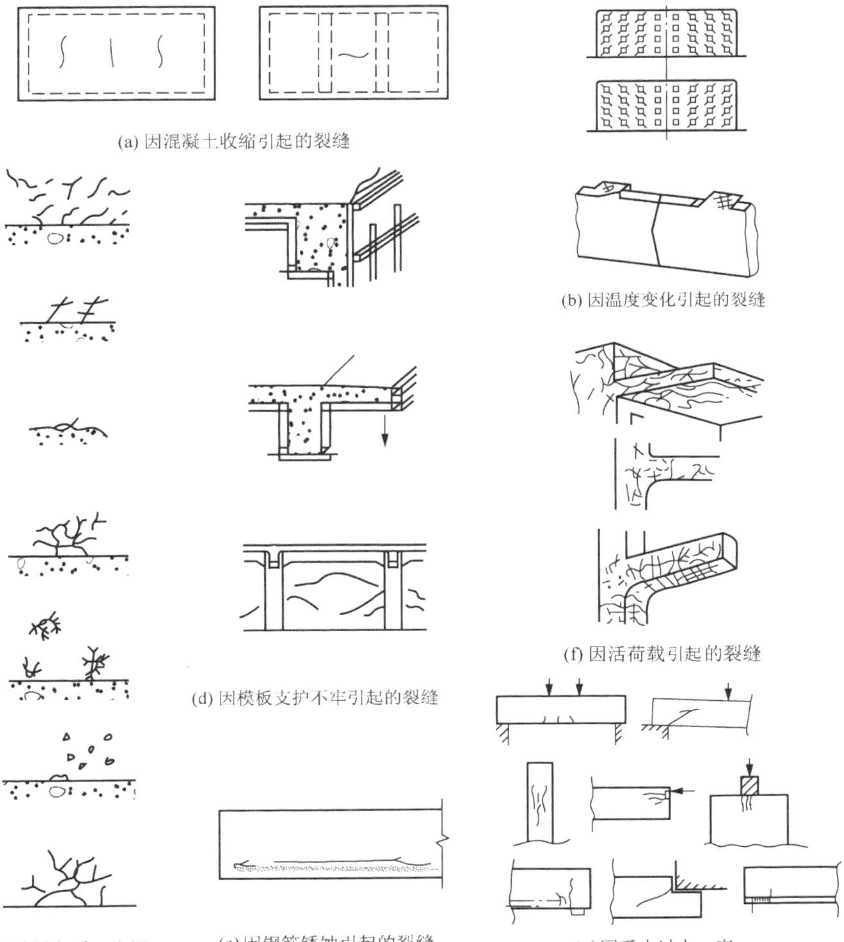

(a) 因混凝土收缩引起的裂缝

(b) 因温度变化引起的裂缝

(c) 因骨料杂质、水泥性能不良等引起的裂缝

(d) 因模板支护不牢引起的裂缝

(e) 因钢筋锈蚀引起的裂缝

(f) 因活荷载引起的裂缝

(g) 因受力过大、应力集中等引起的裂缝

图 5.14　常见的裂缝形态

知识链接 5-1

大体积混凝土的温差裂缝

结构断面最小尺寸在800mm以上，同时水化热引起的混凝土内最高温度与环境气温之差预计超过25℃的混凝土构件，称为大体积混凝土。任何就地浇筑的大体积混凝土施工，要比一般的钢筋混凝土施工复杂得多，经常发现的不是一般的强度问题，而是要解决混凝土中水泥水化热引起的温差应力等特有的施工技术问题。必须采取有效措施解决水化热引起的体积变形问题，以最大限度地减少构件的裂缝。大体积混凝土构件在硬化期间，水泥的水化热较高，加上构件厚度大，内部温度不易散发，当构件外表面随自然气温下降至内外温差大于25℃时，则会在外表产生冷缩应力。当应力大于当时混凝土的抗拉强度时，常产生破坏性较大的贯穿构件的裂缝或深浅不等的裂缝。

应用案例 5－11

某临街建筑的底层为商店，2 层以上为宿舍，7 层现浇框架结构，纵向 5 跨，横向 2 跨，其第 7 层平面图如图 5.15 所示。

进行室内粉刷时，发现顶层纵向框架梁 KJ－7、KJ－8 上共有 15 条裂缝，其位置如图 5.15所示。裂缝分布在次梁 L_1 的两边或一边和 3 400mm 宽的开间中部附近。从室内看，框架梁 KJ—7 局部裂缝情况如图 5.16 所示。

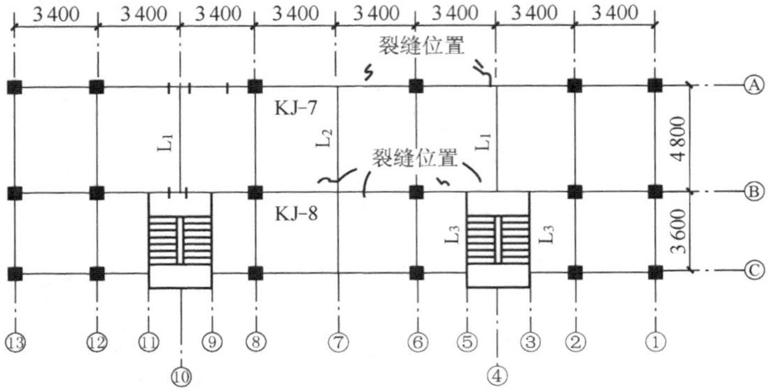

图 5.15　第 7 层平面图

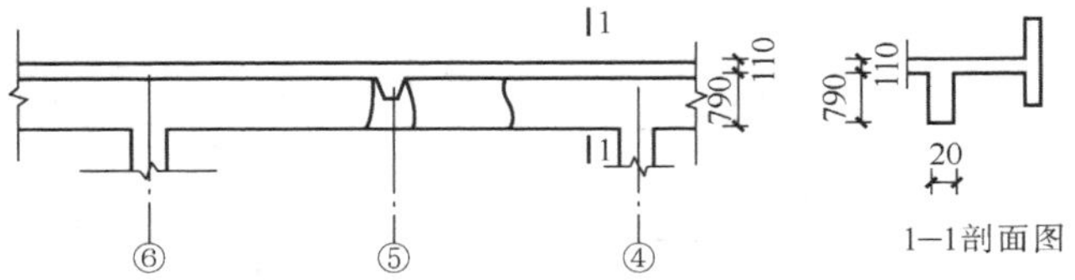

图 5.16　框架梁 KJ－7 局部裂缝情况

裂缝的形状一般是中间宽、两端细，最大裂缝宽度为 0.2mm 左右。

原因分析如下。

(1) 混凝土收缩。从裂缝的分布情况可见框架两端 1～2 个开间没有裂缝，考虑到裂缝的特征是中间宽、两端细，开间中间的裂缝主要是因混凝土收缩而引起的。因为有裂缝的梁是屋顶的大梁，建筑物高度较高，周围空旷，而 KJ－7 大梁的断面形状(图 5.16 中 1—1 剖面图)造成浇水养护困难，施工中又没有采取其他养护措施，致使混凝土的收缩量加大，特别是早期收缩加大。因此，裂缝的数量较多，间距较密，裂缝宽度较小。另外，从大梁断面可以看到上部为强大的翼缘，下部有 3 Φ16 的钢筋，这些都可阻止裂缝朝上下两面开展。

(2) 施工图漏画附加的横向钢筋。该建筑的结构布置图采用两个开间设一个框架，如图 5.15 中的②、⑥、⑧、⑫号轴线，而在④、⑦、⑩号轴线上采用 L_1、L_2 支承楼板和隔墙的质量，L_1、L_2 与纵向框架梁 KJ－7 等连接。检查中发现，L_1、L_2(次梁)与 KJ－7(主梁)连接处的两侧或一侧都有裂缝；而 L_2、L_3(次梁)与 KJ－8(主梁)连接处的两侧均未发现裂缝。查阅施工图纸可见，凡次梁与主梁连接处增设了附加横向钢筋(吊筋、箍筋)的，框架上都无裂缝；反之，没有附加横向钢筋的部位都有裂缝。

5.3.3 混凝土表面缺损

混凝土表层缺损是混凝土结构的常见质量缺陷。在施工或使用过程中产生的表层缺损有蜂窝、麻面、小孔洞、缺棱掉角、露筋、表层酥松等。这些缺损影响观瞻，使人产生不安全感。同时，缺损也影响结构的耐久性，增加维修费用。当然，严重的缺损还会降低结构的承载力，引发事故。

1. 常见的一些混凝土表层缺损的原因分析

(1) 蜂窝。混凝土配合比不合适，砂浆少而石子多；模板不严密，漏浆；振捣不充分，混凝土不密实；混凝土搅拌不均匀，或浇筑过程中有离析现象等，使得混凝土局部出现空隙，石子间无砂浆，形成蜂窝状的小孔洞。

(2) 麻面。模板未湿润，吸水过多；模板拼接不严，缝隙间漏浆；振捣不充分，混凝土中气泡未排尽；模板表面处理不好，拆模时黏结严重，致使部分混凝土面层剥落等，使混凝土表面粗糙，或有许多分散的小凹坑。

(3) 露筋。由于钢筋垫块移位，或者少放或漏放保证混凝土保护层的垫块，使钢筋与模板无间隙；钢筋过密，混凝土浇筑不进去；模板漏浆过多等，致使钢筋主要的外表面没有砂浆包裹而外露。

(4) 缺棱掉角。常由于构件棱角处脱水，与模板黏结过牢，养护不够，强度不足，早期受碰撞等原因引起。

(5) 表层酥松。由于混凝土养护时表面脱水，或在混凝土硬结过程中受冻，或受高温烘烤等原因引起混凝土表层酥松。

2. 裂缝及表层破损的修补方法

对承载力无影响或影响很小的裂缝及表层缺损，可以用修补的方法处理。修补的主要目的是使建筑外观完好，并防止风化、腐蚀、钢筋锈蚀及缺损的进一步发展，以保护构件的核心部分，提高建筑的使用年限和耐久性。常用的修补方法有以下几种。

(1) 抹面层。若混凝土表面只有小的麻面及掉皮，可以用抹纯水泥浆的方法抹平。抹水泥浆前，应用钢丝刷刷去混凝土表面的浮渣，并用压力水冲洗干净。

若混凝土表层有蜂窝、露筋，小的缺棱掉角，不深的表面酥松，表层细微裂缝，则可用抹水泥砂浆的方法修补。抹水泥砂浆之前应做好基层清理工作。对于缺棱掉角，应检查是否还有松动部分，如有，则应轻轻敲掉。对于蜂窝，应把松动部分、酥松部分凿掉，即刮去因冻、因高温、因腐蚀而酥松的表层，然后用压力水冲洗干净，涂上一层纯水泥浆或其他黏结性好的涂料，最后用水泥砂浆填实抹平。修补后要注意湿润养护，以保证修补质量。

(2) 填缝法。对于数量少但较宽大的裂缝(宽度大于0.5mm) 或因钢筋锈胀使混凝土顺筋剥落而形成的裂缝可用填缝法。常用的填缝材料有环氧树脂、环氧砂浆、聚合物水泥砂浆、水泥砂浆等。填充前，将沿缝凿宽成槽，槽的形状有V形、U形及梯形等，如图5.17所示。若防渗漏要求高，可加一层防水油膏。对锈胀缝，应凿到露出钢筋，去锈干净，先涂上防锈涂料。为了增加填充料和混凝土界面间的黏结力，填缝前可在槽面涂上一层环氧树脂浆液，以环氧树脂为主体的各种修补剂的配合比可参考有关书籍。

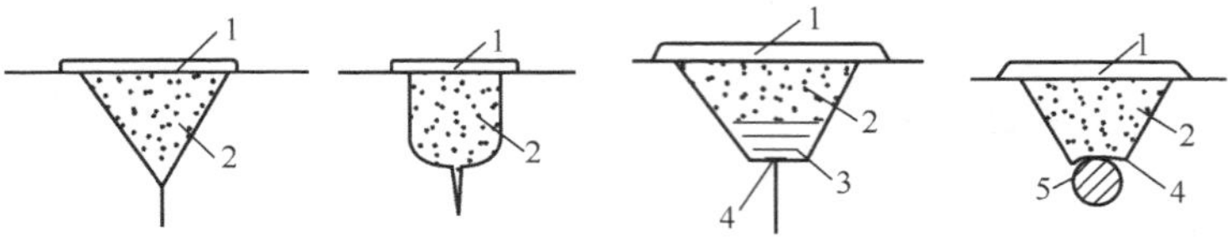

图 5.17　槽的形状

1—环氧涂料；2—环氧砂浆(或聚合物砂浆等)；3—防水油膏；4—水泥砂浆；5—防锈涂料

(3) 灌浆法。灌浆法是把各种封缝浆液(树脂浆液、水泥浆液或聚合物水泥浆液)用压力方法注入裂缝深部，使构件的整体性、耐久性及防水性得到加强和提高。这种方法适用于裂缝宽度大于0.3mm、深度较深的裂缝修补，压力灌浆的浆液要求可灌性好、黏结力强。细缝常用树脂类浆液，对缝宽大于2mm的裂缝，也可用水泥类浆液。

还有其他的修补方法，如孔洞较大时，可用小豆石混凝土填实。对表面积较大的混凝土表面缺损，可用喷射混凝土等方法。

知识链接 5－2

某市某中学的实验楼为四层框架结构，发现框架梁距离边柱1 000mm左右处产生斜裂缝，其中最大裂缝宽度达到8mm，属结构质量事故的危险房屋。

现场调查：该建筑为现浇钢筋混凝土框架结构，设计混凝土强度等级为C20。钢筋的出厂质量保证书复试合格，水泥为矿渣425号水泥，无复试报告；黄砂、石子无资料可查，从混凝土的检查和目测情况来看，砂、石中含泥量较大。混凝土为现场搅拌，无施工配合比。现场介绍说每天计量一次，其余都是用手推翻斗车的体积来计算用料；用水量无标准，由机操工来掌握；混凝土试块抗压强度全部达到C20以上。没有查到甲、乙双方抽样制作的试块强度。经市建筑科研所钻芯取样复试，梁的混凝土实际抗压强度平均值不足C10。

原因分析：①该工程的施工管理混乱，对工程结构质量不重视，如对混凝土的组成材料质量无控制措施，盲目采购廉价低劣的砂、石，含泥量大大超过标准。混凝土搅拌不重视配合比和计量。同时在试块制作方面弄虚作假，即现场制作的假试块抗压强度全部合格，且波动不大，基本为C20～C21。②从现场钻芯取的实样试块的抗压强度低于试样的50%。在制作试块上弄虚作假、蒙骗过关的错误做法，是造成该工程结构质量低劣、新房成危房的主要原因。

5.3.4　结构或构件变形错位

混凝土结构或构件变形错位主要是指：构件如梁、柱、板等的平面位置偏差太大；建筑物整体错位或方向错误；构件竖向位置偏差太大；构件变形过大；建筑物整体变形；等等。

造成混凝土结构或构件变形错位的主要原因归纳如下。

(1) 读错图纸。常见的如将柱、墙中心线与轴线位置混淆；主楼与裙楼的标高弄错位；不注意设计图纸标明的特殊方向。

(2) 测量标志错位。如控制桩设置不牢固，施工中被碰撞、碾压而错位。

(3) 测量放线错误。如常见的读错尺寸和计算错误。

(4) 施工顺序及施工工艺不当。例如，单层工业厂房中吊装柱后先砌墙，再吊装屋架、屋面板等，而造成柱、墙倾斜；在吊装柱或吊车梁的过程中，未经校正即最后固定；等等。

(5) 施工质量差。如构件尺寸、形状误差大，预埋件错位、变形严重，预制构件吊装就位偏差大，模板支撑刚度不足等。

(6) 地基的不均匀沉降。如地基基础的不均匀沉降引起柱、墙倾斜，吊车轨顶标高不平等。

应用案例 5-12

湖北省某车间为单层装配式厂房，上部结构的施工顺序为：首先吊装柱，然后砌筑墙，最后吊装屋盖。在屋盖吊装过程中出现柱顶预埋螺栓与屋架的预埋铁件位置不吻合。经检查，发现车间边排柱普遍向外倾斜，柱顶向外移位40～60mm，最大达120mm。

其原因分析如下。

(1) 施工顺序错误。屋盖尚未安装前，边排柱只是一个独立构件，并未形成排架结构，这时在柱外侧砌370mm厚的砖墙，高10多米。该墙荷重通过地梁传递到独立柱基础，使基础承受较大的偏心荷载，引起地基不均匀下沉，导致柱身向外倾斜。

(2) 柱基坑没有及时回填土，直至检查时发现基坑内还有积水。地基长期泡水后承载能力下降，加大了柱基础的不均匀沉降。

5.4 预应力混凝土工程

预应力混凝土是近几十年发展起来的一门新技术。我国从1956年开始采用预应力混凝土结构。近年来，随着预应力混凝土结构设计理论和施工设备与工艺的不断发展和完善，高强度、高性能材料的不断改进，预应力混凝土得以进一步推广与应用。但在施工过程中，如果施工不当，也可能造成质量事故。

预应力混凝土工程常见的质量事故有预应力筋及锚夹具质量事故、构件制作质量事故、预应力钢筋张拉和放张质量事故和预应力构件裂缝变形质量事故。

5.4.1 预应力筋及锚夹具质量事故

常用作预应力筋的钢材有冷拉钢筋、热处理钢筋、低碳冷拔钢丝、碳素钢丝和钢绞线等。与之相配套使用的锚夹具有螺丝端杆锚具、钢丝(筋)束镦头锚具、JM型锚具、XM型锚具、QM型锚具、钢质锥形锚具等。

预应力筋常见质量事故特征及主要原因见表5-3。预应力筋用锚夹具常见质量事故特征及主要原因见表5-4。

表 5－3　预应力筋常见质量事故特征及主要原因

序号	质量事故特征	主要原因
1	强度不足	① 出厂检验差错； ② 钢筋(丝)与材质证明不符； ③ 材质不均匀
2	钢筋冷弯性能不良	① 钢筋化学成分不符合标准规定； ② 钢筋轧制中存在缺陷，如裂缝、结疤、折叠等
3	冷拉钢筋的伸长率不合格	① 钢筋原材料含碳量过高； ② 冷拉参数失控
4	钢筋锈蚀	① 运输方式不当； ② 仓库保管不良； ③ 存放期过长； ④ 仓库环境潮湿
5	钢丝表面损伤	① 钢丝调直机上、下压辊的间隙太小； ② 调直模安装不当
6	下料长度不准	① 下料计算错误； ② 量值不准
7	钢筋(丝)镦头不合格，如镦头偏歪、镦头不圆整、镦头裂缝、颈部母材被严重损伤等	① 镦头设备不良； ② 操作工艺不当； ③ 钢筋(丝)端头不平，切断时出现斜面
8	穿筋时发生交叉，导致锚固端处理困难，如定位不准确或锚固后引起滑脱	① 钢丝未调直； ② 穿筋时遇到阻碍，导致钢丝改变方向

表 5－4　预应力筋用锚夹具质量事故特征及主要原因

序号	锚夹具	质量事故特征	主要原因
1	螺丝端杆锚具	端杆断裂	① 材质内有夹渣； ② 局部受损伤； ③ 机加工的螺纹内夹角尖锐； ④ 热处理不当，材质变脆； ⑤ 端杆受偏心拉力、冲击荷载作用，产生断裂
		端杆变形	① 端杆强度低(端杆钢号低或热处理效果差)； ② 冷拉或张拉应力高
2	钢丝（筋）束镦头锚具	钢丝(筋)镦头强度低	① 镦粗工艺不当，如镦头歪斜、墩头压力过大等； ② 锚环硬度过低，使墩头受力状态不正常，偏心受拉
		锚环断裂	① 热处理后硬度过高，材质变脆； ② 垫板不正，锚环偏心受拉等

续表

序号	锚夹具	质量事故特征	主要原因
3	JM 型锚具 XM 型锚具 QM 型锚具	钢筋(绞线)滑脱	① 锚具加工精度差； ② 夹片硬度低； ③ 操作不当； ④ 锚环孔的锥度与夹片的锥度不一致
		内缩量大	① 顶压过程中，当夹片推入锚环时，因夹片螺纹与钢筋螺纹相扣，使钢筋也随之移动； ② 夹片与钢筋接触不良或配合不好，引起钢筋滑移
		夹片碎裂	① 夹片热处理不均匀或热处理硬度太高； ② 夹片与锚环锥度不符； ③ 张拉吨位太大
4	钢质锥形锚具	滑丝	① 锚具由锚环和锚塞组成，借助于摩阻效应将多根钢丝锚固在锚环与锚塞之间； ② 钢丝本身硬度、强度很高，如锚具加工精度差，热处理不当，钢丝直径偏差过大，应力不均等
		锚具滑脱	锚环强度低，锚固时使锚环内孔扩大

5.4.2 构件制作质量事故

预应力混凝土构件的施工方法主要有先张法、后张法、无黏结后张法等。其构件制作质量事故特征及主要原因见表 5－5。

表 5－5 构件制作质量事故特征及主要原因

序号	质量事故特征	主要原因
1	先张钢丝滑动	放松预应力钢丝时，钢丝与混凝土之间的黏结力遭到破坏，钢丝向构件内回缩
2	先张构件翘曲	① 台面或钢模板不平整，预应力筋位置不正确，保护层不一致，以及混凝土质量低劣等，使预应力筋对构件施加偏心荷载； ② 各根预应力筋所建立的张拉应力不一致，放张后对构件产生偏心荷载
3	先张构件刚度差	① 台座或钢模板受张拉力变形大，导致预应力损失过大； ② 构件的混凝土强度低于设计强度； ③ 张拉力不足，使构件建立的预应力低； ④ 台座过长，预应力筋的摩阻损失大
4	后张孔道塌陷、堵塞	① 抽芯过早，混凝土尚未凝固，使用胶管抽芯时不仅塌孔，甚至拉断； ② 孔壁受外力或振动的影响； ③ 抽芯过晚，尤其使用钢管时往往抽不出来； ④ 芯管表面不平整、光洁； ⑤ 使用波纹管预留孔道的工艺，而波纹管接口处和灌浆排气管与波纹管的连接措施不当

【先张法】

【JM12 锚具】

【后张法工艺】

续表

序号	质量事故特征	主要原因
5	孔道灌浆不实	材料选用、材料配合比及操作工艺不当
6	后张构件张拉后弯曲变形	① 制作构件时由于模板变形，现场地基不实，造成混凝土构件不平直； ② 张拉顺序不对称，使混凝土构件偏心受压
7	无黏结预应力混凝土摩阻损失大	① 预应力筋表面的包裹物(塑料布条、水泥袋纸、塑料套管等)破损，预应力筋被混凝土浆包住； ② 防腐润滑涂料过少或不均匀； ③ 预应力筋表面的外包裹物过紧
8	张拉伸长值不符	① 测力仪表读数不准确，冷拉钢筋强度未达到设计要求； ② 预留孔道质量差，摩阻力大，张拉力过大，伸长值量测不准； ③ 钢材弹性模量不均匀

应用案例 5-13

四川省某厂屋架跨度为 24m，外形为折线形，采用自锚后张法预应力生产工艺，下弦配置两束 4 Φ 14，$44Mn_2Si$ 冷拉螺纹钢筋，用两台 60t 拉伸机分别在两端同时张拉。

第一批生产屋架 13 榀，采取卧式浇筑、重叠 4 层的方法制作。屋架张拉后，发现下弦产生平面外弯曲 10～15mm。

原因分析如下：对拉伸设备重新校验，发现有一台油压表的校正读数值偏低，即对应于设计拉力值 259.7kN 的油压表读数值，其实际张拉力已达到 297.5kN，比规定值提高了 14.6%。由于两束钢筋张拉力不等，导致偏心受压，造成屋架向平面外弯曲。

由于张拉承力架的宽度与屋架下弦宽度相同，而承力架安装和屋架端部的尺寸形状常有误差，重叠生产时这种误差的积累，使上层的承力架不能对中，而加大了屋架的侧向弯曲。

个别屋架由于孔道不直和孔位偏差，使预应力钢筋偏心，加大了屋架的侧弯。

5.4.3 预应力钢筋张拉和放张质量事故

预应力钢筋张拉和放张的常见质量事故特征及主要原因见表 5-6。

表 5-6 张拉或放张常见质量事故及主要原因

序号	质量事故特征	主要原因
1	张拉应力失控	① 张拉设备不按规定校验； ② 张拉油泵与压力表配套用错； ③ 重叠生产构件时，下层构件产生附加的预应力损失； ④ 张拉方法和工艺不当，如曲线筋或长度大于 24m 的直线筋采用一端张拉等

续表

序号	质量事故特征	主要原因
2	钢筋伸长值不符合规定(比计算伸长值大于10%或小于5%)	① 钢筋性能不良，如强度不足、弹性模量不符合要求等； ② 钢筋伸长值量测方法错误； ③ 测力仪表不准； ④ 孔道制作质量差，摩阻力大
3	张拉应力导致混凝土构件开裂或破坏	① 混凝土强度不足； ② 张拉端局部混凝土不密实； ③ 任意修改设计，如取消或减少端部构造钢筋
4	放张时钢筋(丝)滑移	① 钢丝表面污染； ② 混凝土不密实、强度低； ③ 先张法放张时间过早，放张工艺不当

应用案例 5-14

湖南省某体育中心运动场西看台为悬挑结构，建筑面积为 1 200m^2，共有悬臂梁 10 榀，梁长 21m，悬挑净长 15m，采用无黏结预应力混凝土结构，每榀梁内配 5 束共 25 根 ϕ_{15}^{3} 钢绞线，固定端采用 XM 型锚具，钢绞线束及固定端锚具在梁内的布置示意如图 5.18 所示。

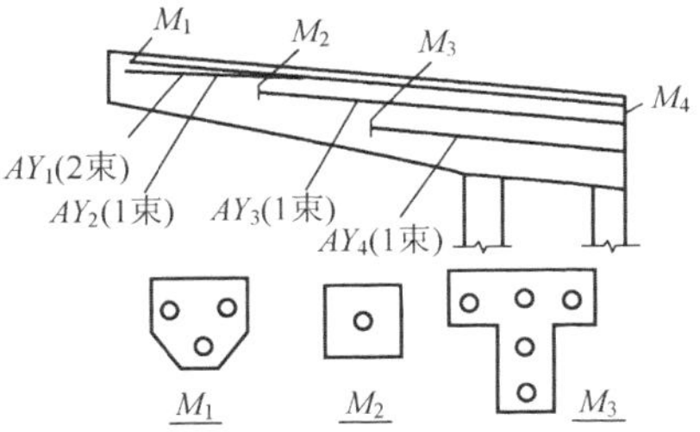

图 5.18 钢绞线束及固定端锚具在梁内的布置示意

悬臂梁施工中，在浇混凝土前，建设单位、监理单位、施工单位 3 方共同检查验收预应力筋与锚具的设置情况，一致认为符合设计要求后，浇筑 C40 混凝土。在浇筑混凝土的过程中，施工单位提出，为了便于检查固定端锚具的固定情况，建议在固定端锚板前的梁腹上预留 200mm×300mm 的孔洞，但因故未被采纳。当梁混凝土达到设计规定的 70%设计强度时，开始张拉钢绞线。在试张拉的过程中，发现固定端锚具打滑，锚具对钢绞线的锚固不满足张拉力的要求。试张拉的 10 根钢绞线中有 7 根不符合设计要求，其中有 4 根钢绞线的滑移长度据测算已滑出固定端锚板。

看台外挑长度大，配筋密集，仅预应力筋每榀梁就有 5 束 25 根，混凝土浇筑后的振捣中，强行在密集的钢筋中插入振动棒，难免触碰钢绞线，导致已安装的锚环与夹片松动，水泥浆渗入锚环与夹片间隙中的问题更加严重。

钢绞线的固定端设计构造不尽合理，如锚固端选用压花锚具，或将锚具外露，均可避免此事故。此外，施工也不够精心。

5.4.4 预应力构件裂缝变形质量事故

在预应力混凝土结构施工中，当施加预应力后，常在构件不同部位出现各种各样的裂缝。造成这些裂缝的原因是多方面的，严重时将危及结构的安全。

1. 锚固区裂缝

在先张法或后张法构件中，张拉后端部锚固区产生裂缝，裂缝与预应力筋轴线基本重合。裂缝产生的原因主要有以下两点。

(1) 预应力吊车梁、桁架、托架等端头沿预应力方向的纵向水平裂缝，主要原因是构件端部节点尺寸不够，或未配置足够数量的横向钢筋网片(或钢箍)。

(2) 混凝土振捣不密实，张拉时混凝土强度偏低，以及张拉力超过规定等，都会引起裂缝的出现。

2. 端面裂缝

在预应力混凝土梁式构件或类似梁式构件(折板、槽板)的预应力筋集中配置在受拉区部位，在这类构件中建立预压应力后，在中和轴区域内出现纵向水平裂缝，如图 5.19 所示。这种裂缝有可能扩展，甚至全梁贯通，而导致构件丧失承载能力。

裂缝产生这种现象的主要原因是由于锚具或自锚区传来的局部集中力，使梁的端面产生变形，从而在与梁轴线垂直方向也出现局部高拉应力。

3. 支座竖向裂缝

预应力混凝土构件(吊车梁、屋面板等)在使用阶段，在支座附近出现由下而上的竖向裂缝(图 5.20)或斜向裂缝。

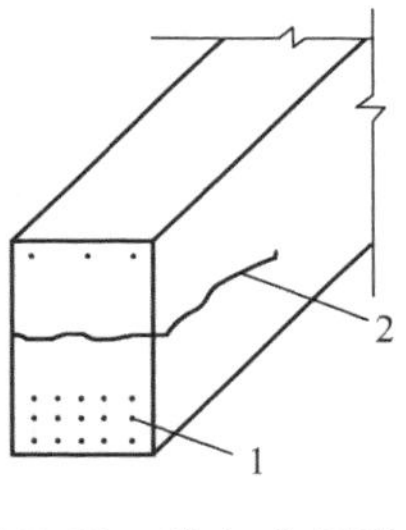

图 5.19 纵向水平裂缝

1—预应力筋；2—裂缝

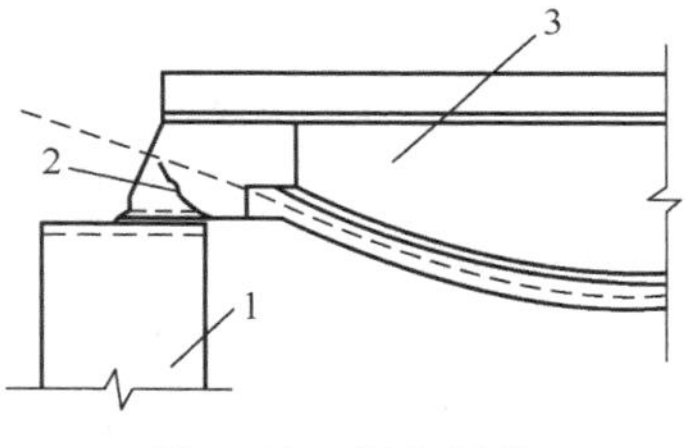

图 5.20 竖向裂缝

1—下部支承结构；2—裂缝；3—预应力构件

裂缝产生的主要原因是先张法或后张法构件(预应力筋在端部全部弯起)支座处混凝土预压应力一般很小，甚至没有预压应力。当构件与下部支承结构焊接后，变形受到一定约束，加之受混凝土收缩、徐变或温度变化等的影响，使支座连接处产生拉力，导致裂缝的出现。

4. 屋架上弦裂缝

平卧重叠制作的预应力混凝土屋架，在施加预应力后或扶直过程中，上弦节点附近出现裂缝，扶直后又自行闭合。其主要原因如下。

(1) 施加预应力后，下弦杆产生压缩变形，引起上弦杆受拉。

(2) 在扶直过程中，当上弦杆刚开离地面，下弦杆还落在地面上时，腹杆自重以集中力的形式一半作用在上弦杆上，另一半作用在下弦杆上，上弦杆相当于均匀自重和腹杆传来的集中力作用下的连续梁，吊点相当于支点，使上弦杆产生拉力，导致裂缝的出现。

应用案例 5-15

某车间有30t和50t、长12m的预应力混凝土吊车梁168根，预应力筋为HRB400级4⏀12钢筋束，用后张自锚法生产。吊车梁制作后未及时张拉，在堆放期间，发现上下翼缘表面有大量横向裂缝，一般10余条，多的达60～70条，裂缝宽度普遍为0.1～0.5mm，如图5.21所示。

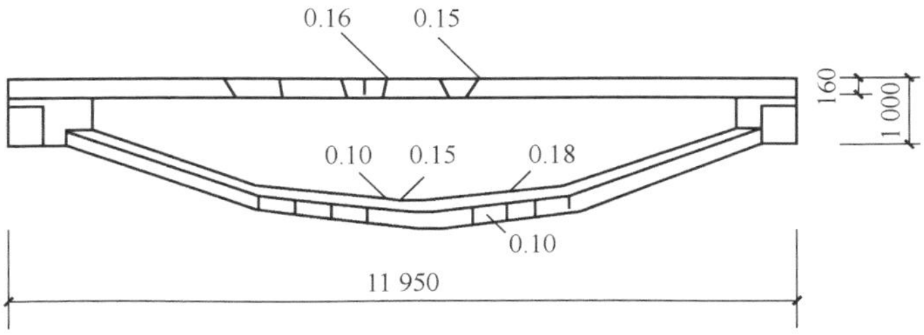

图 5.21　吊车梁裂缝示意

该批吊车梁张拉后，在梁端浇灌孔附近沿预应力钢筋轴线方向普遍出现纵向裂缝，裂缝首先出现在自锚头浇灌孔处，然后向两侧延伸至梁端部及变截面处，缝宽普遍为0.1mm左右。

原因分析如下。

(1) 横向裂缝。

梁块体长期堆放，环境温度、湿度变化对梁底的影响较小，而对表面，尤其是上下翼缘角部的影响较大。这种温度、湿度差造成的变形，受到下部混凝土的自约束和底模的外约束，以致在断面较小的翼缘处产生干缩裂缝与温度裂缝。该工地曾经测定梁块体的温度变化情况，一天中梁表面与底面的温度差最大可达19℃，由此产生的温度应力，再加上混凝土的干缩应力的长期作用，是这批构件产生横向裂缝的主要原因。

(2) 梁端部裂缝。

梁端部裂缝主要是因张拉力过高，在断面面积削弱很大的情况下(有自锚头预留孔、浇灌孔和灌浆孔)，孔洞附近应力集中，在张拉时，梁端混凝土产生较大的横向劈拉应力，从而导致混凝土开裂。

应用案例 5-16

湖北省公路局新建A栋住宅预应力圆孔板断裂问题

1. 工程概况

湖北省公路局A栋是一栋7层的砖混结构住宅楼。1999年1月11日浇捣第5层圈梁，13日下午拆除模板后安装预制板，当晚灌缝。14日上午10时前后，施工单位组织人员往6层楼面上搬砖，如图5.22所示，在楼面Ⓐ～Ⓑ轴、㉝～㉟轴开间内有72块红砖放置在预制板上，重约210kg，距㉟轴约40cm。10点35分，6层预制板突然断裂，有4块预制板垂直坠落至底层，并击断1～5层楼面预制板，墙体完好，无人员伤亡，现场如图5.23所示。

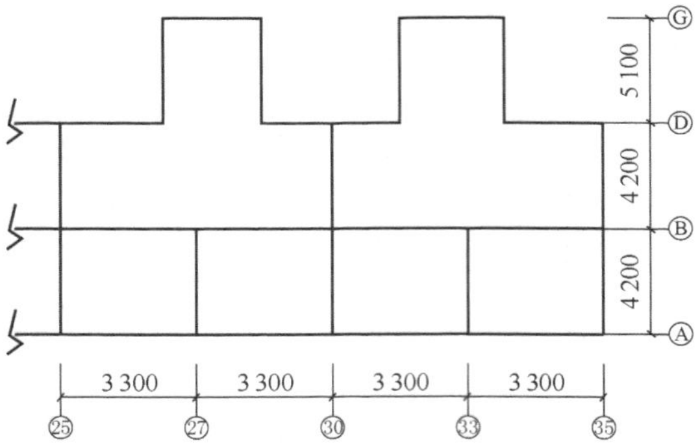

图5.22　公路局A栋楼轴线简图

(a)　(b)　(c)

图5.23　公路局A栋楼预制板断裂现场

2. 质量问题原因分析

武汉市建筑工程质量监督检测中心对预制板进行了结构性能试验及外观质量和几何尺寸检查。结构性能试验的结果是YKB3651合格，YKB4251挠度抗裂检验不合格；YKB3351(龄期未到)不合格，不合格点均在离开板头30～40cm处。外观质量合格点率为68.3%，几何尺寸合格点率为81.2%。

根据调查，发生断裂事故的预制板是1999年1月2日生产的，12日夜间运进现场，14日安装上楼直至断裂之时历时共12d，而混凝土在平均气温为20℃的条件下，需养护28d才能达到其设计强度。而施工期间正值隆冬季节，平均气温尚不足8℃，尽管厂方采取了一些早强措施，但混凝土龄期太短，只有12d，因此混凝土强度的严重不足是导致预制板断裂事故发生的直接原因。

预应力圆孔板是采用长线先张法工艺生产的，按要求必须待混凝土强度达到设计强度的70%才能剪丝放张，然后经起模、检验、刷印标记(生产日期、构件型号、检验员代码等)和码堆，再待达到100%设计强度以后方能出厂。而产生断裂事故预制板的生产厂家却在混凝土强度偏低时就超前剪丝放张，也未刷印标记，加上龄期严重不足就出厂。这充分说明该厂在预制板生产管理上的混乱，是造成这次事故的重要原因。

在对预制板的目测检查中发现，混凝土的成色不正，混凝土中砂率偏大，石子级配不正常且含量偏少。同时据对现场预制板的荷载试验报告分析，不仅是1999年1月2日生产的预制板不合格，而且1998年9月24日、1998年12月23日生产的预制板也不合格，不合格的构件不是产生剪切破坏就是挠度和抗裂度不合格。这种不合格主要表现为混凝土强度偏低和预应力不足，由此说明该厂在预制板生产过程中的质量管理的失控也是这次事故的另一重要原因。

施工单位按规定应对建筑构(配)件的进场质量进行验收把关，确认其合格后方能进场和使用，而这次既无合格证又无产品标记的预制板却能“一路顺风”安装到位直至突然发生断裂事故，说明施工单位质量管理上的松弛也是事故原因之一。

3. 质量问题处理

先从上至下对发生断裂事故房间内残存的预制板予以拆除，圆孔板两端伸入墙体12cm，对余渣进行冲洗清理。然后，1～5层楼面洞口采用现浇钢筋混凝土结构修补，楼板厚120mm，混凝土强度等级为C25，板内下部受力筋采用Ⅱ级钢筋，板在支座上的搁置长度为120mm，洞口现浇钢筋混凝土板的配筋如图5.24所示。保留了洞口两边经检验合格的原预制板，但对灌缝处实行了加强配筋，并灌以C20强度等级的细石混凝土。第6层楼面仍按原设计施工。此外，对进入现场的该批量生产的预制板进行了清查、核实，对已安装的板实行了退换。同时，还抽取部分房间进行整体荷载试验。

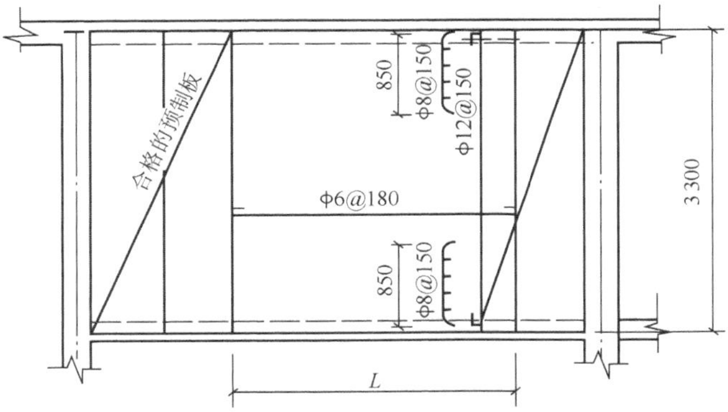

图5.24 洞口现浇钢筋混凝土板的配筋

4. 经验与教训

为防止类似的预制板劣质品混入市场，防止类似事故再次发生，有关管理部门应举一反三，对构件生产厂家加强管理力度，对事故的主要责任单位做出应有的处理，着重在生产管理、质量管理和设计管理上进行整顿。

业主和施工单位也应在此次事故中吸取教训，对建筑构(配)件和建材产品的采购，必须严格把好质量关，特别是本质量事故中的建筑工程公司更应吸取教训，加强对工程质量源头的管理。

应用案例 5－17

混凝土结构连续性倒塌事故介绍

美国土木工程协会把连续性倒塌的定义描述为“在正常使用条件下由于突发事件结构发生局部破坏，这种破坏从结构初始破坏位置沿构件进行传递，最终导致整个建筑物倒塌或者造成与初始破坏部分不成比例的倒塌”。英国设计规范提供了另一种定义“在突发事件中，结构局部破坏导致相邻构件的失效，这种失效因发生连锁反应而持续下去，最后导致整个结构的倒塌或者造成与初始破坏原因不成比例的局部倒塌”。

结构一旦发生连续倒塌，会造成很严重的生命财产损失，并产生重大的社会影响，《工程结构可靠性设计统一标准》(GB 50153—2008)明确规定：“当发生爆炸、撞击、人为错误等偶然事件时，结构能保持必需的整体稳固性，不出现与起因不相称的破坏后果，防止出现结构的连续倒塌。”

造成结构连续性倒塌的起因可能是爆炸、撞击、火灾、飓风、施工失误、基础沉降等偶然因素。当偶然因素导致局部结构破坏失效时，整体结构不能形成有效的多重荷载传递路径，破坏范围就可能沿水平或者竖直方向蔓延，最终导致结构发生过大范围的倒塌，甚至是整体结构的倒塌。在当前世界范围内，混凝土连续性倒塌事故也是屡见不鲜，以下列举了相关的连续性倒塌事故。

1. 河北赵县“2·28”化工厂重大爆炸事故

2012 年 2 月 28 日上午 9 时 20 分左右，位于河北省石家庄市赵县生物产业园的河北克尔化工有限公司一号车间发生爆炸。有关方面临时成立现场抢险救援小组，在工厂实施救援。2012 年 3 月 13 日，国家安全生产监督管理总局通报称，该事故共造成 25 人死亡、4 人失踪、46 人受伤。爆炸事故现场如图 5.25 所示。

图 5.25 爆炸事故现场

2. 广东九江大桥被撞垮塌

2007 年 6 月 15 日凌晨，325 国道广东佛山九江大桥发生一起运沙船撞击桥墩事件，导致九江大桥桥面部分断裂，交通中断。九江大桥被撞断现场如图 5.26 所示。

3. 唐山大地震

1976 年 7 月 28 日，唐山发生 7.8 级地震，24 万余人死亡，一座现代化工业城市顷刻间夷为废墟，同时也引发了较为严重的次生灾害。据不完全统计，强烈地震使唐山市区共发生大型火灾 5 起，震后发生防震棚火灾 452 起，毒气污染事件 7 起，工业废渣堆滑坡事

图 5.26　九江大桥被撞断现场

件1起，均造成了严重的人员伤亡，经济损失逾100万元。唐山大地震(图5.27)还给人们的心理上、精神上造成重创，一时间人们“谈震色变”，恐震心理极为严重。

图 5.27　唐山大地震

4. 美国世界贸易中心双塔爆炸

2001年9月11日10时30分左右(北京时间22时30分)，美国世界贸易中心两座大楼在爆炸中成为一片废墟，事故现场如图5.28所示。

图 5.28　世界贸易中心倒塌事故现场

思考题

1. 带形基础模板、杯形基础模板施工中常见的质量缺陷有哪些？产生的原因是什么？

2. 梁、深梁模板施工中常见的质量缺陷有哪些？产生的原因是什么？

3. 楼梯模板施工中常见的质量缺陷有哪些？产生的原因是什么？

4. 柱模板施工中常见的质量缺陷有哪些？产生的原因是什么？

5. 通过对模板工程中工程实例的学习，结合自身了解的工程实际，谈谈自己的体会，应该吸取什么教训。

6. 系统地阐述钢筋制作安装中易出现哪些质量事故。

7. 电渣压力焊常见的质量事故有哪些？产生的原因是什么？

8. 配筋不足质量事故产生的原因有哪些？主筋不足有哪些特征？

9. 钢筋严重错位偏差的主要原因有哪些？会产生什么样的后果？

10. 钢筋脆断事故的主要原因有哪些？

11. 混凝土强度不足的主要原因有哪些？对不同的结构构件有什么影响？

12. 混凝土裂缝是否都是质量事故？为什么？

13. 混凝土裂缝的类型有哪些？产生的主要原因是什么？

14. 混凝土孔洞、露筋、夹渣产生的原因是什么？

15. 混凝土结构错位变形事故有哪些类别？常见的原因有哪些？

16. 通过混凝土工程实例的学习，谈谈自己的体会。

17. 预应力筋、锚夹具事故有哪些特征？产生的主要原因是什么？

18. 后张法预应力构件预留孔道塌陷、堵塞产生的原因是什么？

19. 后张法预应力构件预留孔道不正的特征和原因是什么？

20. 预应力筋张拉和放张事故的常见原因有哪些？

21. 预应力构件裂缝有哪些类型？各自产生的原因是什么？

项目6 特殊工艺及钢结构工程

教学目标

本项目主要分析了滑模施工和框架结构施工中的常见质量事故或缺陷。在框架结构施工中，主要分析了预制装配式框架结构和现浇钢筋混凝土框架结构中常见的质量事故或缺陷。无论是预制装配式框架结构还是现浇钢筋混凝土框架结构，结构节点的施工是控制质量的关键。结构安装工程包括钢筋混凝土结构安装工程和钢结构安装工程。结构安装工程的质量对整个建筑物的质量有至关重大的影响，它不仅直接影响建筑物的强度、刚度，甚至会导致重大的倒塌事故。在钢结构工程中，重点分析了钢结构连接，特别是焊接连接的质量事故产生的原因。对钢网架结构工程质量事故产生的原因也做了分析。

教学要求

能力目标	知识要点	权重
了解相关知识	(1) 滑模施工和框架结构施工中的常见质量事故或缺陷 (2) 结构安装工程中的常见质量事故或缺陷 (3) 钢结构工程中的常见质量事故或缺陷	15%
熟练掌握知识点	(1) 滑模施工和框架结构施工中的事故缺陷处理 (2) 结构安装工程施工中的事故缺陷处理 (3) 钢结构施工中的事故缺陷处理	50%
运用知识分析案例	高层、多层建筑滑模施工中的质量或缺陷处理	35%

引例

【武汉东湖景园施工电梯坠落事故】

武汉施工电梯坠落事故

2012年9月13日，湖北省武汉市“东湖景园”在建住宅发生施工电梯从30层坠落事故，共有19人遇难。事故现场如图6.1所示。

当日中午13时26分，刚刚吃完午饭的19名粉刷工搭上施工电梯，没想到，一分多钟后，施工电梯突然失控，直冲到100m高程后，在顶层失去约束，呈自由落体状直坠地面。造成梯笼内的作业人员随笼坠落。

图6.1 电梯坠落事故现场

据现场工人介绍，事故发生在当天下午1时左右，正是工人上工时间。出事施工电梯限载24人，为铁丝网全封闭结构，事故发生时有19名工人乘坐该施工电梯。当行至约34楼时，施工电梯突然出现故障开始下坠。据现场目击者称，当施工电梯下坠至十几层时，先后有6人从梯笼中被甩出，其中2人为女性。随着一声巨响，整个梯笼坠向地面。附近工人赶至现场时看到，铁制梯笼已完全散架，笼内工人遗体散落四处。

另有工人介绍，当时另一架施工电梯被卡在了13楼。

在现场清理的过程中，在出事的施工电梯残骸上可看到一块电梯登记牌，上面写着有效使用期限为“2011年6月23日至2012年6月23日”，显然，出事的这部施工电梯已经超出有效使用期限工作两个多月。

针对这起“湖北省十多年来发生的最为严重的建筑安全生产事故”，湖北省住建厅连夜紧急召开会议，研究部署安全生产工作，当晚发出紧急通知，敦促各级建设行政主管部门必须按照“领导挂帅、全地域覆盖、谁检查谁负责”的要求，立即部署开展本行政管辖区域内的建设工程安全专项检查工作。

拥有6 000多个建设工地的武汉市，也要求全市在建工地全部停工，进行拉网式安全检查，确保工程施工安全。

湖北省虽然公布了涉及这起事故的相关单位，但事故发生的本身既凸显了工地设施维护制度的缺失，又暴露了监督管理体制的缺位。

其实，这种因施工电梯高坠而酿成惨剧的现象并非个案，早在2008年12月，湖南省长沙市就发生过一起施工电梯从高空坠落造成18人死亡的事故。

工地起重机械事故频发，也引发了社会对于身旁电梯安全的再次关注。

中国电梯行业协会统计数据显示，目前我国正在运行的电梯约有163万台，是世界上拥有电梯最多的国家。按电梯平均寿命20年测算，我国已进入电梯老化的重要时期。据相关专家介绍，电梯存在安全隐患的重要原因是维保不及时。电梯行业流行一句话：三分凭产品，七分靠维保。但在我国，绝大部分电梯既少检修，更少保养。保养问题已成为电梯运行安全的重大隐患。一些物业单位为节省费用，几个月才对电梯检查一次，甚至等出了问题才请人来检查，逃检、漏检和滞后年检现象十分严重。此外，部分老旧电梯超期“服役”也是产生安全隐患的原因。

专家呼吁说，除了加强工地工人的安全知识普及工作外，政府对施工电梯和普通电梯安全的监管力度也要不断加强。其实，如果施工电梯的日常安全检测及检查执行到位，悲剧岂会发生?

安全责任重于山。希望这样的标语不应只是写在墙上，挂在口上，而是真正落在行动上。武汉发生的这种人祸“不是第一起，但愿是最后一起”。

6.1 液压滑升模板工程

【滑模施工】

滑升模板(以下简称“滑模”)是一种工具式模板，用于现场浇筑高耸的构筑物和高层建筑，如烟囱、筒仓、电视塔、竖井、沉井、双曲冷却塔和剪力墙体系及筒体体系的高层建筑等。目前我国有相当数量的高层建筑是用滑模施工的。图6.2所示为滑膜施工现场。

图6.2 滑模施工现场

滑模的施工是在建筑物或构筑物的底部，沿其墙、柱、梁等构件的周边组装高1.2m左右的滑模，随着向模板内不断地分层浇筑混凝土，用液压提升设备使模板不断地沿埋在混凝土中的支承杆向上滑升，直到需要的浇筑高度为止。用滑模施工，可以节约模板和支撑材料、加快施工速度和保证结构的整体性。但模板一次性投资多、耗钢量大，对建筑的立面造型和构件断面变化有一定的限制。滑模施工是一项技术性十分强的施工，施工不当就会造成建筑外形、位置、结构破坏等质量事故，甚至造成滑升系统倾覆、坍塌，建筑物或构筑物倒塌等重大质量事故。

下面分别就滑模在建筑物和构筑物施工中的常见质量缺陷进行分析。

6.1.1 构筑物滑模施工

滑模施工的常见构筑物主要有烟囱、筒仓、电视塔、水塔等。在这些构筑物的滑模施工中，常见的质量缺陷主要有滑升扭转、滑升中心水平位移、水平裂纹等。

1. 滑升扭转(图 6.3)

滑升扭转是指滑升施工时，在滑模与所滑结构竖向轴线间出现螺旋式扭曲。这不仅给筒体表面留下难看的螺旋形刻痕，而且使结构壁竖向支承杆和受力钢筋随着结构混凝土的旋转位移，产生相应的单向倾斜及螺旋形扭曲，改变竖向钢筋的受力状态，使结构承载能力降低。造成滑升扭转的主要原因如下。

（1）千斤顶爬升不同步，造成部分支承杆过载而弯折倾斜，致使结构向荷载大的一方倾斜。

（2）滑升操作平台荷载不均，使荷载大的支承杆发生纵向挠曲，出现导向转角。

（3）液压提升系统布置不合理，各千斤顶之间存在提升时间差，先提升者过载，支承杆出现过载弯曲。

（4）滑模设计不合理，组装质量差。

2. 滑升中心水平位移(图 6.4)

滑升中心水平位移是指在滑升过程中，结构坐标中心随着操作平台产生水平位移，其主要表现为整体单向水平位移。造成滑升中心水平位移的主要原因如下。

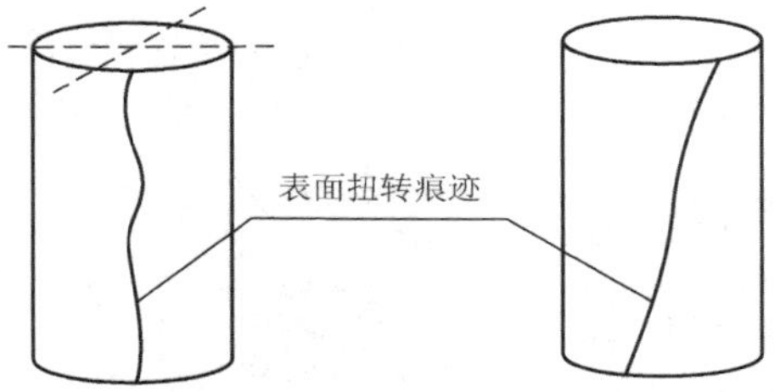

图 6.3 滑升扭转示意

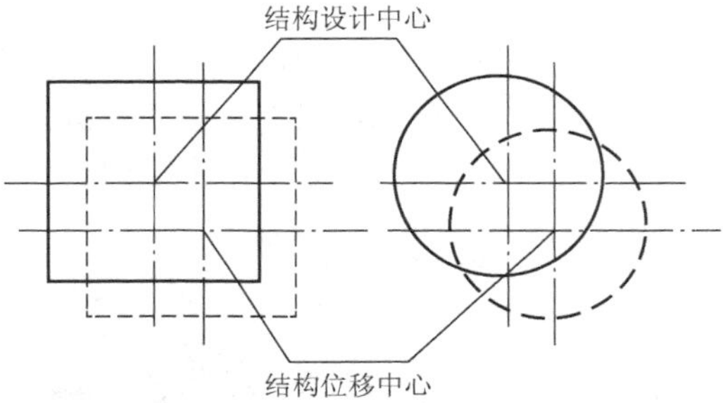

图 6.4 滑升中心水平位移示意

（1）千斤顶提升不同步，使操作平台倾斜，在操作平台自重力水平分力的作用下，操作平台向低侧方向移动。

（2）操作平台上荷载不均匀，如平台一侧人员过分集中，混凝土临时堆放点选择不当，以及混凝土卸料冲击力等，都会造成操作平台倾斜，促使中心位移。

（3）风力等外力影响。

3. 水平裂纹

在滑升施工中，水平裂纹是很容易出现的质量问题。重则引起结构断裂性破坏，轻则在结构表面上造成细微裂纹，破坏混凝土保护层，影响结构的使用寿命。造成水平裂纹的主要原因如下。

（1）模板与结构表面的摩阻过大。构筑物滑模时，摩阻力包括模板与混凝土之间的黏结力、吸附力、新浇混凝土的侧压力、由于千斤顶不同步模板出现倒锥现象或倾斜等而增加的摩阻力。在正常情况下，模板滑升摩阻力与外界气温高低、混凝土在模板内的停留时间有关。在滑升施工中，施工程序、混凝土浇筑方法、施工组织等都和停留时间有关。只要以上任一环节安排不当，使模板内混凝土停留时间过长，加大了摩阻力，就有可能造成滑升水平裂纹。

（2）模板设计不合理，刚度较差，在施工动载、静载、附加荷载（如纠偏荷载）的作用下，模板结构变形，也可能造成滑升水平裂纹。

6.1.2 高层和多层建筑滑模施工

高层或多层建筑滑模施工有多种施工方法，如分层滑升逐层现浇楼板法、分层滑升预制插板法及一次滑升降模法等。但在施工过程中，常见的质量缺陷主要有滑升中心水平位移、水平裂纹、表面黏结、框架结构中的柱掉角等。滑升中的水平位移、水平裂纹产生的原因在前面已做了分析，下面主要分析柱掉角、表面黏结的原因。

1. 柱掉角

在框架结构的滑模施工中，其施工的质量缺陷主要反映在柱子上。

柱掉角并不是一开始就发生的，而是随着滑升的不断进行而逐步趋向严重。一般滑升刚开始时，柱角部位开始出现水平裂纹，随着时间的推移，水平裂纹间距变小，最后出现柱角混凝土成段拉坏，演变为掉角，使柱角主筋暴露。产生这种现象的主要原因如下。

（1）柱角混凝土实际上是柱面主筋的保护层，其内聚力较小，受到柱面两侧摩阻力的作用，在模板提升时黏结力及摩阻力较平面滑升部位大得多，加上初期混凝土强度很低，致使柱角部位混凝土拉裂脱落。

（2）在柱角部位，模板极易黏结灰浆、混凝土等黏结物，加大了摩阻力，从而造成柱角拉裂或掉角。

（3）被拉裂的混凝土碎渣被柱子钢筋阻止在模板内，形成夹渣，成为模板与低强度混凝土之间的扰动因素，进一步损害了柱面质量。

2. 表面黏结

模板与混凝土黏结，使得结构的表面质量不佳。在滑模施工中，往往容易造成表面混凝土与模板的黏结，以致剥落保护层，这些剥落体在模板内随模板上升，在新浇混凝土表面进行滚动，造成柱混凝土保护层疏松或剥落。造成这种现象的主要原因如下。

（1）停滑措施不及时或不适当，引起模板黏结。

（2）各部位浇筑速度不一致，造成不同部位混凝土存在凝固时差，使脱模措施不能全面收效。

（3）模板上黏结物过多，未及时清理。

应用案例 6-1

滑模事故

1. 工程概况

某电视大楼为框架-剪力墙结构，平面为矩形，总建筑面积为 22 000m^2，于 2002 年 8 月开工，2004 年 7 月竣工交付使用。

该建筑地面以上建筑层数为 18 层，地下 2 层；楼顶为电视发射天线，总高度为 100m，顶层为微波天线接收及转播发送层，层高 6m，周边无维护结构仅有一排中柱支承，向外各悬挑 6.5m，标准层均为办公用房和工作室，内设 1 部单跑楼梯及 2 部电梯。框架与剪力墙交错布置，框架采用双跨，跨度为 6m，中间设走廊，均采用钢筋混凝土结构，框架及剪力墙均采用液压滑模施工。

2. 滑模施工中出现的事故

该工程施工时，采用垂直液压滑模施工，设置了整体的钢平台，上置液压动力设备，可供人员操作及材料堆放等。顶升采用新购置的第一次使用的一百多个穿心式液压千斤顶向上顶升，支承杆由ф25 圆钢(Q235)制作，连接方法采用丝扣连接法，均匀布置在柱及剪力墙内，用后不回收。液压滑模布置设计时，是从绘制该建筑物各层投影叠合图开始，据此图进行了提升架的布置。设计计算时，考虑了下列荷载：①自重；②施工荷载；③刹车力；④液压力和冲击力；⑤摩擦力；⑥风荷载。在确定垂直荷载时，取上述①、②、③项之和与①、②、⑤项之和的较大值。所以，该工程液压滑模设计是正确的。

按当时的方案和滑升方法，一至三层顺利完成了剪力墙的浇筑，当施工至第四层时，出现了问题，主要有以下三方面。

(1) 墙歪了——中心线偏离，并越滑越歪，斜向一侧。

(2) 楼扭了——矩形平面变成了平行四边形，四个直角变成了钝角和锐角。

(3) 柱截面变了——由截面尺寸为 580mm×580mm 的正方形变成八边形，四角混凝土剥落或缺损，角部钢筋外露。

3. 工程停工进行事故分析

专家认为：工程固然重要，要“推倒重来”也应有足够的证据和充分的论证，至少要进行结构的复核，若继续滑升，就更需要有足够的检测数据，确保结构的安全性及耐久性。

经过专家组深入分析，施工单位了解情况，认真计算，多次复核，最后的结论是：虽然出现了上述三方面问题，从承载能力看仍能保证结构的强度，变形仍可纠正过来，应采取技术措施向相反方向纠偏，不应“推倒重来”，加固后可继续滑升施工。针对出现的问题，采取了如下措施。

(1) 对滑模系统进行全面检查，重点是强度和刚度是否符合设计要求。

(2) 对滑模系统进行全面校正，重点是平面位置和垂直度是否超限。

(3) 对参加滑模施工的人员进行一次技术培训，提高他们的滑模操作技术水平。

4. 提出补强加固方案，继续滑升

(1) 墙体倾斜是滑升不平衡所致。由于千斤顶升力不均或布置不合理造成升力不等，有快有慢，导致倾斜。

纠正方法是：油泵联网，统一供油，油压均匀，合理调整支承杆、千斤顶的问题。

(2) 矩形平面变为平行四边形问题是由于钢平台刚度不足所致。

纠正方法是：加强钢平台的平面及立面刚度，增设部分桁架和钢梁，特别是油泵振动时变形应很微小。

(3) 柱外边缺角露筋问题是由于滑升速度不合理所致。有时因滑升太慢，混凝土已凝固粘住模板，将边角粘掉并出现很多裂缝。

纠正方法是：应严格掌握滑升速度，如过快则使混凝土强度不足，满足不了支撑的要求，如过慢则易粘掉柱角，只有保持适中的滑升速度才能保证柱的施工质量，这是关键。除了采取以上纠偏方案之外，还采取了两项措施：一是严格控制墙、柱的垂直度，这对高层建筑是十分重要的，专家组建议施工单位放弃用大锤球放置在大油缸中的方法，而是采用激光经纬仪，用内控法控制墙、柱的垂直度；二是对底层的柱进行加固处理，在柱四角增设角钢，外焊扁钢，底部打入楔块，部分施加预应力，以期与原混凝土共同工作。

知识链接 6-1

随着建筑施工技术的不断发展，各种施工机械正越来越多地取代过去依靠人工完成的繁重劳动，成为建筑施工中不可缺少的重要部分。但是，建筑施工的机械化也给施工管理带来许多新的问题，特别是安全问题。建筑机械本身安全防护装置的欠缺、施工中安全管理方面的漏洞及操作者本身的失误，使得机械伤害事故时有发生。因此，了解建筑施工机械的特点，掌握各种机械的使用要领，加强现场安全管理并采取可靠的防护措施，是减少和杜绝各类机械伤害事故发生的重要手段。

6.2 高层框架结构工程施工

6.2.1 现浇钢筋混凝土框架结构

现浇钢筋混凝土框架结构工序多，难度大，技术和管理要求高。

现浇钢筋混凝土框架结构在施工中出现的质量问题，除了钢筋混凝土工程施工中常见的如混凝土强度不足、钢筋用量偏低等质量事故外，就其框架结构本身的特点而言，框架结构是由梁、板、柱等基本构件组成的，框架结构可能出现的质量缺陷或事故也主要是柱、梁、板等构件的施工质量缺陷或事故和各构件之间刚性连接节点不牢固的质量缺陷或事故。下面主要就柱、柱梁连接等施工中常见的质量缺陷或事故做简要分析。

1. 柱平面错位

多层框架的上下层柱，在各楼层处容易发生平面位置错位，特别是在边柱、楼梯间柱和角柱处更为明显，如图 6.5 所示。造成上述现象的主要原因如下。

(1) 放线不准确，使轴线或柱边线出现较大的偏差。

(2) 下层柱模板支立不垂直、支撑不牢或模板受到侧向撞击，均易造成柱上端移动错位。

(3) 柱主筋位移偏差较大，使模板无法正位。

2. 柱主筋位移

柱主筋位移在钢筋混凝土框架结构施工中极易发生，钢筋的位移严重地影响了结构的受力性能。造成柱主筋位移的主要原因如下。

(1) 梁、柱节点内钢筋较密，柱主筋被梁筋挤歪，造成柱上端外伸，主筋位移。

(2) 柱箍筋绑扎不牢，模板上口刚度差，浇筑混凝土时施工不当，引起主筋位移。

(3) 基础或柱的插筋位置不正确，引起主筋位移。

3. 柱身弯曲及柱截面扭转、鼓肚、窜角等

在柱施工中，柱容易发生柱身弯曲及柱截面扭转、鼓肚、窜角等质量缺陷，如图 6.6 和图 6.7所示。

造成柱身弯曲的主要原因：模板刚度不够，斜向支撑不对称、不牢固、松紧不一致，浇筑混凝土时模板受力不一，造成柱身弯曲变形。

造成柱截面扭转的主要原因：放线误差、支模未能按轴线兜方、上下端固定不牢、支撑不稳、上部梁板模板位置不正确和浇筑混凝土时碰撞等因素，均可能造成柱截面扭转。

造成柱截面鼓肚、窜角的主要原因：柱箍间距过大或强度、刚度不足；一次浇筑过高、速度太快，振捣器紧靠模板，使混凝土产生过大的侧压力等引起模板变形；柱箍安装不牢固；等等。

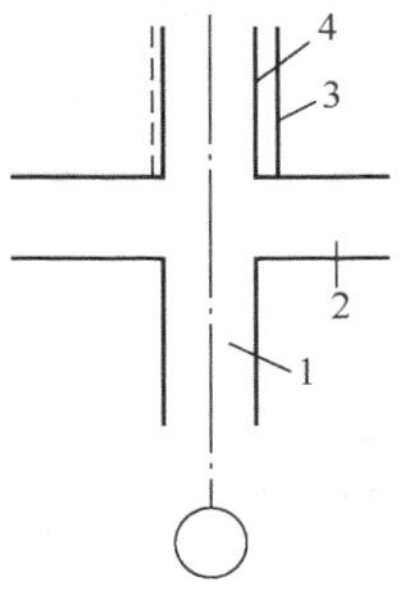

图 6.5　柱平面错位

1—柱；2—梁；3—上层柱偏离轴线位移错台后的位置线；4—上层柱正确位置线

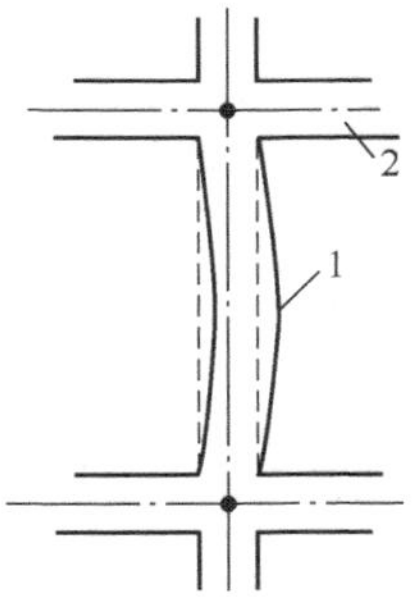

图 6.6　柱身弯曲

1—柱身弯曲；2—梁

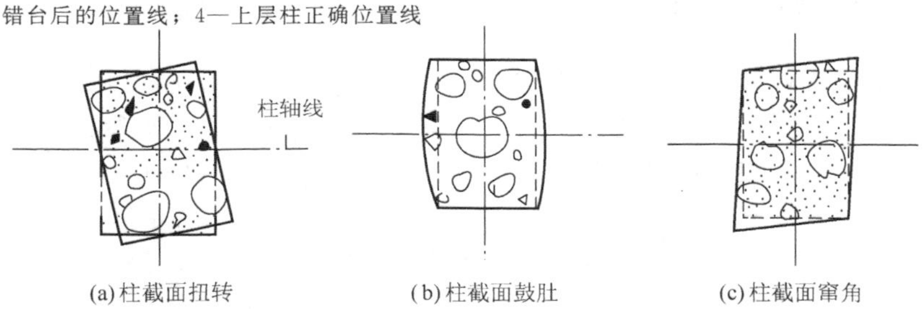

图 6.7　柱截面扭转、鼓肚、窜角

4. 梁柱节点部位质量事故

梁柱节点是框架结构极其重要的部位，该部位的质量对于保证框架结构有足够的强度至关重要。梁柱节点部位常见的质量事故有混凝土振捣不密实、主筋锚固达不到设计要求、箍筋遗漏等。造成上述质量事故的主要原因如下。

(1) 钢筋太密，浇筑混凝土时漏振，均会引起混凝土振捣不密实。

(2) 主筋设计错误或施工错误等，均会造成主筋锚固达不到设计要求。

(3) 由于梁柱节点 3 个方向梁柱交叉、钢筋集中，加之受传统施工工艺和顺序的影响，绑扎箍筋不方便，因此，施工中往往会造成箍筋遗漏。

5. 梁板施工质量缺陷

梁板施工质量缺陷主要有钢筋位置不正、楼板超厚等。其主要原因如下。

(1) 主次梁在柱头交接处钢筋重叠交叉、排列不当时，钢筋容易超过板面标高，这时要保证板厚，否则就会露筋，而要保证钢筋的保护层厚，必然会使楼板加厚。

(2) 板内各种预埋管线过多，也可能形成露筋或板厚的质量通病。

(3) 施工顺序安排不当，特别是电气工和钢筋工的工序。先绑负筋时，部分电气管道压在上面，会使负筋位置降低，影响结构承载力。

（4）设计不合理。

上述介绍的工程质量事故和缺陷在项目5的工程实例中已做分析。

应用案例 6-2

框架结构倒塌事故

广西藤县某信用综合楼为7层现浇框架结构工程，建筑面积为2 400m^2。1995年8月开工，1996年5月完成主体结构，1996年6月28日7时发现底层一根中柱出现裂缝，位置在设计高度0.2～0.5m处，15时左右该柱钢筋已外露，并向柱边弯曲。虽然采取了用圆杉木、槽钢等临时支撑加固，但是没能阻止房屋的倒塌，当天21时，整楼分两次倒塌，所幸人员及时撤离而无伤亡。

事后经过分析和调查，该综合楼倒塌的主要原因有以下几方面。

（1）结构布置不合理。图6.8所示为底层平面示意。这是框架破坏首先出现在③轴和Ⓒ轴两轴线相交的柱的重要原因。

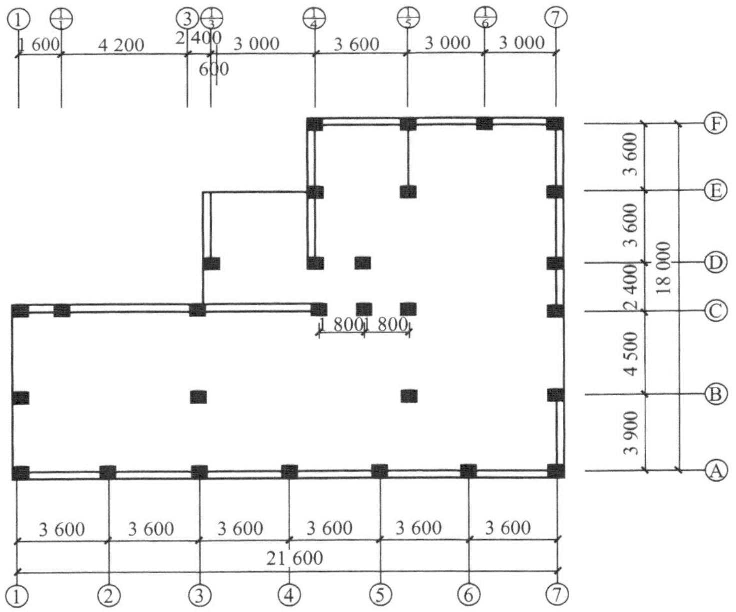

图 6.8 底层平面示意

（2）设计计算错误。主要有：没有考虑风荷载，有些荷载值取得偏小；底层框架柱的计算高度取值偏小；柱截面尺寸过小，如底层柱高8m，柱截面面积仅为350～600mm^2；框架配筋不足，例如③轴线上的3根柱，实际配筋比计算值少24.1%～54.9%，③轴线的框架梁配筋少52%～67%。

（3）钢筋大部分为不合格品。倒塌后取样检查发现钢筋实际直径比钢印直径小，差值较大，力学性能试验有64%不合格。钢筋既无出厂合格证，又无送检试验报告。

（4）混凝土质量低劣。水泥无合格证，混凝土未做配合比试验，施工现场未留试块，无法控制混凝土质量。从倒塌现场看，混凝土内石多砂少，砂细且含泥量高，个别处还发现混凝土内有尺寸为 260mm×250mm 的大片石，混凝土中有的碎石与水泥未黏结。混凝土与钢筋无黏结力。为检查混凝土的实际强度，钻芯取样时，承台混凝土取不出芯样，于是在柱、梁取芯 17 个，龄期超过 45d，实际强度为 6.1～10.2N/mm^2（设计为 C20），底层为 6.6N/mm^2。

（5）桩基混凝土厚度严重不足，造成承台冲击破坏。该现场实测承台厚度 9 处，不足设计值一半的有 3 处。在④轴线与②轴线相交的基坑内已找不到承台混凝土。

（6）现浇楼板超厚。该现场实测板厚为 100～120mm，比设计的 80mm 厚 25%～50%，不仅加大了板的自重，而且梁、柱与基础的负荷也大幅度增加。

（7）钢筋保护层不均匀，大多超厚。倒塌后实测有 6 根柱一侧的混凝土保护层厚度为 40mm。板的负弯矩区的主筋保护层厚度最大的达 70mm，一般均大于 40mm。承载能力大幅度下降。

（8）乱改设计。未经设计单位同意，施工时擅自取消了高程－0.3m 处的一道圈梁，造成底层框架柱的计算高度加大、承载力下降。

（9）违反基建程序。不办理报建和质量监督手续，对施工质量听之任之，无人过问，质量完全失控。

6.2.2 预制钢筋混凝土框架结构

预制钢筋混凝土框架结构施工不当，会影响梁、板、柱的质量，控制其质量的关键在于把好梁柱节点施工质量关。

梁柱节点出现质量事故，会严重影响整个框架结构的整体性和刚度。梁柱节点的质量事故主要有柱与柱、柱与梁、梁与梁之间的焊接质量差，以及箍筋加密不符合设计要求。图 6.9 显示了梁柱节点处理的构造，图 6.10 为框架结构断裂处示意。

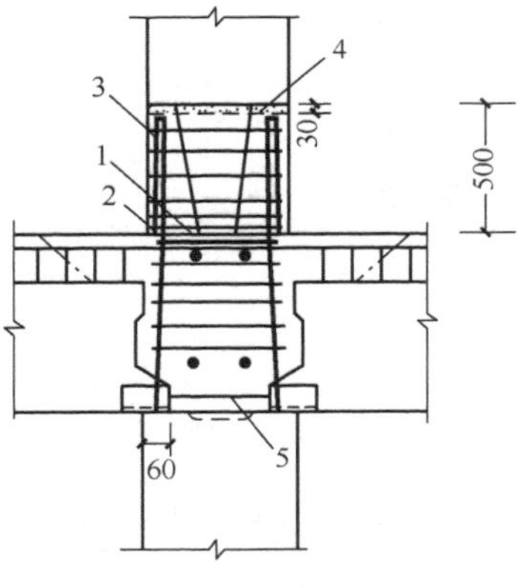

图 6.9 梁柱节点处理的构造

1—定位埋件；2—Φ12 定位箍筋；
3—单面焊 4～6d；4—干硬性混凝土；
5—单面焊 8d

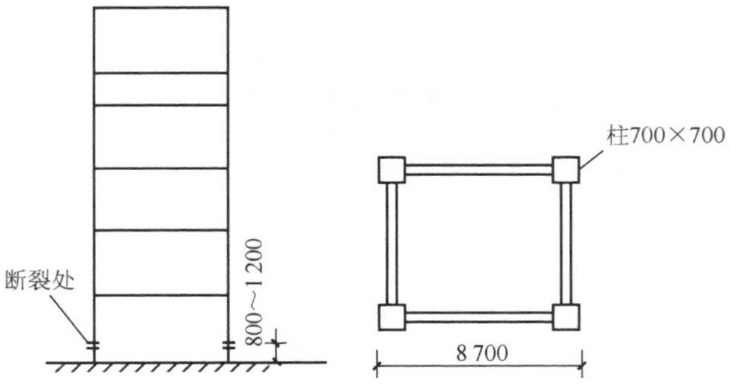

图 6.10 框架结构断裂处示意

预制框架柱的质量事故主要有柱平面位置扭转、柱安装垂直偏差、柱安装标高错误等。

造成柱平面位置扭转的主要原因：吊装中弹线对中不正确；定位轴线不准。

造成柱安装垂直偏差的主要原因：安装时校正不对；焊接顺序和质量影响了柱的垂直度。

造成柱安装标高误差的主要原因：预制柱长度误差大，安装前未及时检查处理；定位钢板标高误差。

应用案例 6-3

某锻造工厂车间（图 6.11）屋面梁为 12m 跨度的 T 形薄腹梁，在车间建成后使用不久梁端头突然断裂，造成厂房部分倒塌，倒塌构件包括屋面大梁及大型面板。

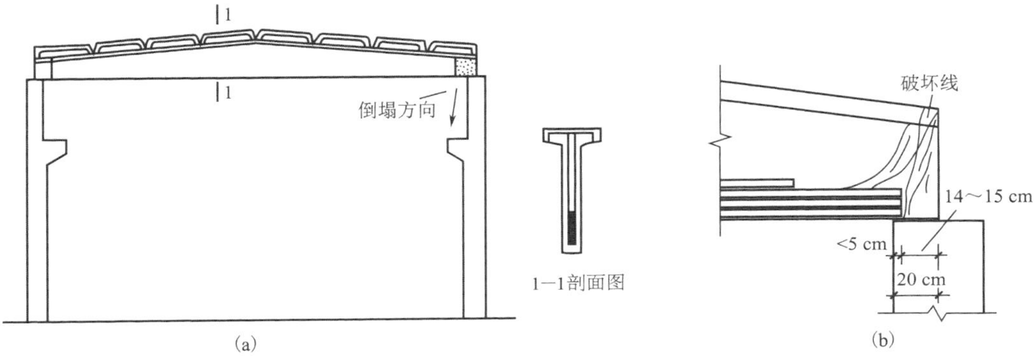

图 6.11　锻造工厂车间结构示意

事故分析如下。

事故发生后到现场进行调查分析，发现混凝土强度能满足设计要求。从梁端断裂处看，问题出在端部钢筋深入支座的锚固长度应至少为 150mm，而实际上不足 50mm；梁端部至柱端外边缘的距离应为 400mm，而实际上却只有 140～150mm。因此，梁端支于柱顶上的部分接近于素混凝土梁，这是非常不可靠的。加之本车间为锻工车间，投产后锻锤的动力作用对厂房的振动影响大，这在一定程度上增加了大梁的负荷，在这种情况下，才引起了大梁的断裂。

6.3 装配式钢筋混凝土结构吊装工程

在装配式厂房、多层预制框架等的施工中，其主要承重结构柱、吊车梁、梁、屋架、屋面板等构件大多采用工厂预制或现场预制。承重构件的吊装质量是施工的关键。

【厂房构造及吊装】

各种预制构件因构造不同，吊装方法及工艺不同，发生的质量事故或缺陷也不尽相同，造成的原因也各式各样。

1. 构件堆放时发生裂纹、断裂或倒塌

其主要原因如下。

(1) 构件强度不足，支点不符合要求，构件重叠层数过多。

(2) 地基不平，未经夯实或雨季没有排水措施，地基浸泡下沉。

(3) 临时加固不牢。

2. 柱安装质量事故

1) 轴线位移

柱的实际轴线偏离标准轴线的主要原因如下。

(1) 杯口十字线放偏。

(2) 构件制作时断面尺寸、形状不准确。

(3) 对于多层框架 DZ_1 型和 DZ_2 型柱，安装时采用柱小面的十字线，而未采用柱大面的十字线，造成柱扭曲和位移。

各层柱未围绕轴线，而以下层柱几何中心线为起点校正，造成累积误差，如图 6.12(a) 所示。

例如，某 14 层(地下两层)的预制短柱式框架结构科研楼总高 47.6m，设计允许吊装误差沿全高不得大于 20mm；每层柱的垂直允许偏差为 5mm。施工中，每层柱安装都严格检查，满足了设计要求，但全部吊装结束后验收时发现，最上一层柱轴线偏离标准轴线的误差最大达 50mm，远远超过了设计要求。其主要原因是没有按图 6.12(b)那样每层进行误差调正。

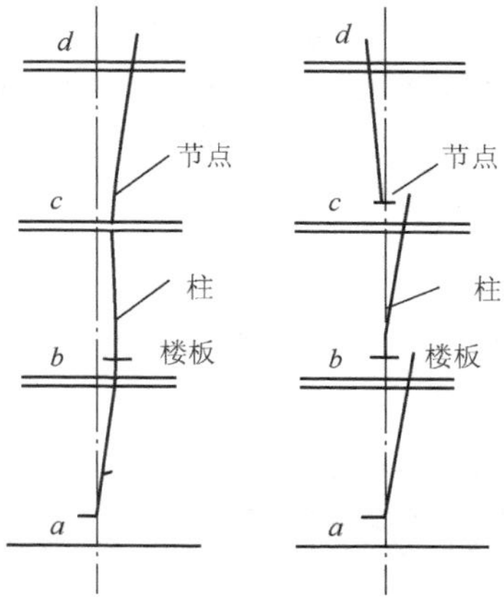

图 6.12 柱轴线移动

(4) 对于插进杯口的柱，如单层工业厂房柱，不注意检验杯口尺寸，一旦造成杯口偏斜，柱与杯口内无法调正，或因四周楔块未打紧，在外力作用下松动，就会产生轴线位移。

(5) 多层框架柱与柱连接，依靠钢筋焊接，若钢筋粗，偏移后不宜移动，则会使柱位移加大。

2）柱运输或安装时出现裂缝

柱的裂缝超过允许值的主要原因如下。

(1) 吊装构件的混凝土强度没有达到设计强度的70%(或100%)。

(2) 设计时忽略了吊装所需的构造钢筋。没有进行吊装验算或采取必要的加固措施。

(3) 在运输或安装过程中受到外力的碰撞。

3）柱垂直偏差

柱产生垂直偏差的因素较多，吊装施工、环境(如风力、日光照射等)因素都可能影响柱的垂直偏差。其产生的主要原因如下。

(1) 测量中的误差或错误。

(2) 柱安装后，杯口混凝土强度未达到规定要求就拔去楔子，由于外力的作用造成柱的垂直偏差。

(3) 双肢柱由于构件制作误差或基础不平，只能保证单肢的垂直偏差，而忽略了另一肢的垂直偏差。

(4) 柱与柱、柱与梁因焊接变形使柱产生垂直偏差。

3. 梁安装质量事故

1）梁垂直偏差

梁产生垂直偏差的主要原因如下。

(1) 梁侧向刚度较差，扭曲变形大。

(2) 梁底或柱顶不平，缝隙垫得不实。

(3) 两端焊接连接因焊接变形产生垂直偏差。

2）梁水平位移

梁产生水平位移的主要原因如下。

(1) 预埋螺栓位置不准，柱安装不垂直，纵横轴线不准等。

(2) 外力的作用使梁位移。

4. 屋架安装质量事故

1）屋架垂直偏差

造成屋架垂直偏差超过允许值的主要原因是屋架制作或拼装过程中本身扭曲过大；安装工艺不合理，垂直度不易保证。

2）屋架开裂

造成屋架开裂的主要原因如下。

(1) 屋架扶直就位时，吊点选择不当。

(2) 屋架采取重叠预制时，受黏结力和吸附力的影响开裂。

(3) 预应力混凝土构件孔道灌浆强度不够。

(4) 吊装中屋架受振或碰撞开裂。

3）下弦拉杆受力不均

下弦拉杆受力不均的主要原因：在拼装过程中，吊点选择不合理，使下弦杆受压，当屋架安装到设计位置时，屋架两端支点摩擦力较大，依靠屋架本身自重不能使下弦杆拉直。

知识链接 6-2

建筑物向高、深发展，使得建筑工程施工高处作业越来越多，高处坠落事故发生频率加快，高处坠落事故已占据建筑工程安全事故的首位，占事故发生总数的40%左右。而架上坠落、悬空坠落、临边坠落和洞口坠落4个方面占高处坠落事故的近90%。

为降低高处作业安全事故发生的频率，确保在安全状态下从事高处作业，需要制定和研究高处作业的安全技术。此外，采用新技术、新工艺、新材料和新结构的高处作业施工，也需要制定和研究安全的施工方案和安全技术措施。

应用案例 6-4

厂房钢架偏离事故

1. 事故概况

某单层厂房跨度36m，柱距6m，钢屋架安装完成后，发现有两榀屋架上弦中点倾斜度分别为57mm和36mm，下弦中点分别弯曲23mm和7mm，倾斜度超过《钢结构工程施工质量验收规范》(GB 50205—2001)中允许偏差不大于$h/250$ [2 800/250=11.2(mm)]和不大于15mm的要求。

2. 事故原因分析

(1) 屋架侧向刚度差，在焊接支撑时发生了变形，没有及时检查纠正。

(2) 屋架制作时就存在弯曲。

3. 事故处理

(1) 减小上弦平面外的支点间距。在无大型屋面板的天窗部位，将原设计的剪刀撑改为米字形支撑，使支点间距由6m减小为3m，提高承载能力。

(2) 屋架上弦原设计水平拉杆为∟75×6，改为双角钢2∟90×6，使其可承受压力。

(3) 将屋面板各点焊缝加强，以增大屋面刚度，使其能起上弦支撑的作用，支撑加强示意如图6.13所示。

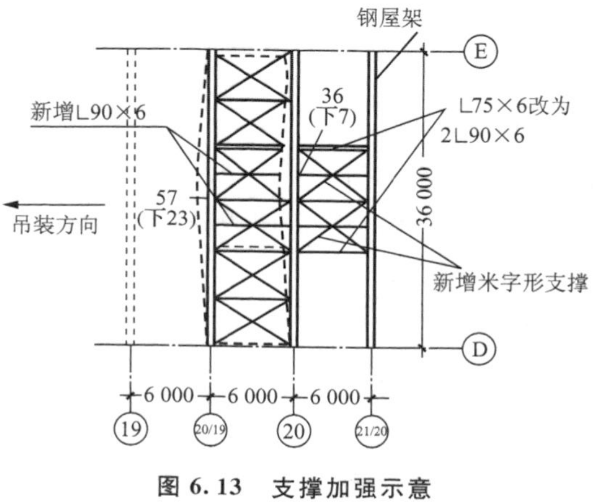

图 6.13　支撑加强示意

6.4 钢结构工程

【钢结构施工】

钢结构是一门古老而又年轻的工程结构技术。随着国民经济的发展和社会的进步，我国钢结构的应用范围也从传统的重工业、国防和交通部门为主扩大到各种工业与民用建筑工程，尤其在高层建筑、大跨结构、各种轻型工业厂房和仓储建筑中得到越来越多的应用，如图 6.14 所示。各种结构形式如钢网架结构、轻钢结构、高层钢结构大量涌现。这些新技术的出现，也对钢结构的设计和施工安装提出了新的要求，如果安装不当，就会出现质量事故。

(a) 鸟巢

(b) 国家大剧院

图 6.14 钢结构施工现场

6.4.1 钢结构工程质量事故处理

1. 钢结构连接质量事故

1）铆钉、螺栓连接缺陷检查

铆钉连接的常见缺陷有铆钉松动、钉头开裂、铆钉被剪断、漏铆及个别铆钉连接处贴合不紧密。铆钉检查采用目测或敲击方式，常用的方法是两者结合，所用工具有手锤、塞尺、弦线和 10 倍以上放大镜。

高强度螺栓连接的常见缺陷有螺栓断裂、摩擦型螺栓连续滑移、连接盖板断裂、构件母材裂断等。螺栓质量缺陷检查除了目测和敲击外，尚需用扳手测试，对于高强度螺栓要用测力扳手等工具测试。

要正确判断铆钉和螺栓是否松动或断裂，需要有一定的实践经验，故对重要的结构检查，至少换人重复检查 1 次或 2 次，并做好记录。

2）焊接缺陷检查

常见缺陷种类有焊接裂缝、焊缝尺寸不足、气孔、夹渣、焊瘤、未焊透、咬边、弧坑等。焊接缺陷检查一般用外观目测检查、尺量，必要时用 10 倍放大镜检查，重点检查焊接裂缝。

【钢结构焊接】

应用案例 6－5

2010 年 12 月 15 日凌晨 1 时 30 分许，国际那达慕运动场的赛马场西区发生主体钢结构坍塌。这一事故发生在竣工庆功会的 25 天之后。此前的 2010 年的 8 月，该运动场备受瞩目地举行了为期七天的鄂尔多斯首届国际那达慕大会。

那达慕运动场是内蒙古地区首项地标性市政重点工程，坐落于内蒙古鄂尔多斯市伊金霍洛旗车家渠村，占地面积 133 万余平方米，建筑面积 7.5 万平方米。据公开信息披露，工程主要结构为混凝土、钢和钢混结构，其中钢结构总量约 3.3 万吨，相当于北京奥运会主体育场“鸟巢”的 2/3。

运动场共分成赛马场、看台区及青少年活动中心等几部分。赛马场跨度约 580m，分成东一区、东二区、中央区和西区。此次事故发生在赛马场西区，经步量估算，坍塌跨度约为 150m。赛马场西边的青少年活动中心，暴露出 13 层的钢框架。现场内坍塌处已成废墟，断裂的钢材和钢筋混凝土四处铺陈。事故发生后的第 25 天，即 2011 年 1 月 7 日，官方首次表态称，受委托进行实地鉴定的中国钢结构协会专家组认定，这是一起施工质量事故。事故原因初步查明为，由于西区钢结构罩棚部分焊缝存在严重质量缺陷，个别杆件接料不够规范，遇到骤冷天气，钢结构罩棚出现较大伸缩而发生塌落。

如此庞大的工程，主体钢构工程施工时间仅有 105 天。

宝冶公司在 2010 年 2 月中标后，于 3 月 10 日第一次在工地上顺利开吊钢结构工程，由副总经理柳永亲自带队项目部，负责设计、制作、安装等工作。4 月 22 日，首次 V 形支撑柱开吊，但由于当地气候严寒对施工有影响，全面开工时间起于 5 月。6 月 5 日，宝冶公司举行包厢筒首根大板梁吊装仪式，始被认为钢结构安装进入攻坚期。

工期要求看台、包厢区及赛马场部分要在当年 6 月 30 日竣工，具备在 8 月 11 日举办鄂尔多斯首届那达慕大会比赛的条件。

期间，内蒙古自治区、鄂尔多斯市政府领导多次现场督工。8 月 11 日至 18 日，鄂尔多斯首届国际那达慕大会如期举行。盛会之后的 11 月中旬，用于罩棚钢结构焊接的 24 根支撑柱开始卸载。11 月 20 日，罩棚卸载成功，宣告钢结构项目竣工。

该工程存在的不完善之处有如下几方面。

首先是设计方对该工程的整体设计方案至今尚未完善。该情况得到施工方宝冶公司、伊金霍洛旗城建局等各方的证实。据城建局一主要领导透露，该设计方案目前尚未通过鄂尔多斯市有关部门的会审，设计是否科学合理，目前尚属未知。

其次，建筑材料是否合格，目前调查方还在调查探讨，至今尚无最终结论。“我们对工程所用材料，依据国家的检测办法，进行了 3%的抽样检查，但实际上，仍有 97%的材料质量是个未知数，由于对方也出具了国家认定的鉴定书，我们只能全部认定同意”，崔捍东表示。

另外，相关监管程序缺失。据工程项目相关方负责人介绍，该工程仅有一家监理公司作为质量监管部门，并无政府职能部门组成的监管体系。负责城建项目工程质量，按规定有权全面、全程跟踪监督工程质量的城建局质监站负责人表示，对这么大一个工程，该站监管权限太小。

2. 钢柱安装质量事故

钢柱常见的安装质量事故主要有：柱肢变形(弯曲、扭曲)；柱肢有切口裂缝损坏；格构式柱腹杆弯曲和扭曲变形；柱头、吊车梁支承牛腿处焊缝开裂；柱垂直偏差，带来围护构件和邻近连接节点损坏和吊车轨道偏位；柱标高偏差，影响正常使用；柱脚及某些连接节点腐蚀损伤。

【钢结构钢柱安装施工】

造成上述钢柱安装质量事故的原因归纳起来主要有以下几点。

(1) 柱与吊车梁的连接节点构造与施工图不符，铰接连成刚接，刚接连成铰接，使柱与节点上产生附加应力。

(2) 柱与柱的安装偏差，导致柱内应力显著增加，构件弯曲。

(3) 柱常受运输货物、吊车吊臂或吊头碰撞，导致柱肢弯曲、扭曲变形、切口和裂缝。

(4) 由于高温的作用使柱肢弯曲，支撑节点连接损坏开裂。

(5) 没有考虑荷载循环的疲劳破坏作用，使牛腿处焊缝开裂。

(6) 地基基础下沉，带来柱倾斜、标高降低。

(7) 周期性潮湿和腐蚀介质作用，导致钢柱局部腐蚀，减少了柱截面面积。

(8) 节点构造不合理。

3. 钢屋盖工程质量事故

钢屋盖工程常见的质量事故主要有桁架杆件弯曲或局部弯曲、屋架垂直偏差、桁架节点板弯曲或开裂、屋架支座节点连接损坏、屋架挠度偏差过大、屋盖支撑弯曲、屋盖倒塌。

【钢结构屋面檩条施工】

造成上述钢屋盖工程质量事故的主要原因归纳起来主要有以下几点。

1) 制作安装原因

(1) 构件几何尺寸偏差，由于矫正不够、焊接变形、运输安装中受弯，使杆件有初始弯曲，引起杆件内力变化。

(2) 屋架或托架节点构造处理不当，形成应力集中、檩条错位或节点偏心。

(3) 腹杆端部与弦杆距离不合要求，使节点板工作恶化，出现裂缝。

(4) 桁架杆件尤其是受压杆件漏放连接垫板，造成杆件过早丧失稳定。

(5) 桁架拼接节点质量低劣，焊缝不足，安装焊接不符合质量要求。

(6) 任意改变钢材要求，使用强度低的钢材或减少杆件截面面积。

(7) 桁架支座固定不正确，与计算简图不符，引起杆件附加应力。

(8) 违反屋面板安装顺序，屋面板搁置面积不够、漏焊。

(9) 忽视屋盖支撑系统作用，支撑薄弱，有的支撑弯曲。

(10) 屋面施工违反设计要求，任意增加面层厚度，使屋盖质量增加。

2) 使用中的原因

(1) 屋面超载，不定期清扫屋面积灰，屋面上超载，发生事故。

(2) 没经预先设计而在非节点处悬挂管道或重物，引起杆力变化。

(3) 使用过程中高温作用和腐蚀，影响屋盖承载能力。

(4) 重级制吊车运行频繁，对屋架产生周期性作用，造成屋盖损伤破坏。

(5) 使用中切割或去掉屋盖中杆件等。

应用案例 6－6

某汽车厂造型车间为 54m×84m 的单层三跨车间，钢屋架上弦杆、下弦杆均采用角钢。屋架和屋面板施工完毕后发现有个别屋架的竖腹杆有明显倾斜，经检测，位移偏差超标的测点达 80%，变形严重的一榀屋架呈扭曲状。经调查，事故的主要原因是屋架堆放方式不规范。依据相关规范要求，屋架堆放时应直立，两个端头必须用固定支架固定，相邻两个钢屋架应隔以木块，相互绑牢。

该工程施工过程中虽在堆放钢屋架时采用了直立方式，但却错误地将钢屋架的一端靠在一堆屋面板上，而另一端没有采取可靠的侧向支撑，钢屋架间没有拉紧捆绑，结果使钢屋架逐个挤压，产生扭曲变形。在支撑系统安装过程中，由于工期原因也未按规定对屋架进行矫正，最终导致事故的发生。

6.4.2 钢网架结构安装工程质量事故处理

钢网架结构虽是高次超静定结构，整体性好，安全度高，但是设计、制造和安装中许多复杂的技术问题还没有被深刻地认识到。例如，一般结构的次效应较小，而网架结构的次效应很大，甚至起控制作用；网架结构一般跨度较大，屋面坡度较小，易发生积水和严重积雪现象；网架结构无论在理论计算还是施工安装方面都有一定的难度，对设计人员和焊接、安装人员的素质要求较高。对这些方面稍有疏忽，钢网架结构就极易发生质量事故，甚至整体倒塌。我国自 1988 年开始已发生多起钢网架结构倒塌事故。

钢网架工程质量事故按其存在的范围分为整体事故和局部事故；按造成事故的因素分为单一因素事故、多种因素事故和复杂因素事故。

钢网架工程质量事故主要有以下几方面。

（1）杆件弯曲或断裂。

（2）杆件和节点焊缝连接破坏。

（3）节点板变形或断裂。

（4）焊缝不饱满或气泡、夹渣、微裂缝超过规定标准。

（5）高强度螺栓断裂或从球节点中拔出。

（6）杆件在节点相碰，支座腹杆与支承结构相碰。

（7）支座节点位移。

（8）网架挠度过大，超过了设计规定的要求。

（9）网架结构倒塌。

上述质量事故主要是设计、制作、拼装及吊装、使用及其他方面原因造成的。

1）设计原因

（1）结构类型选择不合理，支撑体系或再分杆体系设计不周，网架尺寸不合理。例如，当采用正交正放网架时，未沿周边网格上弦或下弦设置封闭的水平支撑，致使网架不能有效地传递水平荷载。

（2）力学模型、计算简图与实际不符。例如，网架支座构造属于双向约束时，计算时却按三向约束考虑。

（3）计算方法的选择、假设条件、电算程序、近似计算法使用的图表有错误，未能发现。

（4）杆件截面匹配不合理，忽视杆件初始弯曲、初始偏心和次应力的影响。

（5）荷载低算和漏算，荷载组合不当。自然灾害(如地震、风载、温度变化、积水、积雪、火灾、大气有害气体及物质的腐蚀性等)估计不足或处置不当，或对一些中型网架结构应该进行的非线性分析和稳定性分析，支座不均匀沉降和不均匀侧移，重型桥式吊车对网架的影响，中级和重级制吊车对网架的疲劳验算、吊装验算等没有进行验算和分析。

（6）材料(包括钢材、焊条等)选择不合理。

（7）网架结构设计计算后，不经复核就增设杆件或大面积地换杆件，导致超强度设计值杆件的出现。

（8）设计图纸错误或不完备。例如，几何尺寸标注不清或矛盾，对材料、加工工艺要求、施工方法及对特殊节点的特殊要求有遗漏或交代不清。

（9）节点类型及构造错误，节点细部考虑不周全。

2）制作原因

（1）材料验收及管理混乱，不同钢号、规格的材料混杂使用，特别是混用了可焊性差的高碳钢，钢管管径与壁厚有较大的负偏差，安装前杆件有初始弯曲而不调直。

（2）杆件下料尺寸不准，特别是压杆超长，拉杆超短。

（3）不按规范规定对钢管剖口，对接焊缝焊接时不加衬管或按对接焊缝要求焊接。

（4）高强度螺栓材料有杂质，热处理时淬火不透，有微裂缝。

（5）球体或螺栓的机械加工有缺陷，球孔角度偏差过大。

（6）螺栓未拧紧，网架在使用期间在接缝处出现缝隙，螺栓受水气浸入而锈蚀。

（7）支座底板及与底板连接的钢管或肋板采用氧气切割而不将其端面刨平，组装时不能紧密顶紧，支座受力时产生应力集中或改变了传力路线。

（8）焊缝质量差，或焊缝高度不足，未达到设计要求。

3）拼装及吊装原因

（1）胎具或拼装平台不合规格即进行网架拼装，使单元体产生偏差，最后导致整个网架的累积误差很大。

（2）焊接工艺、焊接顺序错误，产生很大的焊接应力，造成杆件或整个网架变形。

（3）杆件或单元或整个网架拼装后有较大的偏差而不修正，强行就位，造成杆件弯曲或产生很大的次应力。

（4）对网架施工阶段的吊点反力、杆件内力、挠度等不进行验算，也不采取必要的加固措施。

（5）施工方案选择错误，分条、分块施工时，不采取正确的临时加固措施，使局部网架成为几何可变体系。

（6）网架整体吊装时采用多台起重机或拔杆，各吊点起升或下降时不同步，用滑移法施工时，牵引力和牵引速度不同步，使部分杆件弯曲。

（7）支座预埋钢板、锚栓位置偏差较大，造成网架就位困难，为图省事而强迫就位或预埋板与支座底板焊死，从而改变了支承的约束条件。

（8）看图有误或粗心，导致杆件位置放错。

（9）不经计算校核，随意增加杆件或网架支承点。

4）使用及其他方面原因

（1）使用荷载超过设计荷载。例如，屋面排水不畅，积灰不及时清扫，积雪严重及屋面上随意堆料、堆物等，都会导致网架超载。

（2）使用环境的变化(包括温度、湿度、腐蚀性介质的变化)，以及用途的改变。

（3）基础的不均匀沉降。

（4）地震作用。

应用案例 6-7

网壳倒塌事故

2000 年 4 月 14 日，某地一座 70.68m 跨度的干煤棚(圆柱面网壳，支承边长 120m)在使用 5 年后发生整体倒塌，所幸仅使斗轮机受损而未伤及人员。通过对事故现场的调查了解，事故发生主要是一座“病态”网壳长期在不良工作环境下使用的必然结果。所谓“病态”是指该工程在安装基本就位后违反操作规程，在支座未做固定的情况下拆除临时拉索，造成支座水平移动 1.4m，竖向落差 0.33m，低端支座向上第 12 列弦杆被压屈，并使局部支座、局部杆件与节点受损。后虽经检修复位，但由此而产生的冲击及复位过程对结构施加的强迫位移都可能使伸入节点的高强度螺栓受损断裂。事故现场不少高强度螺栓断口新旧痕迹分明，足以说明这些已发生断裂的高强度螺栓长期“带病工作”。同时这样一座网壳又长期处于不正常的工作状态，干煤棚中的钢构件本来接触硫、磷等介质的机会较多，极易腐蚀。该工程在使用过程中又将煤长期堆压在支座节点与杆件上，后经挖掘，发现不少杆件可能早已锈蚀而脱离节点。工程在缺少不少杆件的情况下仍能继续工作相当长的时间，也正说明了网壳结构的承载能力较高。经分析发现，即使撤除某些杆件(主要受力杆件除外)结构仍有很大潜力。同时该工程的支座节点采用了不符合《网架结构设计与施工规定》(JGJ 7—1991，现已作废)所要求的橡胶支座垫板，这种纯橡胶垫板进一步削弱了支座的法向约束能力。

应用案例 6-8

重庆彩虹桥倒塌事故

綦江县彩虹桥位于綦江县城古南镇一条河上，是一座连接新旧城区的跨河人行桥。该桥结构为中承式钢管混凝土提篮拱桥，桥长 140m，主拱净跨 120m，桥面总宽 6m，净宽 5.5m，桥面设计人群荷载为 3.5kN/m^2。该桥于 1994 年 11 月开工建设，于 1996 年 2 月 15 日开始使用，耗资 418 万元。

事故发生时，30 余名群众正行走于该桥上，另有 22 名驻扎该地的武警战士进行傍晚训练，由西向东列队跑步至桥上约 2/3 处时，整座彩虹桥突然垮塌，桥上群众和武警战士全部坠入綦河中，经奋力抢救，14 人生还，40 人遇难身亡(其中包括 18 名武警战士、22 名群众)。

此次事故造成直接经济损失约 631 万元(其中，建桥工程费 418 万元，伤亡人员善后处理费 207.5 万元，现场清障费 5.5 万元)。

事故调查组和专家组通过调查取证、技术鉴定和综合分析，确定了事故发生的直接原因和间接原因。

1. 直接原因

专家组做出的事故技术鉴定表明：事故发生的直接原因是工程施工存在十分严重的危及结构安全的质量问题，工程设计也存在一定程度的质量问题，分别介绍如下。

(1) 吊杆锁锚问题。吊杆钢绞线锁锚方法错误，不能保证钢绞线有效锁定及均匀受力，锚头部位的钢绞线部分或全部滑出，使吊杆钢绞线锚固失效。

(2) 主拱钢管焊接问题。主拱钢管在工厂加工中，对接焊缝普遍存在裂纹、未焊透、未熔合、气孔、夹渣等严重缺陷，质量达不到施工及验收规范规定的二级焊缝检验标准。

(3) 钢管混凝土问题。主拱钢管内混凝土强度达不到设计要求，局部有漏灌现象，在主拱肋板处甚至出现1m多长的空洞。吊杆的灌浆防护也存在严重质量问题。

(4) 设计问题。设计粗糙，随意更改，构造有不当之处。对主拱钢结构的材质、焊接质量、接头位置及锁锚质量均无明确要求。在成桥增设花台等荷载后，主拱承载力不能满足相应规范要求。

(5) 在该桥建成后的使用过程中，使用不当，管理不善，吊杆钢绞线锚固加速失效，西桥头下游端支座处的拱架钢管产生了陈旧性破坏裂纹，主拱受力急剧恶化，该桥已是一座危桥。

2. 间接原因

根据调查组调查取证，综合分析认定，事故的间接原因是该桥建设中严重违反基本建设程序，不执行国家建筑市场管理规定和办法，违法建设、管理混乱，主要有以下几点。

(1) 建设过程严重违反基本建设程序：未办理立项及计划审批手续；未办理规划、国土手续；未进行设计审查；未进行施工招投标；未办理建筑施工许可手续；未进行工程竣工验收。

(2) 设计、施工主体资格不合法。

① 私人设计，非法出图。该项目系由赵某邀集人员私人设计，借用某研究院的图签出图(该院虽未在设计图上加盖设计专用章，但在施工过程中的部分设计更改书上加盖了设计更改专用章)。

② 施工承包主体不合法。重庆某公司无独立承包工程的资格，更无市政工程施工资质，擅自承接工程。

③ 挂靠承包，严重违规。重庆桥梁工程总公司川东南公司擅自同意私人包工头以该公司名义承建工程，由公司收取管理费，由包工头承包施工。

(3) 管理混乱。

① 县个别领导行政干预过多，对工程建设的许多问题擅自决断，缺乏约束监督。

② 建设业主与县建设行政主管部门职责混淆，责任不落实，工程发包混乱，管理严重失职。

③ 工程总承包关系混乱，总承包单位在履行职责上严重失职。

④ 施工管理混乱，设计变更随意，手续不全，技术管理薄弱，责任不落实，关键工序及重要部位的施工质量无人把关。

⑤ 材料及构配件进场管理失控，不按规定进行试验检测，外协加工单位加工的主拱钢管未经焊接质量检测合格就交付施工方使用。

⑥ 质监部门未严格审查项目建设条件，就受理质监委托，虽制定了监督大纲，委派了监督员，但未认真履行职责，对项目未经验收就交付使用的错误做法未有效制止。

⑦ 工程档案资料管理混乱，无专人管理。档案资料内容严重不齐，各种施工记录签字手续不全，竣工图编制不符合有关规定。

⑧ 未经验收，强行使用。成桥以后，对已经发现的质量问题未进行整改，没有进行桥面荷载试验，没有对工程进行质量等级核定，没有进行项目竣工验收，在尚未完工的情况下即强行投入使用；投入使用后又未对彩虹桥进行认真监测和维护，特别是在使用过程中发生异常情况时，未采取有效措施消除质量安全隐患。

(4) 负责项目管理的少数领导干部存在严重腐败现象，使国家明确规定的各项管理制度形同虚设。

綦江县彩虹桥建设严重违反国家有关规定和基本建设程序，建设管理混乱；有关领导急功近利，有关部门严重失职，有关人员玩忽职守；工程施工存在严重质量问题。此次垮桥事故是一次重大的责任事故。

思考题

1. 哪些原因会使构件在堆放时就出现断裂、裂缝和倒塌？

2. 造成单层厂房柱和框架柱的轴线偏离标准轴线的原因是否相同？为什么？

3. 哪些因素会导致柱在吊装过程中产生裂缝？

4. 影响柱垂直偏差的因素有哪些？

5. 试分析单层厂房结构吊装中出现质量事故的原因，并举例加以说明。

6. 钢结构连接损伤事故常见的原因有哪些？

7. 焊接缺陷常见的原因有哪些？

8. 为什么要特别重视钢网架结构工程质量问题？

9. 钢网架结构工程质量事故有哪些类型？

10. 构筑物滑模施工中主要的质量缺陷有哪几种？

11. 预制装配式钢筋混凝土框架施工中主要质量事故或缺陷有哪些？

12. 高层和多层建筑中滑模施工中的主要质量事故或缺陷有哪些？

13. 现浇钢筋混凝土框架结构施工的主要质量事故或缺陷有哪些？

14. 结合自己的实践经验，谈谈在框架结构采用滑模施工中为保证工程质量的经验和体会。

项目7 防水工程

教学目标

本项目对卷材防水屋面、刚性防水屋面、涂膜防水屋面等常见的质量通病，以及瓦屋面、金属板屋面、隔热屋面的质量通病做了分析，并剖析了地下建筑防水工程带规律性的质量通病。本项目还注意引导加深理解刚性、柔性防水的利弊和防水工程将来的发展趋势，给学生留有思考的空间。对有防水要求的卫生间质量通病的产生原因进行了分析，并重点对楼面板的密实性、找坡、管道周边的渗漏进行了分析。

教学要求

能力目标	知识要点	权重
了解相关知识	（1）屋面防水工程的质量控制要点 （2）地下防水工程的质量控制要点 （3）其他防水工程的质量控制要点	15%
熟练掌握知识点	（1）屋面防水工程的质量通病及控制、处理方法 （2）地下防水工程的质量通病及控制、处理方法 （3）其他防水工程的质量通病及控制、处理方法	50%
运用知识分析案例	防水工程质量问题的处理方案、施工方法	35%

引例

某小区屋面渗漏问题

【屋面渗漏防治措施】

建筑防水工程是保证建筑物及构筑物的结构不受水的侵袭，内部空间不受水危害的一项分部工程。它涉及屋面、地下室、卫浴间等部位，这些部位不仅受外界气候和环境的影响，还与地基不均匀沉降和主体结构的变形密切相关。建筑防水工程的质量直接影响房屋的使用功能和寿命，关系人们生活和生产的正常进行，应受到高度重视。

某南方住宅小区，平顶屋面防水设计时，考虑为了减少环境污染，改善劳动条件，施工简便，选择了耐候性(当地温差大)、耐老化，对基层伸缩或开裂适应性强的卷材，决定选用高分子防水卷材——三元乙丙橡胶防水卷材。完工后，发现屋面有积水和渗漏。施工单位为了总结使用新型防水卷材的施工经验，从施工作业准备、施工操作工艺进行全面调查。原因分析如下。

（1）屋面积水找平层采用材料找坡排水坡度小于2%，并有少数凹坑。

（2）屋面渗漏。

① 基层面、细部构造原因：基层面有少量鼓泡；基层含水率大于9%；基层表面尘土杂物清扫不彻底；女儿墙、变形缝、通气孔等突起物与屋面相连接的阴角没有抹成弧形，檐口、排水口与屋面连接处出现棱角。

② 施工工艺原因：基层处理剂涂布量随意性太大(应以0.15～0.2kg/m² 为宜)，涂刷底胶后，干燥时间小于4h；涂布基层胶粘剂不均匀，涂胶后与卷材铺贴间隔时间不一(一般为10～20min)，在局部反复多次涂刷，咬起底胶；卷材接缝，搭接宽度小于100mm，在卷材重叠的接头部位，填充密封材料不实。

铺贴完卷材后，没有及时将表面尘土杂物清除，着色涂料涂布卷材没有完全封闭，发生脱皮；细部构造加强防水处理马虎，忽视了最易造成节点渗漏的部位。

防水工程包括屋面防水工程、地下建筑防水工程和其他防水工程。

每幢建筑都和水有密切联系。雨水、地下水、地面水、冷凝水、生活给排水……无一不对建筑有重大影响。防水影响着人们居住的环境和卫生条件，是建筑物的主要使用功能之一，也对建筑物的耐久性和使用寿命起重要作用。防水工程中的缺陷是渗漏，它是渗水和漏水的总称。渗水指建筑物某一部位在水压力作用下的一定面积范围内被水渗透并扩散，出现水印(湿斑)，或处于潮湿状态。漏水指建筑物某一部位在水压力作用下的一定面积范围内或局部区域内被较多水量渗入，并从孔、缝中漏出，甚至出现冒水、涌水现象。

防水工程的质量直接影响建筑物的使用功能和寿命。《建设工程质量管理条例》第四十条规定：“屋面防水工程、有防水要求的卫生间、房间和外墙面的防渗漏，为5年。”这不仅明确了防水工程的重要性，更明确了“在正常使用条件下，建设工程最低保修期限”内，施工单位应承担的责任。

近几年来，房屋建筑向高层、超高层发展，对防水提出了更高的要求。与此同时，大量新型防水材料的应用，新的防水技术的推广，也取得了质的飞跃。

例如，屋面防水重点推广高档SBS(APP)高聚物改性沥青防水卷材、合成高分子防水卷材、氯化聚乙烯-橡胶共混防水卷材、三元乙丙橡胶防水卷材；地下建筑防水重点推广自防水混凝土。在防水技术方面，改变了传统的靠单一材料防水，而采用卷材与涂料、刚性与柔性相结合的多道设防综合防治的方法。

防水工程是综合性较强的系统应用工程，造成防水工程质量通病的因素更具有复杂性，多数是设计、材料、施工、维护等过程质量失控造成的。

防水材料的选用由设计决定，使用不同的材料做成防水层又与施工、维护有关。本项目重点分析在防水施工过程中产生渗漏的原因，有必要时也分析防水材料的品质。

防水工程实际就是防水材料合理组合的二次加工。材料品质是关键，是保证防水质量的前提条件。防水材料应有产品合格证书和性能检测报告，材料的品种、规格、性能应符合现行国家产品标准和设计要求。不合格的材料不得在工程中使用。

7.1 屋面防水工程

【屋面防水施工】

屋面防水工程包括卷材防水屋面、涂膜防水屋面、刚性防水屋面、瓦屋面、隔热屋面5个子分部工程。

瓦屋面子分部工程包括平瓦、油毡瓦、金属板材屋面、细部构造4个分项工程。

隔热屋面子分部工程包括架空屋面、蓄水屋面、种植屋面3个分项工程。

20世纪90年代，随着建筑新材料、新技术的推广和运用，屋面防水工程采用了“防排结合，刚柔并用，整体密封”的技术措施，使屋面的防水主体与屋面的细部构造(天沟、檐沟、泛水、水落口、檐口、变形缝、伸出屋面管道等部位)组成了一个完整的密封防水系统，使屋面防水工程质量整体水平有所提高。

特别需要提出的是，在渗漏的屋面工程中，70%以上是节点渗漏。节点部位大都属于细部构造。细部构造保证了防水质量［《屋面工程质量验收规范》(GB 50207—2012)规定“细部构造工程各分项工程每个检验批应全数进行检验”］，屋面防水工程质量就有了基本保证。

知识链接7-1

建筑防水工程是一项系统工程，它涉及材料、设计、施工和管理等多个方面。因此要提高防水工程质量必须综合各方面因素，进行全方位评价，选择符合要求的高性能防水材料，进行可靠、耐久、合理、经济的设计，认真组织、精心施工，完善维修和保养管理制度，有效地保证建筑防水工程的质量和可靠性，以满足建筑物和构筑物的使用功能和防水耐用年限要求，从而取得良好的技术经济效益。

7.1.1 卷材防水屋面

卷材防水屋面的施工方法，主要靠手工作业和传统积累的经验。其检测手段比较单一。新型卷材的使用虽然逐步得到了推广，但与其相应的技术、工艺、质量保证措施常常不能同步，相对滞后。

【屋面防水卷材材料】

卷材防水屋面工程质量通病往往与屋面找平层、屋面保温层、卷材防水层有直接或间接的因果关系。例如，强制性条文明确规定：“屋面(含天沟、檐沟)找平层的排水坡度必须符合设计要求。”否则，容易造成积水，防水层长期被水浸泡，容易加速损坏。又如，保温层保温材料的干湿程度与导热系数关系呈负相关，限制保温材料的含水率是保证防水质量的重要环节。

卷材防水屋面防水常见的质量通病：卷材开裂、起鼓、流淌和渗漏。前三种通病是引发最终渗漏的隐患；后一种通病往往是细部构造做防水处理时，施工工艺不当，造成的最终结果，表现为直接性。

1. 卷材开裂

卷材开裂的主要原因包括防水材料选用不当、找平层不符合规范要求、保温(隔热)层施工质量不好、卷材铺设操作不当。

1）防水材料选用不当

(1) 设计忽视了屋面防水等级和设防要求。例如，重要的建筑和高层建筑，防水层合理的使用年限为15年，就宜选用高聚物改性沥青防水卷材或合成高分子防水卷材。

(2) 设计忽视了建筑物的使用功能和建筑物所在地的气候环境。例如，南方夏日高温，季节性雨水多，选择材料极限性就应以所在地最高温度为依据。

2）找平层不符合规范要求

目前大多数建筑物均以钢筋混凝土结构为主，其基层具有较好的结构整体性和刚度，故一般采用水泥砂浆、细石混凝土找平层或沥青砂浆找平层作为防水层的基层。

一些施工单位对找平层质量不够重视，主要表现为：水泥砂浆找平层，水泥与砂体积比随意性大；水泥强度等级低于32.5级；细石混凝土找平层强度等级低于C20；沥青砂浆找平层，沥青与砂的质量比不符合规定要求；找平层留设分格缝不当；找平层表面出现酥松、起砂、起鼓和裂缝。

3）保温(隔热)层施工质量不好

保温层的厚度决定了屋面的保温效果。保温层过薄，达不到设计的效果，其物理性能难以保证，使结构产生更大的胀缩，导致防水层拉裂。

4）卷材铺设操作不当

选用的沥青玛蹄脂没有按配合比严格配料。沥青玛蹄脂加热温度控制不严，加热温度超过240℃，会加速玛蹄脂老化，降低其柔韧性；加热温度低于190℃，会使其黏度增加，均匀涂布困难。温度过高或过低，都会影响卷材的黏结强度。

除了材料的品质原因外，卷材铺贴的搭接宽度的长短、接头处的压实与否、密封严密与否，都将影响卷材的开裂、翘边。

分析卷材开裂，主要从以下3个方面入手。

(1) 有规律的裂缝一般是由温度变形引起的，无规律的裂缝一般是由结构不均匀沉降、找平层、卷材铺贴不当或材料的质量不合要求引起的。

(2) 裂缝出现在施工后不久，一般是由找平层开裂和卷材铺贴质量不好引起的；施工后半年或一年以后出现裂缝，而且是在冬季，则是由温度变形造成的。

(3) 屋面板不裂，找平层开裂引起卷材开裂，一般是由找平层收缩变形引起的；屋面板开裂发生在板缝或板端支座处，一般是由温度变形或不均匀沉降引起的。

2. 卷材起鼓

引起卷材起鼓的原因有材质问题、基层潮湿、黏结不牢。

1）材质问题

当前卷材品种繁多，性能各异，按规定选用的基层处理剂、接缝胶粘剂、密封材料等与铺贴的卷材材性不相容。

2）基层潮湿

基层潮湿含有两层意思：一是指找平层不干燥，即基层的含水率大于当地湿度的平衡含水率，影响卷材与基层的黏结；二是指保温层含水率过大(保温材料大于在当地自然风干状态下的平衡含水率)，二者的湿气滞留在基层与卷材之间的空隙内，湿气受热膨胀，引起卷材起鼓。

3）黏结不牢

“黏结不牢”是一个泛指的大概念。基层潮湿是造成黏结不牢的原因之一，主要是突出“湿气”的破坏作用。

这里指的黏结不牢，排除基层品质外，主要是指铺贴操作不当。

(1) 采用冷粘法，涂布不均匀或漏涂；或胶粘剂涂布与卷材铺贴间隔时间过长或过短；或没有考虑气温、相对湿度、风力等因素的影响。

(2) 铺贴卷材时用力过小，压粘不实，降低了黏结强度。

3. 屋面流淌

流淌是指卷材顺着坡度向下滑动。滑动会造成卷材皱折、拉开。流淌的主要原因如下。

(1) 玛蹄脂耐热度低，错用软化点较低的焦油沥青，玛蹄脂黏结层厚度超过 2mm。

(2) 在坡度大的屋面平行于屋脊铺贴沥青防水卷材，因沥青软化点低，防水层较厚，就容易出现流淌。垂直铺贴时，在半坡上做短边搭接(一般不允许)，短边搭接处没有做固定处理(高聚物改性沥青防水卷材、合成高分子防水卷材耐温性好，厚度较薄，不容易流淌，铺贴方向不受限制)。

(3) 错选用深色豆石保护，且豆石撒布不均匀，黏结不牢固。豆石受阳光照射吸热，增加了屋面温度，加速了流淌的发生。

4. 屋面漏水

屋面漏水，这里专指节点漏水。节点漏水一般发生在细部构造部位。细部构造是渗漏最容易发生的部位。

细部构造渗漏水的原因如下。

1）防水构造设计方面

节点防水设防不能够满足基层变形的需要；节点防水没有采用柔性密封、防排结合、材料防水与构造防水相结合的方法。

2）细部构造防水施工方面

(1) 女儿墙与屋面接触处渗漏，砌筑墙体时，女儿墙内侧墙面没有预留压卷材的泛水槽口，或卷材固定铺设虽然到位，但受气温影响卷材端头与墙面局部脱开，雨水通过开口流入，如图 7.1 和图 7.2 所示。

(2) 屋面与墙面的阴角处渗漏。阴角处找平层没有抹成弧形坡，卷材在阴角处形成空悬，雨水通过空悬(卷材老化龟裂)破口流进墙体，如图 7.3 所示。

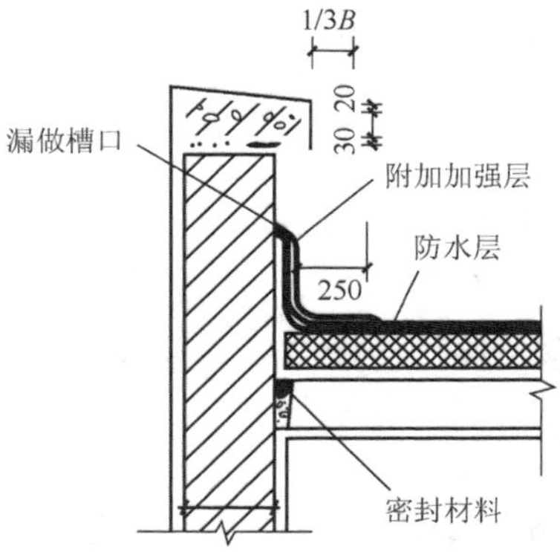

图 7.1 漏做压卷材泛水槽口示意

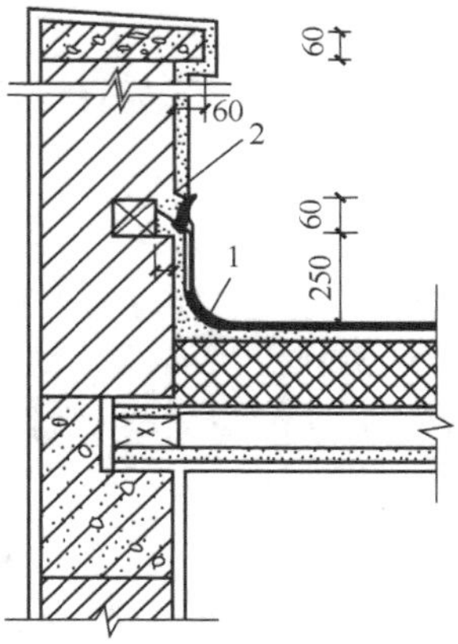

图 7.2 卷材端头与墙面脱开示意

1—防水卷材；2—卷材收头处

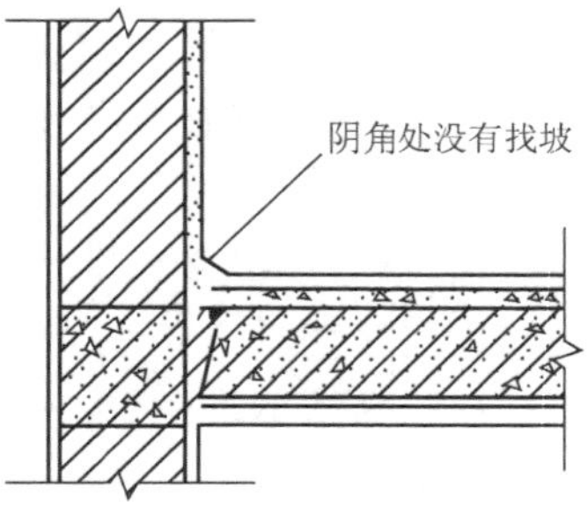

图 7.3 屋面与墙面阴角处形成空悬示意

3）水落口处渗漏

水落口安装不牢、填缝不实（图 7.4），周围未做泛水卷材铺贴，水落口杯周围 500mm 范围内，坡度小于 5%。高层建筑考虑外装饰效果一般采用内排式雨水口。如采用外排式，容易忽视雨水因落差所产生的冲击力，又没有采取减缓或其他防冲击措施，从而导致裙楼屋面受雨水冲击处易损坏、渗漏。图 7.5 所示为雨水落差冲击示意。

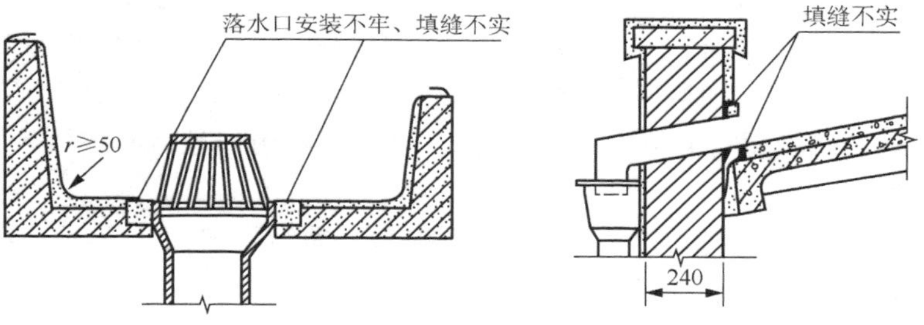

(a) 水落口安装不牢　(b) 填缝不实

图 7.4 水落口安装不牢、填缝不实示意

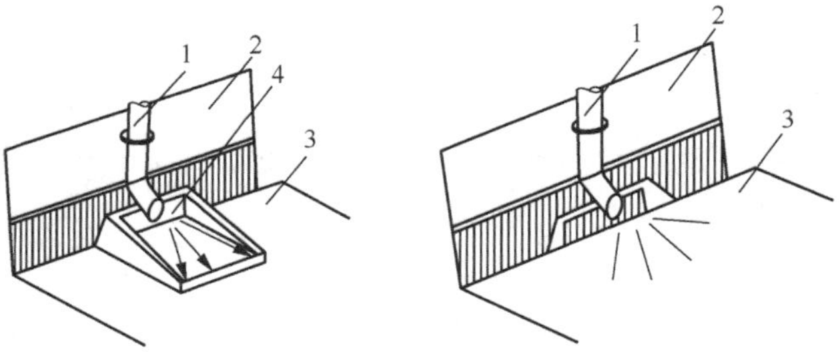

(a) 采取了缓冲保护措施　(b) 没有采取缓冲保护措施

图 7.5 雨水落差冲击示意

1—高层排水管；2—高层墙体；3—低层屋面；4—缓冲保护设置

应用案例 7-1

某单位科研楼工程，框架结构，地上两层，建筑面积为 10 266m^2，2008 年 7 月 20 日开工，2010 年 5 月 20 日竣工。本工程屋面采用卷材防水，防水保护层采用水泥预制砖。在连续潮湿高温的天气下，防水卷材和屋面砖发生了起鼓和变形。

经过现场勘探和屋面构造做法分析，事故可能是由以下几方面原因所致。

（1）本屋面工程保温材料的施工采用正置式保温方法，即把保温层置于屋面防水层与结构层之间。保温材料被密闭在屋面防水层内部，由于天气潮湿，防水层下面的湿气不能被及时排出，产生气体膨胀，从而造成防水卷材起鼓。

（2）屋面构造复杂，施工人员在施工过程中未按要求检查排气管道是否通畅，部分排气管道堵塞，致使防水层下部空间湿气膨胀又不能及时排出，造成防水层和屋面砖起鼓开裂。

（3）由于屋面砖的起鼓对屋面防水卷材产生拉力(屋面砖和防水卷材之间通过水泥砂浆粘接)，造成屋面防水卷材被拉裂，导致屋面渗漏现象的发生，同时也造成防水卷材的使用年限大大降低及经济上的重大损失。

7.1.2 刚性防水屋面

刚性防水屋面是在基层铺设细石混凝土防水层。细石混凝土防水层包括普通细石混凝土防水层和补偿收缩混凝土防水层。

刚性防水屋面主要依靠混凝土自身的密实性达到防水目的。

刚性防水屋面一般由结构层、找平隔离层、防水层组成。细石混凝土防水层，取材容易，施工简单，造价低廉，维修方便，耐穿刺能力强，耐久性能好，在防水等级Ⅲ级的屋面中推广应用较为普遍。其不足之处是刚性防水材料的表观密度大、抗拉强度低，常因混凝土干缩、温差变形及结构变形产生裂缝。

防水层的做法：一般在结构层板上现浇厚 40mm 的细石混凝土(目前国内多采用此厚度)，内配φ4@(100～200)mm 的双向钢筋网片。防水层设置分格缝，缝内嵌填油膏。刚性防水层实际是刚板块防水、柔性接头、刚柔结合的防水屋面。

重要建筑和防水等级为Ⅱ级及其以上的屋面，如采用细石混凝土防水层，一定要设置两道设防，即刚性防水材料与柔性防水材料结合并举。

刚性防水屋面发生渗漏很普遍。强制性条文规定：“细石混凝土防水层不得有渗漏或积水现象。”又规定：“密封材料嵌填必须密实、连续、饱满，黏结牢固，无气泡、开裂、脱落等缺陷。”执行强制性条文后，渗漏有所减少，但要彻底根治，还需时日。

刚性防水屋面渗漏往往是由综合因素造成的。从质量缺陷表面观察：一是开裂；二是起砂、起皮；三是嵌填分格缝有空隙。

如从本质上找原因，即材质不合格，工艺不当。当然也涉及设计上的问题。例如，当设有松散材料保温层的屋面受较大振动或冲击时，坡度大于 15%的屋面，就不适用于细石混凝土防水层了。

细石混凝土防水层渗漏的主要原因为防水层裂缝和结构层裂缝。

1. 防水层裂缝分析

（1）没有选用强度等级为32.5级普通硅酸盐水泥或硅酸盐水泥，这两种水泥早期强度高，干缩性小，性能较稳定，碳化速度慢。如采用干缩性大的火山灰质水泥，又没有采取泌水性措施，就容易干缩开裂。

（2）粗细骨料的含泥量过大，粗骨料的粒径大于15mm，容易导致裂缝的产生。

（3）细石混凝土防水层的厚度小于40mm，混凝土失水很快，水泥水化不充分，容易导致裂缝的产生，如图7.6所示。另外由于防水层厚度过薄，石子粒径太大，有可能使上部砂浆收缩，从而形成裂缝；防水层厚薄不均，突变处收缩率不一，也容易产生裂缝。图7.7所示为防水层裂缝示意。

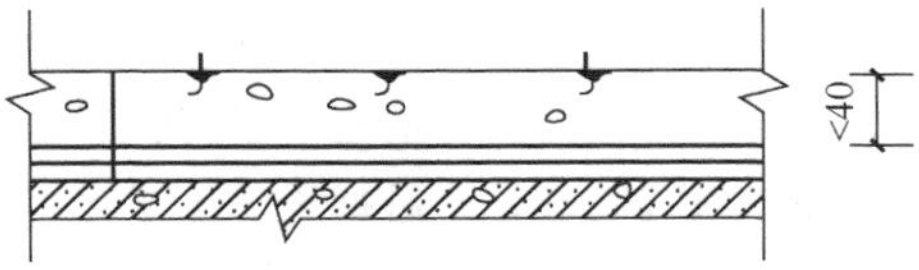

图7.6　防水层厚度过薄形成裂缝示意

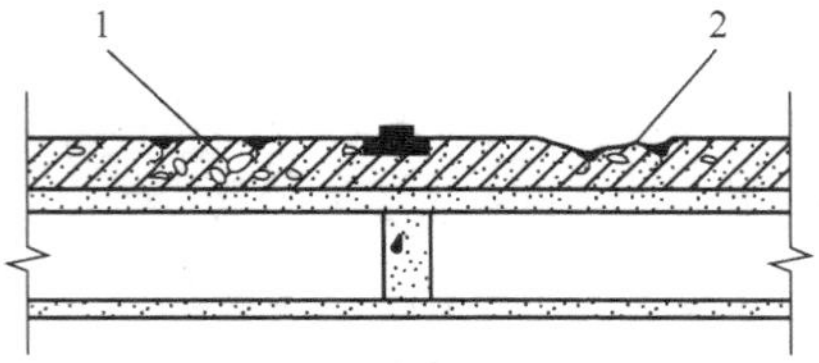

图7.7　防水层裂缝示意

1—石子粒径太大；2—厚薄不均，突变处裂缝

（4）在高温烈日下现浇细石混凝土，又没有采取必要的措施，过早失去水分引起开裂。

（5）格缝内的混凝土不是一次摊铺完成，人为地留有施工缝，为产生裂缝留下隐患；抹压时，有的为了尽快收浆，撒干水泥或加水泥浆，造成混凝土硬化后，内部与表面强度不一，干缩不一，引起面层干缩龟裂。图7.8所示为裂缝示意。

（6）水胶比大于0.55。水胶比影响混凝土密实度，水胶比越大，混凝土的密实性越低，微小孔隙越多，孔隙相通，成为渗漏通道。

2. 结构层裂缝分析

没有在结构层有规律的裂缝处，或容易产生裂缝处设置分格缝。

混凝土结构层在温差、干缩及荷载作用下挠曲引起的角变位，都能导致混凝土构件的板端处出现裂缝。例如，在屋面板支端处、屋面转折处、防水层与突出屋面结构的交接处等部位，没有设置分格缝，或设置的分格缝间距大于6m。图7.9所示为屋面板支端处裂缝示意。

结构层裂缝对刚性防水层有直接的影响，结构层裂缝支端处漏留分格缝，会引发防水层开裂。

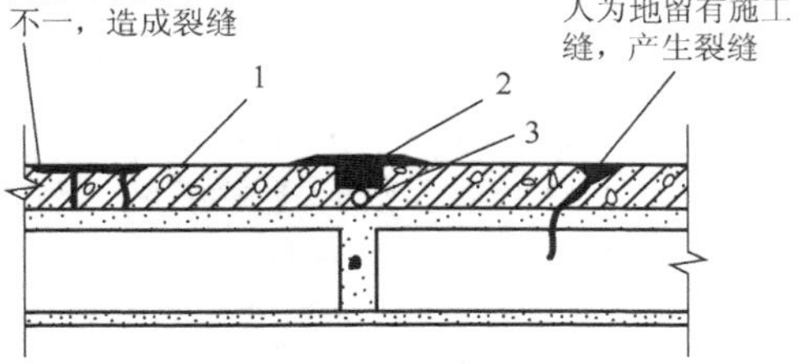

图7.8　裂缝示意

1—刚性防水层；2—密封材料；3—背衬材料

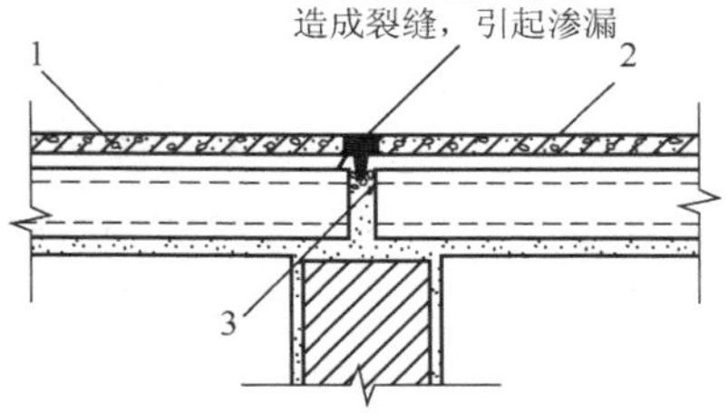

图7.9　屋面板支端处裂缝示意

1—刚性防水层；2—隔离层；3—细石混凝土

应用案例 7-2

某工程屋面防水采用一道 80mm 厚 C20 配筋刚性防水混凝土的做法，刚性防水面层设分格缝，缝内下部填砂，上部填专用密封膏。工程竣工后遇到第一个雨季时就发现顶层楼板有渗漏现象。后返工，把渗漏处周围 $2m^2$ 的配筋混凝土剔除，重新涂刷 3mm 厚改性沥青涂膜，才解决问题。

问题形成原因如下。

（1）混凝土的抗渗等级达不到设计要求。

（2）分格缝没有处理好，雨水顺着分格缝进入第二道防水。

（3）刚性防水混凝土出现贯穿裂缝。这是最容易出现的也是最难避免的质量通病。

7.1.3 涂膜防水屋面

防水涂料是以高分子合成材料为主体，经涂布在结构表面形成坚硬防水膜的物料的总称。它既可以在无保温层的刚性防水屋面板缝中采用油膏嵌缝，附加涂刷防水涂料层；又可以在有保温层找平的屋面上铺设防水涂料层。涂料防水屋面有操作简便、无污染、冷操作、无接缝、防水性能好、温度适应性强、易修补等优点，但由于它是新型防水材料，品种多，操作方法和使用条件各不相同，使用时要持慎重态度，要对材料的适用条件和操作方法了解清楚，不断总结实践经验，否则容易出现质量缺陷。

【涂膜防水材料】

防水涂料的材料包括各种嵌缝油膏(如沥青油膏、塑料油膏、橡胶沥青油膏等)和胶泥(如聚氯乙烯胶泥)，薄质屋面防水涂料(分沥青基橡胶防水涂料、化工副产品防水涂料和合成树脂防水涂料 3 类)，以及厚质屋面防水涂料(主要有石灰乳化沥青涂料和膨润土乳化沥青涂料)。

防水涂料常见的缺陷如下。

（1）材料变质，如超过有效期，或保管不善、长期日晒雨淋、冬期受冻、密封不严等。

（2）配合比不准，如称重失准，拌和不匀，使用隔夜混合料等。

（3）黏结欠佳，基层不平整，表面不清洁、不坚硬，基层材料强度低、含水率高等都会影响黏结强度。还要注意，每种涂料对基层的要求不尽相同。

（4）涂料层内有气泡导致涂料开裂。涂料中若有沉淀物，铺贴玻璃布时注意排净空气，施工时温度过高、结膜过快、水分难以逸出、涂料膜过厚等原因都容易引起气泡并开裂。

（5）保护层脱落使防水层受损，如未及时撒细砂层，或撒得不匀，没有滚压，砂子未粘牢等。

应用案例 7-3

某屋面防水材料选用彩色焦油聚氨酯，涂膜厚度为 2mm。施工时因进货渠道不同，底层与面层涂料分别为两家不同生产厂的产品。施工后发现三个质量问题：一是大面积涂膜呈龟裂状，部分涂膜表面不结膜；二是整个屋面颜色不均，面层厚度普遍不足；三是局部(约3%)涂膜有皱折、剥离现象。

原因分析如下。

(1) 涂膜开裂和表面不结膜，主要与涂膜厚度不足有关。用针刺法检查，涂膜平均厚度小于0.5mm。由于厚度较薄，面层涂料在初期自然养护时，材料固化时产生的收缩应力大于涂膜的结膜强度，所以容易产生龟裂现象。

另外，如果厚度不足，聚氨酯中的两组分无法充分反应，会导致涂膜不固化，表面粘手。

(2) 屋面颜色不均匀，主要是A、B两组分配置时搅拌不均匀造成的。尤其是B组分中粉状涂料，如果搅拌时间不足，搅拌不充分，涂料结膜后就会产生色泽不均匀现象。另外，本工程因底层与面层涂料来自不同生产厂，所以两种材料之间的覆盖程度、颜色的均匀性与厚度大小、涂刷相隔时间有关。

(3) 涂膜皱折、剥离，主要与施工时基层潮湿有关。本工程采用水泥膨胀珍珠岩预制块保温层，基层内部水分较多。涂膜施工后，在阳光照射下，多余水分因温度上升会产生巨大的蒸汽压力，使涂膜黏结不实的部位出现皱折或剥离现象。这些部位如果不及时修补，就会丧失防水功能。

7.1.4 瓦屋面防水

瓦屋面子分部工程的分项工程有平瓦屋面、油毡瓦屋面、金属板屋面等。

1. 平瓦屋面

平瓦屋面是指传统的黏土机制平瓦和混凝土平瓦。其主要适用于防水等级为Ⅰ、Ⅱ级及坡度不小于20%的屋面。

平瓦屋面的渗漏和安全事故的主要原因如下。

(1) 平瓦屋面施工盖瓦的有关尺寸偏小：脊瓦在两坡面瓦上搭盖宽度，每边小于40mm；瓦伸入天沟、檐沟的长度小于50mm(应为50～70mm)；天沟、檐沟的防水层伸入瓦内的宽度小于150mm；瓦头挑出封檐板的长度小于50mm(应为50～70mm)；突出屋面的墙或烟囱的侧面瓦伸入泛水的宽度小于50mm；尺寸偏小，降低了封闭的严密性。

(2) 屋面与立墙及突出屋面结构等交接处部位，没有做好泛水处理。

(3) 天沟、檐沟的防水层采用的防水卷材质量低劣。

(4) 安全事故，主要指平瓦的滑落或坠落。造成的原因为平瓦铺置不牢固，地震设防地区或坡度大于50%的屋面，没有采取固定加强措施。

2. 油毡瓦屋面

油毡瓦为薄而轻的片状材料，适用于防水等级为Ⅰ、Ⅱ级及坡度不小于20%的屋面。

油毡瓦屋面引起渗漏的主要原因如下。

(1) 油毡瓦质量不符合规定要求，如表面有孔洞、厚薄不均、楞伤、裂纹、起泡等缺陷。

(2) 搭盖的有关尺寸偏小：脊瓦与两坡面油毡瓦的搭盖宽度每边小于100mm；脊瓦与脊瓦的压盖面小于脊瓦面积的1/2；在屋面与突出屋面结构的交接部位，油毡瓦的铺设高度小于250mm。

(3) 油毡瓦的基层不平整，造成瓦面不平、檐口不顺直。

(4) 油毡瓦屋面与立墙及突出屋面结构交接部位，没有做好泛水处理；细部构造处没有做好防水加强处理。

3. 金属板屋面

金属板屋面适用于防水等级为Ⅰ、Ⅱ级的屋面。其具有使用寿命长、质量相对较轻、施工方便、防水效果好、板面形式多样、色彩丰富等特点，被广泛用于大型公共建筑、厂房、住宅等建筑物的屋面。

金属板材按材质分为锌板、镀铝锌板、铝合金板、铝镁合金板、钛合金板、钢板、不锈钢板等。

金属板材按形状分为复合板、单板。当前，国内使用量最大的为压型钢板。

金属板材屋面渗漏的主要原因为连接和密封不符合设计要求。下面以压型钢板为例加以分析。

(1) 连接不符合设计要求。板的横向搭接长度小于一个波；纵向搭接长度小于200mm；板挑出墙面的长度小于200mm；板伸入檐沟的长度小于150mm；板与泛水的搭接宽度小于200mm；屋面的泛水板与突出屋面墙体的搭接高度小于300mm，如图7.10和图7.11所示。

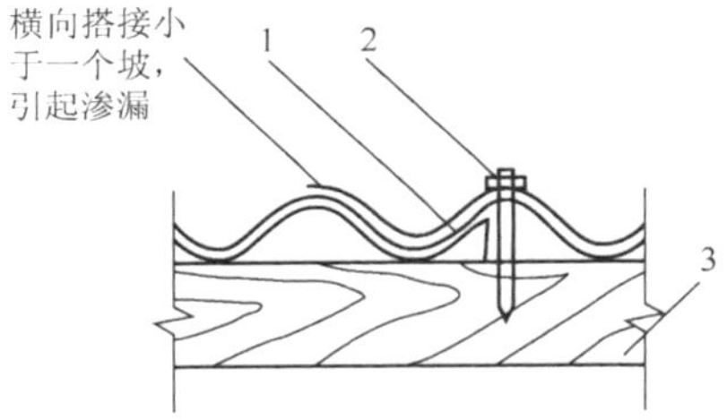

图7.10 引起渗漏示意一

1—波瓦；2—螺钉；3—檩条

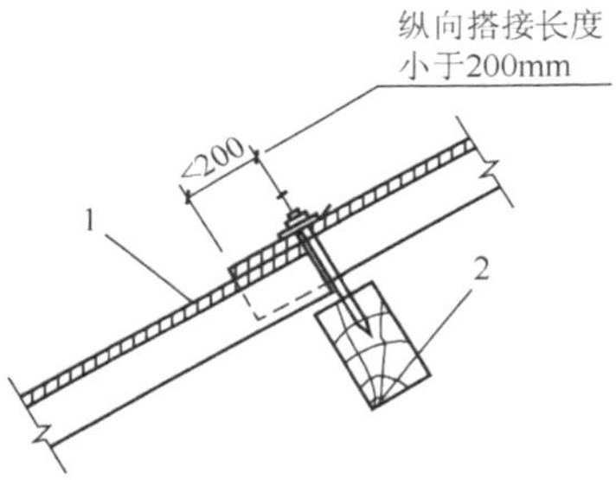

图7.11 引起渗漏示意二

1—金属板材；2—檩条

(2) 相邻的两块板没有顺年最大频率风向搭接。

(3) 板的安装没有使用单向螺栓或拉铆钉连接固定，钢板与固定支架固定不牢。

(4) 两板间放置的通长密封条没有压紧，搭接口处密封不严，外露的螺栓(螺钉)没有进行密封保护性处理。

7.1.5 隔热屋面

隔热屋面工程子分部包括架空屋面、蓄水屋面、种植屋面3个分项工程。

"隔热"仅是从功能上去理解，隔热屋面真正的作用还是要确保防水。

对于隔热屋面渗漏发生的原因，本项目7.1.1～7.1.3小节所做的分析可作为借鉴和参考。现根据其屋面具有隔热的特点，做如下补充。

1. 架空屋面

架空是为保证通风效果，达到隔热的目的。从防水这个角度分析，架空层可以当作防水层的保护层。隔热制品的质量和施工是否符合规范要求，直接影响防水层的防水效果。例如，相邻两块隔热制品的高差大于3mm，存有积水就是隐患。

【架空隔热】

【蓄水屋面】

2. 蓄水屋面

蓄水屋面多用于我国南方地区，一般为开敞式。防水层的坚固性、耐蚀性差，会造成渗漏；蓄水区每边长大于10m，蓄水屋面长度超过40m，又没有设横向伸缩缝，累计变形过大，会使防水层被拉裂。

【种植屋面】

3. 种植屋面

种植屋面除具有隔热作用外，还可以美化人们的生活工作环境，被喻为空中花园、城市绿肺。种植屋面渗漏的主要原因为保护层上面覆盖介质及植物腐烂或根系穿过保护层深入防水层，种植屋面使用的材料不能阻止对防水层的损坏这一特殊要求。

知识链接 7－2

外力和自然条件是影响防水工程质量的主要因素。作用在建筑物上的荷载多种多样，包括恒荷载和活荷载。但在实际工作中，还应考虑另一类荷载，即变形荷载。它是不直接以力的形式出现的一种间接荷载，如温度变化、材料的收缩和徐变、地基变形、地面运动等，而变形荷载在防水工程设计与施工中应加以防范。例如，在防水节点设计中，应根据结构变形、温差变形和振动等因素，使节点构造与防水措施能满足基层变形的需要。而在卷材防水工程施工时，则应根据当地温度、相对湿度及混凝土或水泥砂浆基层的收缩和徐变等因素，不仅要避开高温天气和雨天，而且还宜选用合理的卷材铺贴工艺；另外，卷材铺贴与基层施工之间，宜有一定的间隔时间，避免水泥类材料早期收缩的影响，否则将使卷材拉裂而引起渗漏。

7.2 地下防水工程

【地下室防水施工】

根据《地下防水工程质量验收规范》(GB 50208—2011)的规定，地下防水工程是工程建设的一个子分部工程。与建筑工程关系紧密的地下建筑防水工程有防水混凝土、水泥砂浆防水层、卷材防水层、涂料防水层、塑料防水板防水层、金属板防水层、膨润土防水材料防水层。

地下建筑防水工程质量直接影响工程的使用寿命和生产设备的正常使用。地下建筑防水工程的质量通病是渗漏。

按不同的防水等级，地下建筑防水工程应采用刚性混凝土结构自防水，或与卷材或涂料等柔性防水相结合，进行多道设防。对于“十缝九漏”的沉降缝(变形缝)、施工缝、穿墙管等容易渗漏的薄弱部位，因地制宜地采取刚性或柔性或刚柔结合的防水措施，使这一渗漏顽症得到抑制。

本节对防水混凝土、水泥砂浆防水层、卷材防水层、涂料防水层在施工过程中容易造成的质量通病做重点分析。

7.2.1 防水混凝土

防水混凝土结构是具有一定的防水能力的整体式混凝土或钢筋混凝土结构。其防水功能主要靠自身厚度的密实性。它除防水外，还兼有承重、围护的功能。防水混凝土工程取材方便，工序相对简单，工期较短，造价较低。在明挖法地下整体式混凝土主体结构设防中，防水混凝土是一道重要防线，也是做好地下建筑防水工程的基础，在1～3级地下防水工程中，以其独具的优越性成为首选。

【地下工程混凝土结构细部构造】

防水混凝土工程渗漏的主要原因如下。

(1) 水泥品种没有按设计要求选用，强度等级低于32.5级，或使用过期水泥或受潮结块的水泥。前者降低抗渗性和抗压强度；后者由于不能充分水化，也影响混凝土的抗渗性和强度。

(2) 粗骨料(碎石或卵石)的粒径没有控制在5～40mm，碎石或卵石、中砂的含泥量及泥块含量分别大于规定的要求，影响了混凝土的抗渗性。若含有黏土块，其干燥收缩、潮湿膨胀，会起较大的破坏作用。

(3) 用水含有害物质，对混凝土产生侵蚀破坏作用。

(4) 外加剂的选用或掺用量不当。在防水混凝土中适量加入外加剂，可以改善混凝土内部组织结构，以增加密实性，提高混凝土的抗渗性。例如，UEA膨胀剂的质量标准，分为合格品、一等品两个档次，两者的限制膨胀率和掺入量不同，若错用，就会造成补偿收缩混凝土达不到预期的效果。

(5) 水胶比、水泥用量、砂率、灰砂比、坍落度不符合规定。

① 水胶比。在水泥用量一定的前提下，没有用调整用水量控制好水胶比。水胶比过大，混凝土内部形成孔隙和毛细管通道；水胶比过小，和易性差，混凝土内部也会形成空隙。所以水胶比过大或过小，都会降低混凝土的抗渗性。水胶比大于0.6，则会影响混凝土的耐久性。

② 水泥用量。水胶比确定之后，水泥用量过少或过多，都会降低混凝土的密实度，降低混凝土的抗渗性。

③ 砂率、灰砂比。防水混凝土的砂率没有控制在35%～40%，灰砂比过大或过小，都会降低抗渗性。

④ 坍落度。拌合物坍落度没有控制在允许值的范围内。过大或过小，对拌合物施工性能及硬化后混凝土的抗渗性能和强度都会产生不利影响。

(6) 混凝土搅拌、运输、浇筑和振捣。

① 混凝土应采用机械搅拌。搅拌时间少于120s，难以保证混凝土良好的均质性。混凝土运输过程中，没有采取有效的技术措施来防止离析和含水量的损失，或运输(常温下)距离太长，运输时间长于30min等。

② 浇筑和振捣。浇筑的自落高度没有控制在1.5m以内，或超过此高度，又没有采用溜槽等技术措施；浇筑没有分层或分层高度超过30～40cm；相邻两层浇筑时间间隔过长；振捣时漏振、欠振、多振；等等。凡出现以上列举的情况，均会不同程度影响混凝土的抗渗性和强度。

（7）防水混凝土养护不符合规定。

养护对防水混凝土的抗渗性影响极大。浇水湿润养护少于14d(一般从混凝土进入终凝时开始计算)；错误采用“干热养护”；在特殊地区、特殊情况下，不得不采用蒸汽养护时，对混凝土表面的冷凝水处理、升温降温没有采取必要可行的措施；等等。

（8）工程技术环境不符合规定。

① 在雨天、下雪天和五级以上大风气象环境下作业。

② 施工环境气温未处于5～35℃。

③ 地下防水工程施工期间，没有采取必要的降水措施，地下水位没有稳定保持在基底0.5m以下。

（9）细部构造防水不符合规定。

地下建筑防水工程，主体采用防水混凝土结构自防水的效果尚好。细部构造的防水处理略有疏忽，渗漏就容易发生。《地下防水工程质量验收规范》(GB 50208—2011)把细部构造独立地列为一个分项，突出了其防水的重要作用。

细部构造防水施工使用的防水材料、多道设防的处理略有不当，都会导致渗漏。

（1）变形缝渗漏。止水带材质的物理性能和宽度不符合设计要求，接缝不平整、不牢固，没有采用热接，产生脱胶、裂口；中埋式止水带中心线与变形缝中线偏移，未固定或固定方法不当(如穿孔或用铁钉固定)，被浇筑的混凝土挤偏；顶、底板止水带下侧混凝土浇捣不密实，留有孔隙；后埋式止水带(片)，在变形缝两侧的宽度不一，宽度小的一侧缩短渗漏路线；预留凹槽内表面不平整，过于干燥，铺垫的素灰层过薄，使止水带的下面留有气泡或空隙；铺贴止水带(片)与混凝土覆盖层施工间隔时间过长，素灰层干缩开裂，混凝土两侧产生的裂缝，成为渗漏通道；变形缝处增设的卷材或涂料防水层，没有按设计要求施工。

（2）施工缝渗漏水。混凝土浇筑前，没有清除施工缝表面的浮浆和杂物，对混凝土界面没有进行处理(漏铺水泥砂浆或漏涂处理剂等)，浇捣不及时，产生孔隙或裂缝；施工缝采用遇水膨胀橡胶腻子止水条或采用中埋止水带时安装不牢固，留有空隙。

【后浇带施工】

（3）后浇带与现浇混凝土交接面处渗漏。后浇带与先浇筑混凝土的“界面”，可以理解为“施工缝”。造成施工缝渗漏的有些原因，也会造成后浇带交接处渗漏；后浇带浇筑时间如少于两侧混凝土龄期42d，两侧混凝土会因温差、干缩变形，导致交接处形成裂缝，如图7.12所示；后浇带没有采用补偿收缩混凝土，后浇带硬化产生收缩裂缝；后浇带混凝土养护时间少于28d，强度等级低于两侧混凝土。

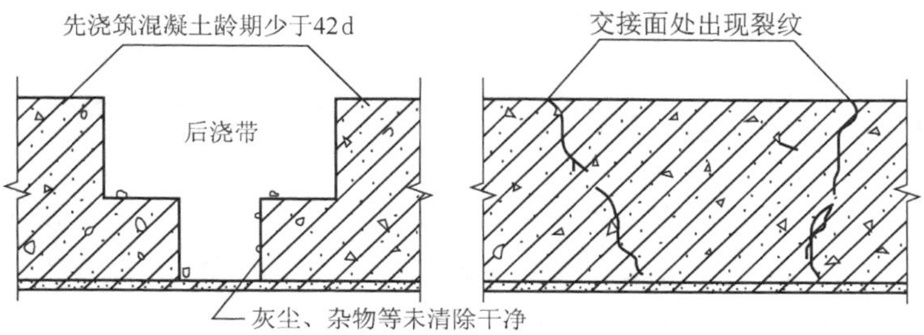

图7.12　后浇带与现浇混凝土交接面处裂缝示意

(4) 穿墙管道部位渗漏。

① 管道周围混凝土浇捣不实，出现蜂窝、孔洞(大直径管道底部更容易出现此缺陷)，或套管内表面不洁，造成两管间填充料不实，如图 7.13 所示。

② 用密封材料封闭填缝不符合规定要求。

③ 穿墙套管没有采取防水措施(加焊止水环)，穿墙管外侧防水层铺设不严密，增铺附加层时没有按设计要求施工，如图 7.14～图 7.16 所示。

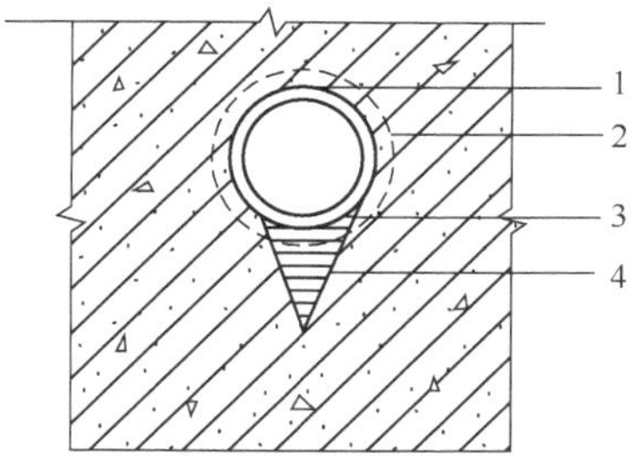

图 7.13 管道周围出现蜂窝、孔洞示意

1—止水环；2—预埋大管径管套；

3—蜂窝、孔洞；4—难以振实的三角处

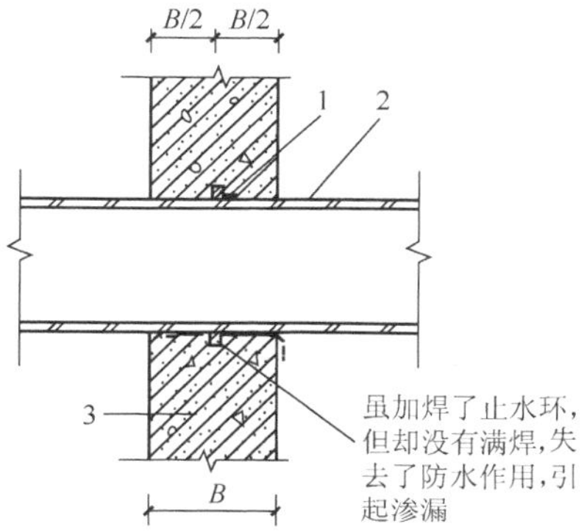

图 7.14 管道部位渗漏示意

1—止水环；2—预埋套管；

3—钢筋混凝土防水结构

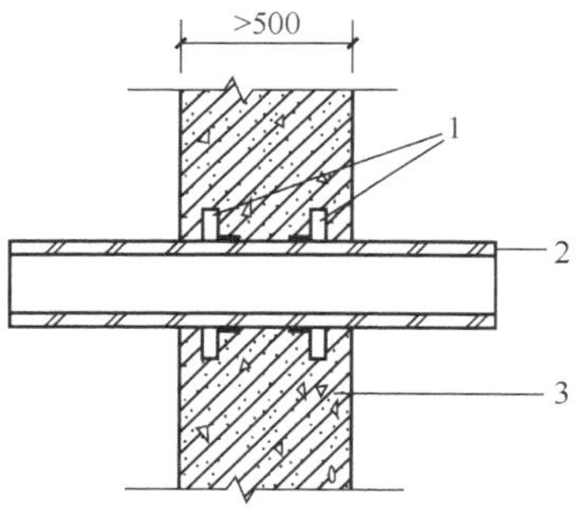

图 7.15 双止水环套管示意

1—止水环；2—预埋套管；3—钢筋混凝土防水结构

(右侧保护层太薄、止水环锈蚀，引起渗漏)

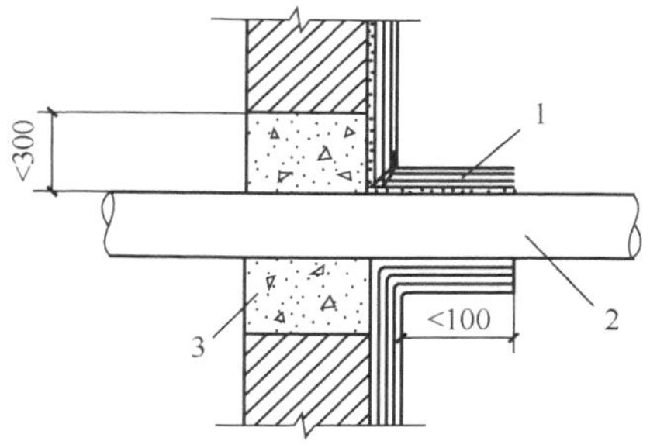

图 7.16 管道外侧渗漏示意

1—防水卷材；2—管道；3—混凝土

(5) 埋设件部位渗漏。

① 埋设件端部或预留孔(槽)底部的混凝土厚度小于 250mm；或当厚度小于 250mm 时，局部没有加厚，也没有采取其他防水措施(如加焊止水钢板)。混凝土厚度变薄，容易发生渗漏。图 7.17 所示为埋设件底部渗漏示意。

② 预留地坑、孔洞、沟槽内防水层，没有与孔(槽)外结构防水层保持连续，降低了防水整体的密封性。

③ 穿过混凝土的结构螺栓采用工具式螺栓，或采用螺栓加堵头做法。前者没有按规定满焊止水环或翼环，后者没有采取加强防水措施，或凹槽封堵不密实，留有空隙。

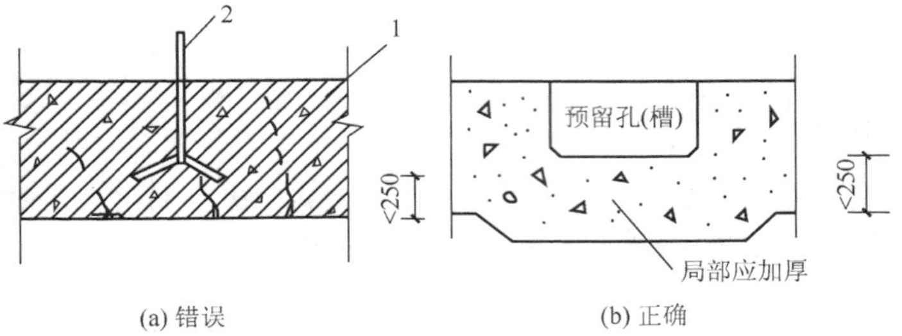

图 7.17　埋设件底部渗漏示意

1—钢筋混凝土防水结构；2—预埋铁件

应用案例 7－4

某大楼高 90m，其地下室共三层，采用掺加 UEA 的抗渗钢筋混凝土，基底埋深 21m，底板厚 3m 和 2m，外墙厚 70cm，整个大楼为现浇混凝土双筒外框结构。该工程基础深，施工难度大，结构复杂，工程量大，材料耗用大。

该大楼地下室为整体现浇钢筋混凝土，无变形沉降缝，施工缝采用铜板止水带防水，底板为抗渗混凝土结构自防水。

1. 渗漏部位与渗漏形式

(1) 渗漏部位，主要集中在地下三层地下室四周外墙和距墙 6.4m 范围内的底板上。

(2) 渗漏表现形式。外墙表现为大面积慢渗、点漏和底板裂缝漏水。底板表现为高水压慢渗水、点漏和底板裂缝漏水。底板水压力据测达 0.8MPa，高压渗漏给堵漏防水施工带来了很大的难度，特别是高压慢渗水处理和裂缝渗漏水处理。

2. 地下室渗漏原因

该大楼地下室严重渗漏的原因是多方面的，除管理措施不力致使抗渗混凝土有质量问题外，还有以下几方面的原因。

(1) 水文资料失实。原勘测地下水位较深，而实际施工中发现地下水位比勘测水位要高。降水方案中虽采用集坑降水，但地下水位仍然高于地下室底板。

(2) 防水设计未能高度重视，底板未设置防水层，只考虑了抗渗混凝土结构自防水一道防线设计。

(3) 施工缝处理不当。由于施工面积大，所用抗渗混凝土运送不及时，所以不得不留施工缝，而这些施工缝成为地下室渗漏的薄弱环节。

(4) 土建施工质量差。由于大楼地下室底板及外墙钢筋较密，造成了抗渗混凝土浇捣不密实，多处出现露筋、蜂窝、麻面，给渗漏水带来了严重隐患，致使抗渗混凝土不抗渗，影响了结构自防水的防水质量。

(5) 浇筑防水混凝土时，只注意了级配和外加剂，而忽略了施工质量；水胶比控制不严、养护不足等，直接影响了防水混凝土的质量。

(6) 地下室外墙防水施工质量差。地下室外墙防水设计选用聚氨酯涂膜防水，设计厚度为 2mm，实际施工中多未达到此厚度。基层不够平整，且多处有小孔，因赶工期，基层未达到聚氨酯涂膜防水施工要求就进行防水施工。

(7) 地下外墙防水施工完毕后，采用粘贴泡沫板做保护层，但在回填中因赶工期，未能完全进行分层，未能形成防水帷幕，造成工程周围形成汇水区，一旦结构和防水层出现问题，就会漏水。

7.2.2 水泥砂浆防水层

水泥砂浆防水层经过几十年的推广应用，在地下防水工程中形成了比较完整的防水技术，适用于承受一定静水压力的地下混凝土、钢筋混凝土或砌体结构基层的防水。

水泥砂浆防水层通过利用均匀抹压、密实，交替施工构成封闭的整体，达到阻止压力水渗透的目的。

水泥砂浆防水层的质量通病为渗漏。引起渗漏的主要原因如下。

1. 基层的质量

水泥砂浆防水层能否防水，基层的质量是关键。基层表面不平整、不坚实、有孔洞缝隙，或对存在的这些缺陷不做处理或处理不当，都会影响水泥砂浆防水层的均匀性及与基层的黏结。基层的强度等级低于设计值的80%，也会使水泥砂浆防水层失去防水作用。

2. 材料的品质

防水砂浆所用的材料没有达到规定的质量标准，会直接影响砂浆的技术性能指标。

(1) 水泥的品种没有按设计要求选用，强度等级低于32.5级。

(2) 没有选用中砂，或选用中砂的粒径大于3mm，含泥量、含硫化物和硫酸盐量均大于1%。

(3) 水中含有有害物质。

(4) 使用聚合物乳液有颗粒、异物、凝固物。

(5) 外加剂的技术性能不符合质量要求。

3. 局部表面渗漏

分层操作厚薄不均，用力不一(用力过大破坏素灰层，用力过小抹压不密实)。

4. 施工缝渗漏

施工缝与阴阳角距离小于200mm，甩槎和操作困难，或不按规定留槎，或留槎层次不清，甩槎长度不够，造成抹压不密实，缝隙漏水，如图7.18所示。

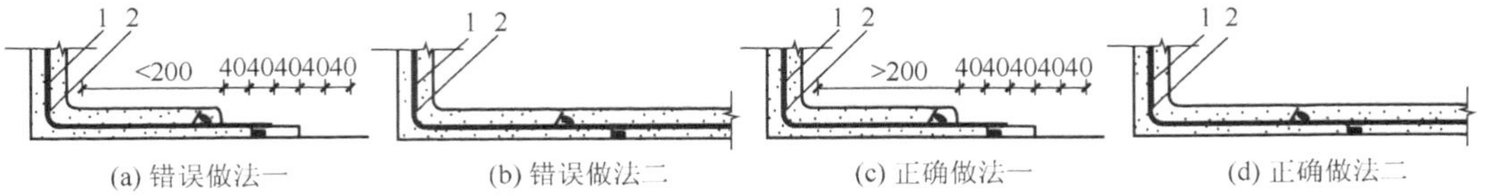

图7.18 防水层施工缝处理

1—砂浆层；2—素灰层

5. 阴阳角渗漏

抹压不密实，对阴阳角水泥砂浆容易产生塑性变形开裂和干缩裂缝的部位，没有采取必要的技术措施。阴阳角没有做成圆弧形。

6. 空鼓、开裂渗漏

排除原材料品质引起的原因，空鼓、开裂渗漏主要是施工过程中对基层处理不当造成的。

(1) 基层干燥，水泥砂浆防水层早期失水，产生干缩裂缝，防水层与基层黏结不牢，产生空鼓。

(2) 基层不平，使防水层厚薄不均，收缩变形产生裂缝。

(3) 基层表面不光滑或不洁，防水层产生空鼓。

(4) 养护不好或温差大，引起干缩或温差裂缝。

应用案例 7－5

某建筑工程水泥砂浆防水层与基层脱离甚至隆起，表面出现交叉裂缝。处于地下水位以下的裂缝处，有不同程度的渗漏。

其原因分析如下。

(1) 基层未清理干净或没有进行清理，或有油污、浮灰等，对防水层与基层的黏结起了隔离作用。防水层空鼓后，随着与基层的脱离产生收缩应力，导致裂缝的产生。

(2) 在干燥的基层上，防水层抹上后，水分立即被基层吸干，造成早期严重脱水而产生收缩裂缝，同时与基层黏结不良而产生空鼓。

(3) 水泥选用不当，稳定性不好，或不同品种水泥混合使用，收缩系数不同，造成大面积网状裂缝。砂子粒度过细，也容易造成收缩裂缝。没有严格按配合比配制灰浆，致使灰浆收缩不均，造成收缩裂缝。

(4) 浇水养护不及时，使防水层产生干缩裂缝。冬季施工热养护时，局部温度过高，造成干缩，或由于温差而产生膨胀与收缩变形，出现裂缝。

7.2.3 卷材防水层

卷材防水层是用防水卷材和沥青胶结材料胶合组成的防水层。高聚物改性沥青防水卷材、合成高分子防水卷材具有延伸率较大、对基层伸缩或开裂变形适应性较强的特点，常被用于受侵蚀性介质或受振动作用的地下建筑防水工程。卷材防水层适用于混凝土结构或砌体结构的基层表面迎水面铺贴。

防水卷材采用外防外贴和外防内贴两种施工方法。前者防水效果优于后者。在施工场地和条件不受限制时宜选用外防外贴。

卷材防水层整体的密封性是防水的关键。凡出现渗漏，就可以判定是密封性遭到了不同程度的破坏。造成卷材防水层常见渗漏通病的主要原因如下。

1. 材料的品质

选用的高聚物改性沥青防水卷材、合成高分子防水卷材，与选用的基层处理剂、胶粘剂、密封材料等配套材料不相容。合理的防水年限与卷材厚度的选择不配。

2. 基层的质量

基层强度小、不平整、不光滑、有松动或起砂现象；基层含水率大于规定的要求。这些原因都会使卷材与基层面粘贴不牢。

3. 卷材接头搭接质量

卷材接头搭接质量关系到整体的密封性。两幅卷材短边和长边的搭接缝宽度小于100mm；采用多层卷材铺贴，上、下层相邻两幅卷材搭接缝没有错开，或错开的距离小于规定要求；上下两层卷材相互垂直铺贴，在同一处形成透水通道；接头处黏结不密实，封闭不严密，产生开口翘边。以上原因都可能引起渗漏。图7.19所示为3层卷材重叠示意。搭接缝封口不严密，容易发生在高分子卷材施工中，这类卷材一般均为单层铺设，搭接缝处理不好，极容易造成渗漏。使用的密封材料与高分子卷材材性不相容，也是造成封口不严密的常见原因之一。

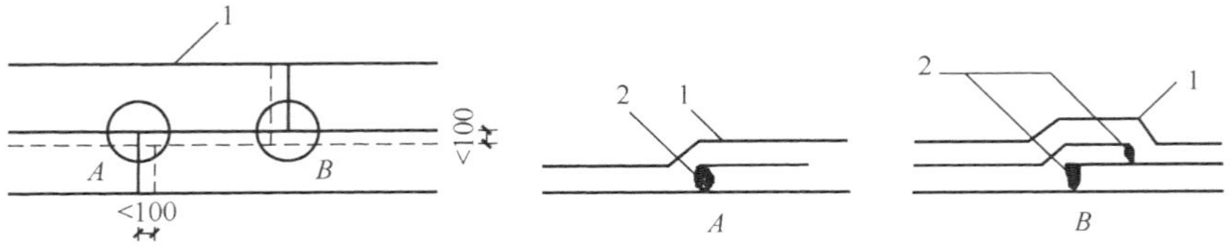

图7.19 3层卷材重叠示意

1—卷材；2—密封不严密

4. 空鼓

空鼓主要是指卷材与基层面之间，滞留气体在外界温度作用下产生的膨胀。空鼓产生的原因：基层潮湿、不平整、不清洁，压铺用力不均。

5. 转角处渗漏

转角处渗漏产生的原因：基层的转角处没有做成圆弧或钝角，形成空隙，或没有在转角处进行加强处理；发现质量问题，没有及时采取补救措施。

应用案例7-6

某住宅地下室采用卷材防水层时，当地下室主体工程施工完后，在转角部位出现渗漏。

其原因分析如下。

(1) 在地下室结构的墙面与底板转角部位，卷材未能按转角轮廓铺贴严实，后浇或后砌主体结构时，此处卷材遭到破坏。

(2) 所使用的卷材韧性不好，转角包贴时出现裂纹，不能保证防水层的整体严密性。

(3) 拐角处未按有关要求增设附加层。

7.2.4 涂料防水层

防水涂料在常温下为液态，涂刷于结构表面后形成坚韧的防水膜层。其防水作用原理是经过常温交联固化形成具有弹性的结膜。

以合成树脂及合成橡胶为主的新型防水材料，在国外已形成系列产品。该系列产品最大的特点是具有延伸性和耐候性，在防水工程中得到了大量应用。

我国研究成功了橡胶沥青类、合成橡胶类、合成树脂类三大系列产品，标志着我国防水涂料的发展进入了一个新的时期，使地下建筑防水工程以自防水混凝土为主并与柔性防水相结合的应用技术得到了重点推广。

涂料防水层适用于侵蚀性介质或受振动作用的地下建筑工程，适用于迎水面或背水面涂刷的防水层。反应型、水乳型、聚合物、水泥防水涂料或水泥基、水泥基渗透结晶型涂料都适用于防水层。

涂料防水层一般采用外防内涂或外防外涂两种施工方法。

涂料防水层在施工中容易出现质量缺陷，尽管外观形态各异，但最终的后果都是会导致渗漏。

造成渗漏的主要原因如下。

首先分析，涂料防水层所用的材料品质及配合比是否符合设计要求；防水涂料的平均厚度是否符合规定(最小厚度不得小于设计厚度的 80%)。例如，防水等级为Ⅰ级的地下建筑防水工程，设防道数不能少于 3 道，采用聚合物水泥涂料涂刷，其厚度不能小于 1.5～2.0mm。

其次要分析在涂料防水层施工时是否违反了如下规定：涂刷前是否在基面涂刷了基层处理剂，基层处理剂与涂料是否相溶；涂膜是否通过多遍涂刷完成，上、下层涂刷时间的间隔是否足以待下层涂料结固成膜；每遍涂刷时，是否交替改变涂层涂刷的垂直方向，同层涂膜的先后接槎的宽度是否控制在 30～50mm；是否保护好了涂料防水层的施工缝(即甩槎)，搭接宽度是否小于 100mm，甩槎表面是否处理干净；涂料防水层施工时，是否先进行了细部构造的防水处理，然后再大面积涂刷；防水涂料的保护层是否符合施工规范的规定。最后对施工质量缺陷进行分析。

1. 起鼓

(1) 基层不干燥，黏结不牢。涂料防水层与基层是否黏结密实，取决于基层的干燥程度，而地下结构的基层表面要达到干燥一般不容易。

(2) 在涂刷防水涂料前，没有用处理剂涂刷，或刷涂的处理剂与涂料不相溶。

(3) 基层表面不平整，不清洁，或有空鼓、松动、起砂和脱皮。

2. 气孔、气泡

搅拌方式不对，使空气进入被搅拌的涂料中；涂刷的厚薄不均且为一次成膜；气孔、气泡破坏了涂料防水层质地的均匀性，形成了防水的薄弱部位。

3. 翘边

(1) 涂料黏结力不强，或搭接缝密封处理不严密。

(2) 基层表面不平、不洁、不干燥。

(3) 对细部构造防水的加强处理，不符合施工规范。

4. 破损涂料防水层施工过程中或施工完毕后，没有做好保护

另外，在进行渗漏分析时，还要考虑：防水涂料操作时间，即操作时间越短的涂料(固结速度快)越不宜用于大面积防水涂料的施工；防水涂料要有一定黏结强度，即潮湿基面(基层饱和但无渗漏水)要有一定的黏结强度；防水涂料成膜必须具有一定的厚度；防水涂料应具有一定的抗渗性、耐水性。

应用案例7-7

某小区1#、2#别墅分别建了一层地下室，地下埋深约3m，用于居住、会客等。开挖地基时，开挖土含水量较低，未见明水，开发商据此认为该地下室不会发生渗漏。将地下防水设计为：底板防水为钢筋混凝土自防水，抗渗等级为S6，结构墙体为黏土砖，外贴一层SBS改性沥青防水卷材。

地下室建成后，穿墙管周围和墙体均出现严重的渗漏，水通过墙体上的毛细孔、穿墙管和墙体之间的缝隙以“流”的形式进入地下室。为杜绝渗漏，开发商曾用水泥基渗透结晶型防水涂料在室内结构墙体找平层上涂刷，涂刷后的一年内，渗漏减轻。一年后，汛期突降暴雨，恰遇地下排水管网发生堵塞，地下室出现了严重的渗漏，室内地面出现积水。

渗漏原因分析如下。

(1) 对水源的认识不正确。

仅仅在开挖土方时未见明水，就认为地下室不会发生渗漏，这种认识上的错误是造成本工程渗漏的首要原因。

(2) 防水等级不明晰。

该地下室供人们居住、会客，是人员长期停留的场所，设防要求应当为不允许任何渗漏，结构表面无湿渍。

(3) 防水设防不合理。

(4) 未形成全封闭的防水结构。

(5) 穿墙管设计不合理。

(6) SBS改性沥青防水卷材接缝技术未按照规范操作。

(7) 维修仍未遵守规范要求。

在开发商自行组织的维修中，只用一道水泥基渗透结晶型防水涂料，达不到规范中规定的设防要求，治理后墙壁上仍出现渗水，未能获得理想的效果。

知识链接7-3

当最高地下水位高于地下室地板面时，必须考虑在地下室外墙和地面做防水处理。具体可根据实际情况，采用柔性防水和刚性防水构造。柔性防水层做在迎水面一边的称为外包防水，做在背水面一边的称为内包防水。刚性防水又称结构自防水，一般采用补偿收缩防水混凝土。在重要地下工程中，较多采用复合防水。它以结构自防水为主，以柔性防水层(如卷材和涂料)为辅，是一种刚柔结合、功能互补的防水做法。

近年来，在我国交通、能源、水利和城市建设日益向地下空间纵深发展的情况下，地下工程渗漏问题及其危害性已越来越引起人们的重视。许多地下工程留下的渗漏隐患，严重影响了人们的工作和生活环境，缩短了建筑物、构筑物的使用寿命。为了更好地治理地下防水工程的渗漏问题，有必要就其质量缺陷及防治措施进行研究讨论。

地下防水工程渗漏主要是由防水混凝土不密实、防水混凝土开裂、施工缝和变形缝处理不当及预埋件部位和管道穿墙(地)部位处理不当引起的。

7.3 其他防水工程

其他防水工程是指《建设工程质量管理条例》提出的“有防水要求的卫生间、房间和外墙面的防渗漏”。上述建筑部位的渗漏水与城市建设的高速发展、高层建筑的日益增多、人们生活工作环境的不断改善相互之间的矛盾越来越突出。如何防治渗漏是建筑业面临的又一个新的课题。

7.3.1 卫生间防水

【卫生间防水】

对于卫生间的防水工程，国家还没有颁布统一的施工规范。虽然有些地区在设计和施工方法上有所革新，并取得了较为满意的防水效果，但大多数施工单位仍沿循传统的施工方法，存在监控力度不一，管理水平参差不齐，工序的衔接、工种的配合、协调难度大等问题。卫生间管道多、操作面狭小、施工难度大，这些因素都非常容易造成卫生间渗漏。卫生间渗漏不仅是常见的质量通病，而且是个顽症。卫生间渗漏的原因如下。

1. 楼地板渗漏

卫生间一般都是采用现浇钢筋混凝土板，也有采用预制的。混凝土强度等级低于C20，板厚小于80mm。浇捣不密实，不是一次性浇捣完成，养护不好，重要防水层不起防水作用，渗漏缘于此，如图7.20所示。

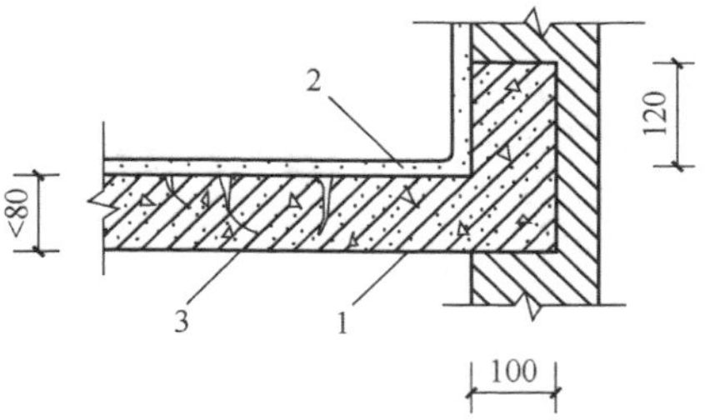

图7.20 现浇钢筋混凝土板渗漏示意

1—钢筋混凝土；2—面层；3—施工缝处裂缝

2. 贯穿管道周围渗漏

（1）楼板施工时，管洞的位置预留不准确；安装管道时，凿大洞口，为以后的堵洞增加施工难度，留下隐患；管道一旦安装固定，没有及时堵洞；堵洞时没有将周围杂物清除干净，没有进行湿润；堵塞材料不合格，堵塞不密，留有空洞或孔隙。图7.21所示为管道周围渗漏示意。

（2）管道与套管之间没有进行密封处理，套管低于地面，管与管之间存在空隙。图7.22所示为管道与套管之间渗漏示意。

3. 地面倒泛水渗漏

（1）地漏高出地面，周围积水，失去排水作用。

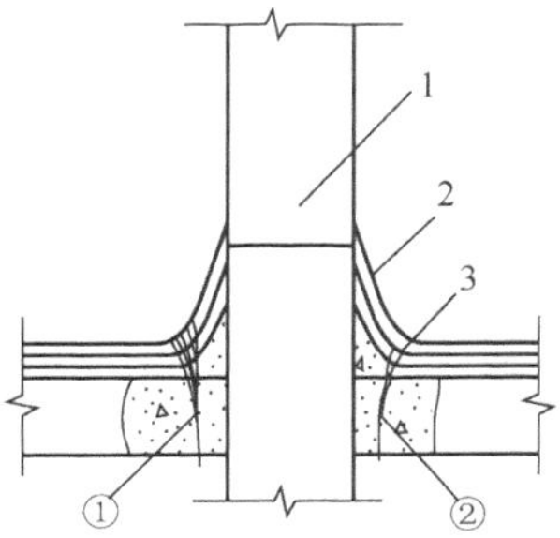

图 7.21　管道周围渗漏示意

1—铅丝或麻绳绑扎；2—面层；3—防水卷材；
①—凿大洞口，堵洞困难，引起渗漏；
②—洞内有杂物，堵塞不密，引起渗漏

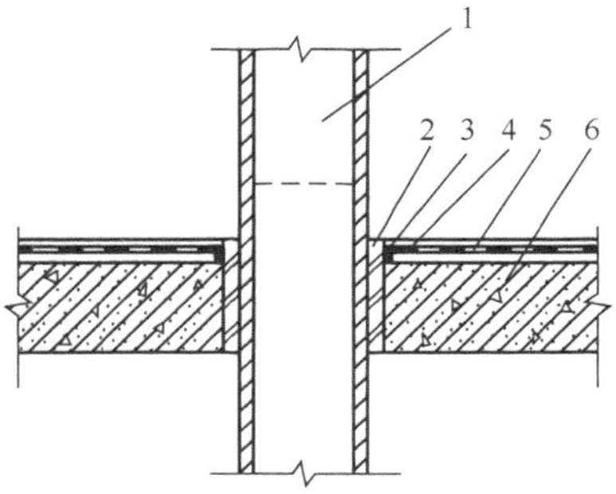

图 7.22　管道与套管之间渗漏示意

1—管道；2—套管；3—密封材料；
4—止水环；5—涂料防水层；6—结构层

（2）卫生间楼面与室内地面相平，积水外流。

（3）做找平层时，没有冲地筋向地漏找坡。

4. 楼地面与墙面交接处渗漏

（1）在楼地面与立墙交接处砌筑立墙时，铺砂浆不密实或饰面块材勾缝不密实，孔隙成为渗漏水通道。

（2）楼地面坡度没有找好或不规则，交接处积水。

（3）交接处沿立墙面防水层铺设高度不够。

7.3.2　外墙面渗漏

外墙面的渗漏表现为向室内渗透。引发这一质量通病的因素很多，要格外引起重视。

【无外保温外墙防水防护施工】

1. 门窗渗漏

门窗渗漏是当前的高频率通病。引发的原因绝大多数来自铝合金门窗的品质和安装不符合规定要求。

1）铝合金窗品质

采用型材的物理性能、化学成分和表面氧化膜不符合标准规定，其强度、气密性、水密性、开启力等不符合规定要求。铝合金窗的质量存在问题，是渗漏的主要原因之一。

2）设计简单

当前住宅工程和装饰工程的施工图设计简单，对用料规格、节点大样、性能和质量要求很少做出详细的标注。施工单位制作、安装无依据。

3）铝合金窗安装质量

（1）窗扇与窗框安装不严密，缝隙不均匀；窗框下槽排水孔不起排水作用。

（2）玻璃的尺寸不符合规定要求，玻璃嵌条、硅胶固定不牢固，留有空隙。

（3）窗框与墙体间缝隙过大或过小，造成填实不严密或无法填实，填嵌的水密性密封材料不符合规定的质量要求。

（4）窗框安装不平整、不垂直、不牢固，受振动产生裂缝。

（5）窗楣、窗台没有做滴水槽和流水坡度，或做的滴水槽深度不够，或做了流水坡但坡度不够。

（6）室外窗台高于室内窗台，如图 7.23 所示。

【温度变形缝的设置方法】

2. 变形缝部位渗漏

变形缝部位的渗漏表现为内、外墙面发黑发霉，致使内墙面基层酥松脱落，影响使用功能和美观。其主要原因如下。

（1）变形缝的结构不符合要求，变形缝不具有适应变形的性能，应力的作用使墙体被拉裂，形成外墙面渗漏水通道。

（2）变形缝内嵌填的材料水密性差或封闭不严密。封闭的盖板构造不符合变形缝变形的要求，被拉开甚至脱落，如图 7.24 所示。

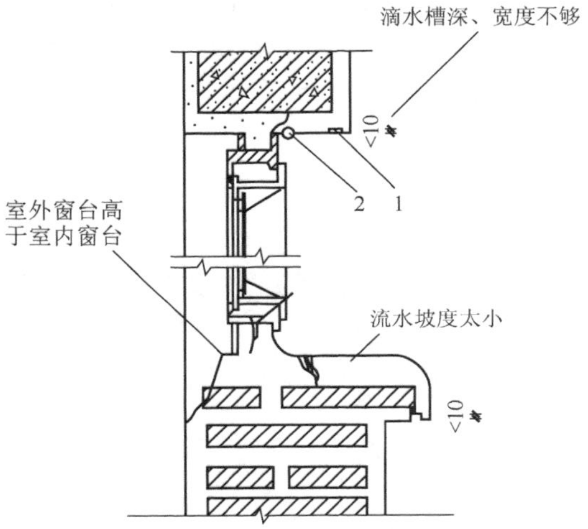

图 7.23　室外窗台高于室内窗台渗漏示意

1—滴水槽；2—窗周边密封材料

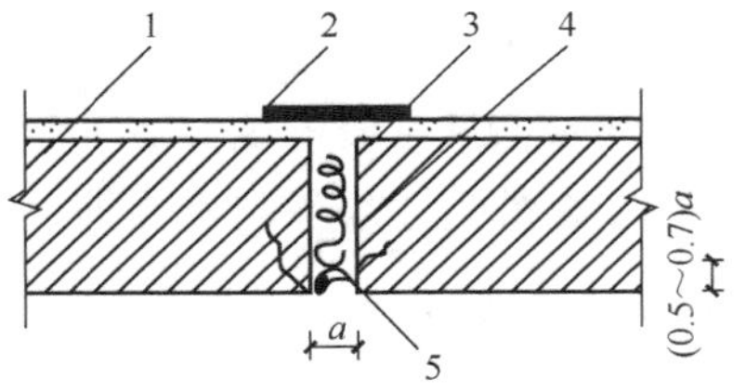

图 7.24　变形缝渗漏示意

1—砖砌体；2—室内盖缝板；3—填充材料；4—背衬材料；5—密封材料；6—缝宽

3. 阳台、雨篷渗漏

（1）阳台、雨篷的排水管道被堵塞，积水沿着阳台、雨篷根部流向不密实的外墙面，或流向根部与墙面交接处的裂缝。

（2）有的建筑为增加墙面的立体感，采用横条状饰面，上部没有找坡，下面未做滴水槽，致使雨天横条积水渗入内墙，形成墙面“挂黑”。

4. 女儿墙渗漏

女儿墙根部产生裂缝是渗漏水的结症所在。排除设计和温差变形的原因，施工方面的主要原因如下。

（1）女儿墙砌筑质量差，砂浆不饱满，砌体强度达不到设计要求，抗剪强度小。一有外因作用，极易产生水平裂缝。

（2）支撑模板施工圈梁时，横木架在墙体上留下贯穿孔洞，堵塞不严密。圈梁与砌体间黏结不密实，留下外墙面的通缝。

5. 外墙的质量缺陷引起的渗漏

(1) 砌体质量。砌筑砂浆和易性差，不密实，强度低，雨水沿灰缝渗入墙体；外加剂的用量控制不严，砌体湿水措施不当，影响砂浆和砖的黏结。砌筑方法没有按施工规范操作，立缝砂浆饱满度不够，成为渗漏水通道。

(2) 基层处理。对基层面上的，特别是突出外墙面砌筑物上面的浮灰、粘连的砂浆等没有清除干净，抹灰后形成空鼓。

(3) 底层施工。外墙底层打底的水泥砂浆没有控制好配合比，打底砂浆掺入外加剂用量不准，砂浆含砂率高，不密实，降低了强度。打底厚度没有控制在规定范围之内。当底层灰厚度大于20mm，没有分层施工时，造成砂浆自坠裂缝。底层抹灰接槎处理往往受脚手架影响，忽视接槎部位抹压顺序，外高内低的接缝留下渗漏隐患。

(4) 框架结构与填充墙交接处的处理。交接处材质的密度不一样，受温差影响收缩开裂。抹灰前没有采取必要的防裂措施，留下渗漏隐患。

(5) 外墙脚手架孔的堵塞。穿墙的脚手架孔堵塞马虎，采取的措施不当。

(6) 面层施工的质量。面层施工前，没有对基层的空鼓、裂缝进行修补。铺贴面砖、水泥浆不饱满，出现空鼓，勾缝不密实，外墙涂布涂料没有选用具有防水功能的涂料。

特别提示

卫浴间设备、管道多，阴阳转角多，工作面小，基层结构复杂，同时又是用水最频繁的地方，故极易出现渗漏，给用户造成很大的不便。经调查和现场观察，发现其渗漏主要发生在房间的四周、地漏周围、管道周围及部分房间中部。究其原因主要是设计考虑不周，材料性质不佳，施工时结构层、找平层处理不好或不到位，管理使用不当等。

应用案例7-8

卫生间最常出现漏水的部位是管道部位，新装修的房间一般2～3年就会出现这样的渗漏，而且一旦出现，处理的工程量都会比较大。那么造成卫生间管道漏水的原因是什么？我们又该如何去处理呢？

造成卫生间卫生洁具管道周边渗漏，有如下原因。

1. 设计原因

(1) 卫生洁具设计标高不够，周边积水渗漏。

(2) 穿楼地面管道孔位置不合理，或卫生洁具、管道周边未设计密封措施。

2. 材料原因

密封材料选择不当，黏结强度低，遇水出现发泡、溶胀，或固化后收缩率大，产生断裂等现象。

3. 施工原因

(1) 凿洞位置不准确，孔洞边缘不规则，管道与楼地面之间缝隙过大。

(2) 卫生洁具的规格与设计不符，强行安装，造成接口连接处渗漏。

4. 管理原因

(1) 擅自更改洁具位置，造成卫生洁具标高不合适，地面排水不畅。

（2）二次装修时，将原防水层破坏。

应用案例 7－9

某海关大楼高七层，建筑主体采用框架结构，墙体为多孔砖砌筑，墙面用水泥砂浆粉刷粘贴条形釉面砖做装饰。该工程于20世纪80年代中期建成，竣工使用不到几年外墙即发生严重渗漏水，个别房间经过重新粉刷处理，但仍无法杜绝渗漏水，以致影响正常使用，长期闲置。

其分析原因如下。

（1）贴饰面砖之间的外墙找平层砂浆质量不被重视，只是一道抹灰层刮糙拉毛，这样造成了空隙率极高，而且缺乏养护，干缩裂缝现象严重，使得砂浆找平层失去了挡水的作用。

（2）由于条形瓷砖的自身特点，铺贴时为便于调整平整度和水平线，采用传统的非满浆粘贴工艺，每块饰面砖的边缘10mm内不抹浆，这样饰面层存在大量的纵横缝隙和空鼓面砖的“空鼓囊”。

（3）该饰面瓷砖墙面装饰缝宽度约10mm，仅用普通水泥砂浆勾填缝，已出现干缩裂缝，起不到防渗漏的作用。

（4）部分条形砖质量较差，经风吹日晒釉面已有细微裂缝，雨水已可渗入砖体；加之许多门窗框四周嵌填不严密或存在裂缝，有的密封材料甚至酥松脱落。一旦遇到下雨，由于温度突然降低，这些沟缝、空鼓囊在负压状态下就容易形成有虹吸作用的毛细通道，墙体大量地吸水和蓄水，所以出现雨停后内墙还会持续渗水多日的现象。

思考题

1. 卷材、刚性、涂膜屋面有哪些质量缺陷？有何共同的通病特征？其产生的原因是什么？
2. 谈谈采用新型防水材料进行屋面施工的经验和教训。
3. 为什么说地下建筑防水工程是一个系统应用工程？
4. 混凝土防水工程对材料品质有哪些要求？
5. 你是如何理解“十缝九漏”的？结合施工谈谈体会。
6. 地下建筑防水工程常见的质量通病有哪些？从本质上分析产生的共同原因。
7. 简述涂料防水层渗漏的分析要点。
8. 卫生间屡屡出现渗漏的主要原因是什么？
9. 对于铝合金窗渗漏，应该重点从哪几个方面进行分析？
10. 外墙面渗漏有哪些主要原因？
11. 谈谈你对细部构造防水的认识。

项目8 装饰装修工程

教学目标

本项目对一般抹灰工程、地面工程、饰面板(砖)工程、门窗安装工程的质量缺陷，如面层脱落、空鼓、裂缝、安装不牢固和影响装饰效果等进行综合分析的目的，是鉴于此类质量缺陷具有并发性，很少独立存在。进行综合分析有利于从根本上找出原因。为了使缺陷的分析具有针对性，本项目又分别做了具体的叙述。

教学要求

能力目标	知识要点	权重
了解相关知识	抹灰工程、地面工程、饰面板(砖)工程、门窗安装工程的质量控制要点	15%
熟练掌握知识点	(1) 抹灰工程常见的质量缺陷及处理 (2) 地面工程常见的质量缺陷及处理 (3) 饰面板(砖)工程常见的质量缺陷及处理 (4) 门窗安装工程常见的质量缺陷及处理	50%
运用知识分析案例	常见装饰装修工程质量事故分析处理的方法	35%

引例

高校宿舍楼外墙面饰面砖质量问题

南方某高校一宿舍楼，总建筑面积为 6 720.56m^2，地上 6 层，外墙贴 95mm×45mm 浅白色亚光面砖，竣工验收合格。使用一段时间后，外墙面饰面砖出现不同程度的脱落。

其原因分析如下。

（1）设计方面：未设置伸缩缝。

（2）施工方面：建设中，为使宿舍楼尽快投入使用，外墙分项工程施工中存在赶工现象，各道工序之间未严格按规范、标准、操作规程留设施工工序间隔时间，这就为后期使用中出现脱落病害埋下了隐患。

根据《建筑工程施工质量验收统一标准》(GB 50300—2013)，建筑装饰装修分部包括原独立列为分部的楼地面工程，这反映了现代建筑在满足使用功能的前提下，保护建筑物、追求建筑的艺术效果、给人更美享受的发展趋势。建筑装饰装修工程质量还直接影响建筑工程的合格验收。

《建筑装饰装修工程质量验收规范》(GB 50210—2001)(以下简称《验收规范》)明确指出：建筑装饰装修是"为保护建筑物的主体结构、完善建筑物的使用功能和美化建筑物，采用装饰装修材料或饰物，对建筑物内外表面及空间进行的各种处理过程"。该分部工程在投入与转换的过程中，工序一旦失控，就容易发生质量缺陷或质量事故。

【一般抹灰施工】

8.1 抹灰工程

知识链接 8－1

抹灰工程量大面广，单价低，且费劳力，施工质量通病时有发生。常见的质量通病有墙体与门窗框交接处抹灰层空鼓，墙面抹灰层空鼓、裂缝，墙面起泡、开花或有抹纹，墙面抹灰层析白及抹灰面不平等。这些缺陷给人们使用带来了极大影响。所以，加强施工管理、严把质量关、杜绝一切质量通病是提高抹灰工程质量的重要前提。

抹灰工程分为一般抹灰工程和装饰抹灰工程。

8.1.1 一般抹灰工程

一般抹灰工程又分为普通抹灰工程和高级抹灰工程。

一般抹灰工程常见的质量缺陷有面层脱落、空鼓、爆灰和裂缝。这些质量缺陷往往又是并发性的，现综合分析如下。

（1）抹灰工程选用的砂浆品种不符合设计要求。若无设计要求，又不符合下列规定。

① 对于温度较高的室内抹灰，没有采用水泥砂浆或水泥混合砂浆。

② 对于基层为混凝土的底层抹灰，没有采用水泥混合砂浆、水泥砂浆或聚合物水泥砂浆。

③ 对于轻集料混凝土小型空心砌块的基层抹灰，没有采用水泥混合砂浆。

④ 水泥砂浆抹在石灰砂浆层上，罩面石膏灰抹在水泥砂浆层上。

(2) 一般抹灰的主控项目失控。

① 抹灰前，没有把基层表面尘土、污垢、油渍等清除干净，也没有进行洒水润湿。

② 一般抹灰所用的材料品种和性能，以及砂浆配合比不符合设计要求。

③ 抹灰工程没有进行分层刮抹，没有达到多遍成活。当抹灰厚度大于35mm时，没有采取加强措施。

④ 对于不同材料基体交接处表面的抹灰，没有采取防止开裂措施，或采用了加强网时，加强网与各基体的搭接宽度小于100mm。

1. 室内抹灰质量缺陷分析

【室内墙面抹灰】

【抹灰防止开裂的方法及材料】

1) 墙面与门窗框交接处空鼓、裂缝、脱落

(1) 抹灰时没有对门窗框与墙的交接缝进行分层嵌实，一次用砂浆塞满，造成干缩开裂。

(2) 基层处理不当，如没有浇水湿润。

(3) 门窗框安装不牢固、松动。

2) 墙面抹灰空鼓、裂缝、脱落

(1) 基层处理不好，清扫不干净，没有浇水湿润。

(2) 墙面平整度差，局部一次抹灰太厚，干缩开裂、脱落。

(3) 抹灰工程没有分底层、中层、面层多次成活，石灰砂浆和水泥混合砂浆每遍抹灰厚度大于9mm，水泥砂浆每遍抹灰厚度大于7mm，抹麻刀石灰厚度大于3mm，抹纸筋石灰、石膏灰厚度大于2mm，极容易出现干缩开裂。

(4) 抹灰砂浆和易性差。

(5) 各层抹灰层配合比相差太大。

3) 墙裙、踢脚线水泥砂浆抹面空鼓、脱落

(1) 墙裙的上部往往洒水湿润不足，抹灰后出现干缩裂缝。

(2) 打底与面层罩灰时间间隔太短，打底的砂浆层还未干固即抹面层，厚度增加，收缩率大，引起干缩开裂。

(3) 水泥砂浆墙裙抹灰时抹在了石灰砂浆面上，引起空鼓、脱落。

(4) 抹石灰砂浆时抹过了墙面线而没有清除或清除不干净。

(5) 压光时间掌握不好。过早压光，水泥砂浆还未收水，收缩出现裂缝；太迟压光，砂浆硬化，抹压不平。用铁抹子来回用力抹，搓动底层砂浆，使砂粒与水泥胶体分离，产生脱落。

4) 轻质隔墙抹灰层空鼓、裂缝

轻质隔墙抹灰后，在沿板缝处容易出现纵向裂缝；条板与顶板之间容易产生横向裂缝，墙面容易产生不规则裂缝和空鼓。其主要原因如下。

(1) 对不同的轻质隔墙，没有根据其不同的材料特性采取不同的抹灰方法。

(2) 基层处理不好，洒水湿润不透。

(3) 结合层水泥浆没有调制好，黏结强度不够。

（4）底层砂浆强度太高，收缩出现拉裂。

（5）条板上口板头不平，与顶板黏结不严。

（6）条板安装时黏结砂浆不饱满。

（7）墙体受到剧烈振动。

5）抹灰面起泡、开花、出现抹纹

（1）压光时间太早，抹完罩面后，砂浆未完全收水，压光后产生气泡。

（2）石灰膏熟化时间不够，抹灰后未完全熟化的石灰粒继续熟化，体积急剧膨胀，突破面层出现麻点或开花。

（3）底灰过分干燥，罩面后水分被底层吸收变硬，压光出现抹纹。

6）抹灰面不平，阴阳角不垂直、不方正

（1）抹灰前挂线、做灰饼和冲筋不认真；或冲筋太软，抹灰破坏冲筋；或冲筋太硬，高出抹灰面，导致抹灰面不平。

（2）操作人员使用的角抹子本身就不方正，或规格不统一，或未使用角抹子。

7）墙面抹灰层析白(反碱)

水泥在水化过程中产生氢氧化钙，在砂浆硬化前，受到砂浆水分影响，反渗到面层表面，与空气中的二氧化碳反应生成碳酸钙，析出表面呈白色粉末状，俗称“反碱”。

8）混凝土顶板抹灰面空鼓、裂缝、脱落

混凝土顶板有预制和现浇两种。后者目前常被采用。

在预制顶板抹灰，抹灰层常常产生沿板缝的通长纵向裂缝；在现浇顶板上抹灰，往往容易在顶板四角产生不规则裂缝。其主要原因如下。

（1）基层处理不干净，浇水湿润不够，降低了与砂浆的黏结力，若抹灰层的自重大于灰浆和顶板的黏结力，即会掉落。

（2）预制顶板安装不牢，灌缝不实，抹灰厚薄不均，干缩产生空鼓、裂缝。

（3）现浇顶板底凸出平面处，没有凿平，凹陷处没有事先用水泥砂浆嵌平、嵌实。抹灰层过薄，失水快，容易引起开裂；抹灰层过厚，干缩变形大，也容易开裂、空鼓。

9）金属网顶棚抹灰层裂缝、起壳、脱落

（1）抹灰的底层和找平层的灰浆品种不同，或配合比相差太大。

（2）结构不稳定和热膨胀影响。金属网顶棚属于弹性结构，四周固定在墙上，中间有吊筋吊起，吊筋的位置不同，各交点受力不同、变形不同，热膨胀产生的变形各异。顶棚各处弯矩不同，使各抹灰层之间受到大小不同的剪力，使各抹灰层之间产生分离，导致裂缝或脱落。

（3）金属的锈蚀渗透、体积膨胀，使抹灰层脱落。

2. 室外抹灰质量缺陷分析

室外抹灰质量缺陷指的是外墙抹灰一般常容易发生的缺陷，主要有空鼓、裂缝，明显抹纹、色泽不均，阳台、雨篷、窗台抹灰面水平和垂直方向偏差，外墙抹灰后渗漏等。

1）外墙抹灰层空鼓、裂缝

（1）基层没有处理好，浮尘等杂物没有清扫干净，洒水湿润不够，降低了基层与砂浆层的黏结力。

（2）基层凸出部分没有剔平，墙上留有的孔洞没有进行填补或填补不实。

（3）抹灰没有分遍分层，一次抹灰太厚；对结构偏差太大、需加厚抹灰层厚度的部位，没有进行加强处理(如铺金属网等)。

（4）大面积抹灰未设分格缝，砂浆收缩开裂。

（5）夏季高温条件下施工，抹灰层失水太快。

（6）结构沉降引起抹灰层开裂。

2）外墙抹灰层明显抹纹、色泽不均

（1）抹面层时没有把接槎留在分格条处、阴阳角处或水落管处。

（2）配料不统一，砂浆原材料不是同一品种。

（3）底层湿润不均，面层没有搓成毛面，使用木抹子力度轻重不一，引起色泽深浅不一。

3）阳台、雨篷、窗台等抹灰面水平和垂直方向偏差

（1）结构施工时，没有上下吊垂直线，水平拉通线，造成偏差过大，抹灰面难以纠正。

（2）抹灰前没有在阳台、雨篷、窗台等处垂直和水平方向找直、找平，抹灰时控制不严。

4）外墙抹灰后渗漏

（1）基层未处理好，漏抹底层砂浆。

（2）中层、面层抹灰过薄，抹压不实。

（3）分格缝未勾缝，或勾缝不实，留有孔隙。

应用案例 8－1

轻质隔墙墙面抹灰后，过一段时间，沿板缝处产生纵向裂缝，条板与顶板之间产生横向裂缝，墙面产生空鼓和不规则裂缝。

其原因分析如下。

（1）在加气混凝条板、石膏珍珠岩空心板、碳化板轻质隔墙墙面上抹灰时，没有根据这些板材特性采用合理的操作方法。

（2）条板安装时，板缝黏结砂浆挤不严，砂浆不饱满。

（3）条板上口板头不平整方正，与顶板黏结不严。

（4）条板下端楼板面清扫不干净，光滑的楼板面没有凿毛。

（5）仅在条板一侧背木楔，填塞的豆石混凝土坍落度过大。

（6）墙体整体性和刚度较差，墙体受到剧烈冲击振动。

应用案例 8－2

外墙面抹灰后过一段时间，往往在门窗框与墙面交接处，木基层与砖石、混凝土基层相交处，基层平整偏差较大的部位，以及墙裙、踢脚板上口等处出现空鼓、裂缝情况。

其原因分析如下。

（1）基层清理不干净或处理不当；墙面浇水不透，抹灰后砂浆中的水分很快被基层(或底灰)吸收，影响黏结力。

（2）配制砂浆和原材料质量不好，使用不当。

（3）基层偏差较大，一次抹灰层过厚，干缩率较大。

（4）门窗框两边塞灰不严，墙体预埋木砖距离过大或木砖松动，经开关振动，在门窗框处产生空鼓、裂缝。

8.1.2 装饰抹灰工程

知识链接 8-2

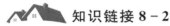

随着社会发展的不断进步，人们的生活水平也不断提高，人们不但要美化自己，同时还要美化生活环境和工作环境。因此，现代建筑在满足使用功能的前提下，还要追求艺术效果，而这又取决于装饰效果。

饰面装饰工程作为装饰工程的一个重要组成部分，其质量的好坏直接影响到建筑整体装饰的效果。饰面装饰工程主要包括瓷砖、面砖、锦砖饰面，石板材饰面，水刷石、干粘石饰面，涂料饰面等。掌握如何防治饰面工程施工中可能出现的质量缺陷，是其质量达标的保证。

装饰抹灰工程一般指水刷石、干粘石、斩假石、假面砖等工程。

装饰抹灰工程不同于一般抹灰工程，其更注重装饰效果，对表面质量要求严格。

1. 水刷石

水刷石容易出现的质量缺陷：表面混浊、石粒不清晰，石粒分布不均，掉粒，接槎痕迹，色泽不一和阴阳角不顺直。

1）表面混浊、石粒不清晰

（1）石粒使用前没有清洗过筛。

（2）喷水过迟，凝固的水泥浆不能被洗掉；洗刷接槎部位时，使带浆的水飞溅到已经洗好的墙面上，造成污染。

（3）冲洗速度没有掌握好。冲洗速度过快，水泥浆冲洗不干净；冲洗速度过慢，水泥浆产生滴坠(挂珠)。

2）石粒分布不均

（1）分格条粘贴操作不当，粘贴分格条时，素水泥浆角度大于45°，石子难以嵌进。分格条两侧缺石粒。

（2）底层干燥，吸收石子浆水分，抹压不均匀，产生假凝，冲洗后石尖外露，显得稀疏不均。

（3）洗阴阳角时，冲水的角度没有掌握好，或清洗速度太快，石子被冲刷，露出黑边。

3）掉粒

（1）底层干燥，抹压不实，或面层未达到一定硬化，喷水过早，石子被冲掉。

（2）底层不平整，凸处抹压石子浆太薄，干缩引起石子脱落。

4）接槎痕迹

接槎留有痕迹的原因类似于外墙一般抹灰产生的接槎痕迹，主要是没有设置分格缝，或设置了分格缝但没有在分格缝甩槎，留槎部位没有甩在阴阳角、水落管处。

5）色泽不一

（1）选用的石粒、水泥不是统一品种或统一规格。

（2）石子浆拌和不均匀，冲洗操作不当，成为“花脸”。

6）阴阳角不顺直

（1）抹阳角时，没有将石子浆稍抹过转角，抹另一面时，没有使交界处石子相互交错。

（2）抹阴角时，没有先弹线找规矩，两侧面一次成活；或转角处没有理顺直。

2. 干粘石

干粘石容易出现的质量缺陷：色泽不一，露浆、漏粘，接槎明显，阳角黑边，棱角不通顺。

1）色泽不一

（1）石粒干粘前，没有筛尽石粉、尘土等杂物，石粒粒径大小差异太大，没有用水冲洗，致使饰面浑浊。

（2）石粒(彩色)拌和时，没有按比例掺和均匀。

（3）干粘石施工完后(待黏结牢固)，没有用水冲洗干粘石进行清洁处理。

2）露浆、漏粘

（1）黏结层砂浆厚度与石粒大小不匹配。

（2）107胶配制素水泥涂刮不均匀，没有做到即括即撒。

（3）底层不平，产生滑坠；局部拍打过分，产生翻浆。

3）接槎明显

（1）接槎处灰太干，或新灰粘在接槎处。

（2）面层抹灰完成后，没有及时粘石，面层干固，降低了黏结力。

（3）在分格内没有连续粘石，不是一次完成。

（4）分格不合理，不便于粘石，留下接槎。

4）阳角黑边

（1）棱角两侧，没有先粘大面再粘小面石粒。

（2）粘石时，已发现阳角处形成无石黑边，没有及时补粘小石粒消除黑边。

5）棱角不通顺

（1）对粘石面没有预先找直、找平、找方，或没有边粘石边找边。

（2）起分格条时，用力过大，将格条两侧石子带起，以致缺棱掉角。

3. 斩假石

斩假石一般容易出现的质量缺陷：剁纹不均匀、不顺直，深浅不一、颜色不一致。

1）剁纹不均匀、不顺直

（1）斩剁前没有在饰面弹出剁线(一般剁线间距为10mm)，也未弹顺线，斩无顺序，剁纹倾斜。

（2）剁斧不锋利，用力轻重不一。

（3）剁斧工具选用不当，剁斧方法不对。例如，边缘部位没有用小斧轻剁。

2）深浅不一、颜色不一致

（1）斩剁顺序没有掌握好，中间剁垂直纹一遍完成，容易造成纹理深浅不一。

（2）颜料和水泥不是同一品种、同一批号，不是一次拌好、配足。

（3）剁下的尘屑不是用钢丝刷刷净、蘸水刷洗。

4. 假面砖

假面砖容易出现的质量缺陷：面层脱皮、起砂，颜色不一，积尘污染。

1）面层脱皮、起砂

（1）饰面砂浆配合比不当、失水过早。

（2）未待面层收水，划纹过早，划纹过深(应不超过 1mm)。

2）颜色不一

（1）中间垫层干湿不一，湿度大的部位色深，湿度小的部位色浅。

（2）饰面砂浆掺用颜料量前后不一，或颜料没有拌和均匀，原材料不是来自同一品种、同一批次。

3）积尘污染

（1）罩面灰太厚，表面不平整、不光滑。

（2）墙面划纹过深、过密。

特别提示

用于饰面工程的石板材包括花岗石板、大理石板、人造石板等，这是一种高档饰面装饰做法，造价高，要求严格。因此在工程中更应重视其施工质量，杜绝其可能出现的一切质量缺陷。石板材饰面工程常见的施工质量缺陷主要有板材接缝不平，板面纹理不顺，色泽差异大；板材开裂；板材空鼓、脱落，以及板材碰损、污染；等等。

应用案例 8-3

干粘石、水刷石饰面石子分布不均匀，石粒黏结不牢固，特别是干粘石，用手触摸饰面后石子就会脱落。

其原因分析如下。

（1）干粘石饰面撒石子不均匀，补石子不及时、不认真，抹子拍平压实不到位；水刷石饰面石子配合比不当，或抹子拍平压实不到位，或喷刷时间与方法掌握不好。

（2）分格条粘贴操作方法不正确，将水泥浆抹得过高，坡度太陡，干粘石或水刷石的石子不易挤到分格条边，该处呈现黑边，石粒稀少。

（3）石子使用前未筛选，未冲洗干净。

8.2 地面工程

8.2.1 整体面层

整体面层一般包括水泥混凝土(含细石混凝土)面层、水泥砂浆面层、水磨石面层、水泥钢(铁)屑面层、防油渗面层和不发火(防爆)面层等。本节重点分析水泥砂浆面层、水磨石面层常见的质量缺陷。

知识链接8－3

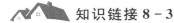

楼地面工程是建筑工程的重要组成部分，它的质量既影响房屋的使用功能，又影响室内的装饰效果。长期以来，地面裂缝、空鼓、麻面、返潮、不平、积水、倒泛水等质量缺陷一直困扰着人们正常的生产和生活。尤其是楼地面裂缝问题，反映最为强烈，也最为人们关注。本着“材料是基础，设计是龙头，施工是关键”的原则，我们应在建设全过程中加强管理，精心组织。就施工而言，认真分析楼地面工程的质量缺陷，制定一系列相应防治措施，是把握施工质量的关键。

1. 水泥砂浆面层

水泥砂浆面层主要的质量缺陷有预制楼板面纵横向开裂、面层裂缝、空鼓和起砂。

1）预制楼板面纵横向开裂

纵向开裂是指顺楼板方向出现通长裂缝。这种裂缝出现的时间不一，最早的还没有竣工就出现，一般情况下，上下裂通。其主要原因如下。

（1）楼板受力过早或承受荷载过大。

（2）预制楼板刚度小，在集中荷载作用下，挠度增大。

（3）楼板安装时，板缝底宽小于20mm，或紧靠在一起形成“瞎缝”，如图8.1所示。

（4）没有把灌缝操作当成一道独立的工序认真施工，随意性大，主要表现为使用细石混凝土强度等级小于C20，板缝间杂物没有被清除，捣实不严密，养护不好，或在板缝间铺设电线管没留间距，使板缝下部形成空悬。在楼板局部受力时，因整体刚度小，板与板之间不能共同作用。图8.2所示为板缝敷管错误做法示意。

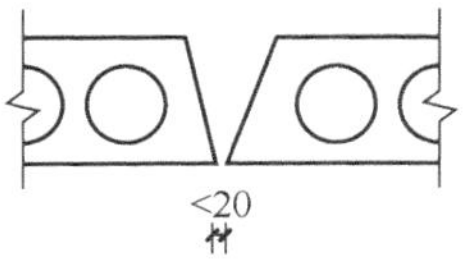

图8.1 “瞎缝”示意

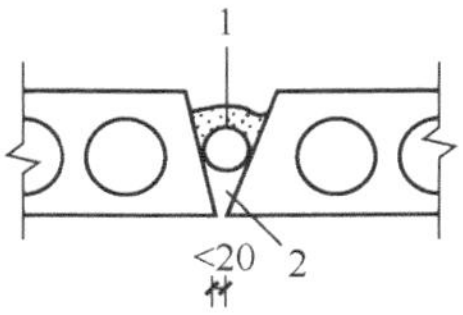

图8.2 板缝敷管错误做法示意

1—管道；2—空隙

（5）板缝间未按要求设置抗震拉结筋，承重墙体发生不均匀沉降。

预制楼板产生纵向裂缝的原因是多方面的，其中最主要的原因应该是灌注板缝细石混凝土强度低，板缝混凝土产生收缩拉应力。

所谓预制楼板横向裂缝，是指板端与板端之间的裂缝，其位置较固定。图8.3所示为板端之间裂缝示意。产生裂缝的主要原因：安装预制楼板坐浆不实，板端与板端接缝处嵌缝质量差。次要原因：当楼面承受荷载后，跨中向下挠曲、板端向上翘，拉应力使面层出现裂缝；或横隔墙承受荷载较大从而下沉，出现较大的拉应力把面层拉裂。

2）面层裂缝

面层裂缝的特点：裂缝形状不一、深浅不一。引起裂缝的原因如下。

（1）选用的水泥品种不当(宜选用硅酸盐水泥、普通硅酸盐水泥)，等级小于32.5级，没有选用中粗砂，如选用石屑，粒径没有控制在1～5mm，含泥量大于3%。

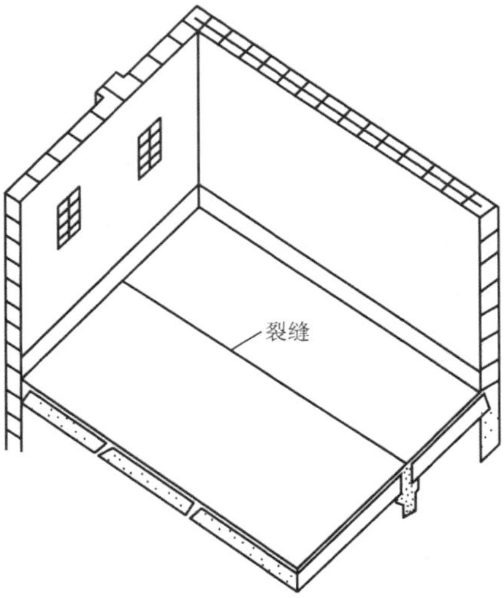

图 8.3　板端之间裂缝示意

（2）垫层不实或垫层高低不平，致使面层厚薄不一。

（3）水泥砂浆体积比失控（宜为 1∶2），水泥砂浆面层厚度小于 20mm，稠度大于 35mm，强度小于 M15。

（4）工序安排不合理，水泥初凝前未完成抹平，终凝前未压光。压光少于两次，养护不好。

（5）较大面积的地面，没有留置变形缝。

（6）低温下施工（室外气温在 5℃以下），没有进行保温处理。

（7）在中、高压缩性土层上施工的建筑物，面层工程没有安排在主体工程完成以后进行。

3）空鼓

水泥地面的空鼓多发生在面层与垫层之间，有时也会发生在垫层与基层之间。用小锤敲，会发生鼓声，喻为“空鼓”很形象。空鼓会导致面层开裂或脱落。产生空鼓的主要原因如下。

（1）垫层质量差。垫层是面层的“基础”，其质量是保证面层质量的前提。垫层混凝土强度过低，会影响与面层的黏结强度。如采用炉渣垫层或水泥石灰渣垫层，配合比不当、控制用水不当，都会影响垫层的质量。

（2）垫层处理不好。垫层清理不干净，浮尘杂物形成了垫层与面层之间的隔离层。

（3）结合层操作不当。在垫层表面涂刷水泥浆结合层，可增强与面层的黏结力。如水泥浆配制不当（水泥和水的用量具有随意性），或涂刷过早，形成粉层，使结合层失去了作用，反而成了隔离层。

（4）水泥类基层的抗压强度小于 1.2MPa，表面粗糙、不洁净，湿润不够。

（5）水泥砂浆拍打、抹压不实。

4）起砂

水泥地面起砂的特征起初表现为表面粗糙、不光洁，会出现水泥粉末，后期砂粒松动脱落。

地面起砂，影响使用和美观。起砂的主要原因如下。

(1) 砂浆水胶比过大，砂浆稠度大于30mm。按规定的要求，水胶比应控制在0.2～0.25，但施工操作困难，故一般情况下，往往加大用水量，这样就极容易降低面层强度和耐磨性，引起起砂。

(2) 压光时间掌握不好。压光过早，凝胶尚未全部形成，使压光的表层出现水光，降低面层砂浆的强度；压光太迟，水泥硬化，难以消除面层表面的毛细孔，而且会破坏凝固的表面，降低面层的强度。另外，从第一遍压光开始到第三遍压光结束，间隔时间太长也会影响水泥的终凝。

(3) 养护不到位。养护时间少于7d；干旱炎热季节没有保持面层湿润，以致失水；成品保护不好，地面未达到5MPa的抗压强度；遭人为损害(如行走产生摩擦)，使地面起砂。

(4) 在低温下施工，又没有采取相应的保温措施。

地面起砂还有一个重要原因是材料的品质不符合规定要求。从施工角度分析，主要是面层强度低，压光不好。

应用案例8-4

抹灰层空鼓表现为面层与基层，或基层与底层出现不同程度的空鼓。

其原因分析如下。

(1) 不标准：墙体基层抹灰没按要求处理或基层垃圾没清理干净。

(2) 不浸水：铺贴前，瓷砖没有浸水或浸泡不够。如果砖体水分没有饱和，就会过早地吸收砂浆中的水分，导致砂浆收缩(导致空气进入)出现空鼓，还会影响粘贴强度。

(3) 不饱满：瓷砖铺贴时砂浆不饱满或未将瓷砖轻轻敲打挤压密实。这种情况不是偷工就是减料，为了节省水泥砂浆或是为了节约时间马虎了事。还有一种情况多发生在包工包料时，那就是瓷砖质量太差，怕夯实的时候把瓷砖敲碎了。

2. 水磨石面层

现制水磨石地面的质量缺陷可以归纳为两大类：影响使用和影响美观。

1) 影响使用

(1) 面层裂缝。面层出现裂缝有两种情况：分格条十字交叉处的短细裂缝，多由面层空鼓造成；面层出现的长宽裂缝，多由结构不均匀沉降，或楼板面开裂，或楼地面荷载过于集中造成。

(2) 面层空鼓。没有排除找平层空鼓，就进行面层石子浆施工；或水泥素浆刷得不好，失去黏结作用；或在分格条两侧、分格条十字交叉处漏刷素浆；或石子浆面层与找平层没有达到规定的黏结强度；或开裂引起振动；或养护和成品保护不好。

2) 影响美观

(1) 分格条显露不完全。

① 没有控制好石子浆的铺设厚度，使石子浆超过顶条高度，难以磨出。

② 石子浆面层施工时，铺设速度与磨光速度衔接不好，开机过迟，石子浆面层强度过高，难以磨出分格条。

③ 磨光时用水量过大，使面层不能保持一定浓度的磨浆水。

④ 机具方面的原因，磨石机自重太轻，采用的磨石太细。

(2) 分格条歪斜不直(铜质、铝质、彩色塑料条)、断裂、破碎(玻璃条)。

① 面层石子浆铺设厚度低于分格条顶面高度，分格条直接受压于滚筒，致使其歪斜、压弯或破碎。

② 分格条固定不牢固。

(3) 石子分布不均匀。

石子分布不均匀有 3 种现象。

① 分格条两侧或十字交叉处缺石。其原因为固定分格条的砂浆高度大于分格条高度的 2/3，或夹角大于 45°而无法嵌进石子，或十字交叉处被砂浆填满(图 8.4)，或打磨没有按纵横两个方向进行。

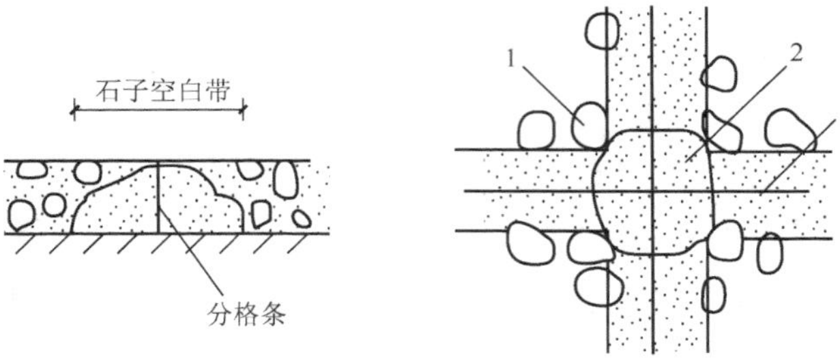

(a) 错误做法　　(b) 质量缺陷

图 8.4　错误做法及产生质量缺陷示意

1—石粒；2—无石粒区；3—分格条

② 无规则石子分布不均匀。其原因为石子浆拌和不均匀；铺平石子浆用刮杆时，没有轻刮轻打，造成石子沿一个方向聚集。

③ 彩色石子分布不均，石子浆颜色不一。前者出现的原因类似以上所分析的。后者是因彩色石子没有使用同一品种、颜色混杂，各种石子的用量配合比不一，搅拌不均匀造成的。

(4) 表面不光洁、洞眼。

① 磨光时使用磨石不当。两浆三磨，往往重视第一遍磨光磨平，对最后一遍不够重视或漏磨，忽视了光洁度的要求。

② 擦浆时没有用有色素水泥浆把洞眼擦满，或采用刷浆法堵眼，仅在洞口铺上了一层薄浆。

③ 打蜡前没有用草酸溶液把面层清洗干净，面层被杂物污染的部位出现斑痕。

(5) 面层褪色。

水泥含有碱性，掺入面层中的颜料没有采用耐光、耐碱的矿物原料，使色泽鲜艳的表层逐渐失去光泽或变色。

应用案例 8-5

水磨石地面面层粗糙，有明显的磨石孔眼、凹痕，光亮度差。

其原因分析如下。

(1) 打磨过早，石渣松动脱落，常会导致大量砂眼出现。

(2) 磨光时，磨石规格不一，使用不当，使表面留下明显的麻石凹痕。

(3) 表面孔眼未经补浆处理，或补浆方法不正确，不是用擦浆法而是用刷浆法。

(4) 打蜡之前未涂擦草酸溶液，或操作方法不当。

8.2.2 块料面层

块料面层包括天然大理石和花岗岩、预制板块，以及塑料板面层等。

1. 天然大理石和花岗石、预制板块等常见的质量缺陷

1) 空鼓

(1) 基层面有杂物或灰渣灰尘。

(2) 结合层使用的水泥强度等级小于32.5级，干硬性水泥砂浆拌和不均匀，结合层厚度小于20mm，铺设不平、不实，没有搓毛，铺结合层砂浆前没有湿润基层。

(3) 水泥素浆涂刷不均匀或漏刷或涂刷时间过长，水泥素浆结硬，失去黏结作用。

(4) 结合层与板材没有分段同时铺砌，板材与结合层结合不密实。

2) 接缝高低偏差

(1) 板材厚度不均，几何尺寸不一，窜角翘曲，对厚薄不均的块材没有进行调整，没有进行试铺。

(2) 各房间内水平标高出现偏差，使相接处出现接缝不平。

2. 塑料板面层常见的质量缺陷

塑料地面主要种类为聚氯乙烯，按尺寸规格分为块材和卷材。塑料板面层施工方便，价格便宜，装饰效果好，而且耐磨、耐凹陷、耐刻划，脚感舒适(有弹性)，故常被用于地面饰面。塑料板面层的质量缺陷如下。

1) 分离

分离一般是指面层与基层的分离。产生的主要原因为基层强度低(混凝土小于20MPa，水泥砂浆小于15MPa)，含水率大于8%，基层有杂物、灰尘、砂粒，或基层本身有空鼓、起皮、起砂等缺陷。

2) 空鼓

(1) 基层没有做防潮层(尤其是首层)，面层在铺贴前没有除蜡，影响黏结力。

(2) 锤击或滚压方向不对，没有完全排除气体。

(3) 刮胶不均匀或漏刮。

(4) 施工环境温度过低，降低了胶粘剂的黏结力。

3) 翘曲

(1) 选择面层材料不合格。

(2) 卷材打开静置时间少于3d。

(3) 选择的胶粘剂品种与面层材料不相容。

4) 波浪

面层铺贴后，呈有规律波浪形起伏状，其主要原因如下。

(1) 基层表面不平整，呈波浪形。

（2）使用刮胶剂的刮板的齿间距过大或过深，因胶体流动性差，粘贴时不易压平，呈波浪形。

（3）涂刮胶剂或滚压面层没有选择纵横方向相互交叉进行。

应用案例 8 - 6

某营业大厅按业主要求铺设大理石板材，工期要求较紧，临时召集部分农民工参与铺设。竣工交付使用前，出现空鼓、接缝不平、板材开裂等质量通病。业主以农民工技术素质差为由拒付工程款，施工单位认为农民工已接受过职业上岗培训，掌握了操作技能，主要是业主规定的工期太紧造成的。

其原因分析如下。

（1）为了赶工期，本应涂刷水泥素浆结合层，但被改用大面积撒干水泥、洒水扫浆，造成水胶比失控，拌和不均匀，失去黏结作用。

（2）基层不平，本应用细石混凝土找平后，再铺设干性水泥砂浆，因赶工期，省去了前道工序，造成局部干缩开裂。

（3）分段铺设板材，对前段铺设的板材，一直没有洒水养护，砂浆硬化过程中缺水，造成干缩开裂。

（4）没有认真进行产品保护，养护期间，人员在面层上扛重物，行走频繁。

结论：业主的工期要求失去了科学性。但施工单位应该向业主事先说明赶工期会产生的质量缺陷，却未做交代。所产生的质量问题均系施工单位工序失控和工艺操作不当造成。

8.2.3 木面层

木面层按铺设的层数分单层、双层两种，按构造不同又可分为空铺式和实铺式。

1. 条材和块材实木地板面层质量缺陷

1）变形开裂

变形开裂的原因：材质差，条形宽度大于120m，含水率大于15%。

2）松动响音

（1）木搁栅表面不平。

（2）没有垫实，锤钉不牢，钉子的长度短于板厚的2.5倍，下钉角度不对(应为30°～45°)。

3）受潮腐蚀

首层地面没有做防潮层，搁栅、垫块及板材背面没有进行防潮防腐处理。

4）外观疵点

面层没有刨平、磨光，颜色不均匀一致。

2. 拼花实木地板面层质量缺陷

因拼花实木地板构造简单且经济，因此使用比较普遍。

其质量通病除与普通条材地板有相同之处外，最为常见的为起翘、开裂。

1）起翘

（1）木质块料含水率大于12%。

（2）基层或水泥砂浆找平层未干透，木板条受潮体积膨胀。

（3）基层没有进行防潮处理。

2）开裂

（1）铺、钉不紧密。

（2）板厚小于20mm。

（3）室内返潮。

应用案例8-7

铺设一周后，地板之间的经缝隙超过2.5mm，属于地板不正常现象。

其原因分析如下。

（1）由于地板含水率过高，当室内环境过于干燥时（如北方地区暖气开放季节），将导致每块地板板面收缩，或局部地板板面收缩，使之产生缝隙。

（2）地板虽然经过干燥处理，但由于木材的天然属性，还会随着环境的干湿度变化而引起微量湿胀干缩的现象。而木材又是各向异性的，其各向干缩不一样，纵向干缩最小，弦向、径向干缩大。为此，其宽度方向变化比纵向干缩要大。

（3）地板加工精度有误差形成大小头，或每块地板公差明显，铺设时必然不在同一条直线上，宽处紧贴，狭处缝隙明显。

（4）地板铺设时本身环境潮湿，而且又铺得过松，为此当环境干燥时，地板收缩而产生超过2.5mm的缝隙。

（5）地板铺设后长期不入住，门窗关闭导致通风不够或室内外温差太大，过度风吹及太阳直晒，暖气烘干等。

（6）施胶时，由于胶施入槽中，胶粘剂收缩引起缝隙。

8.3 饰面板（砖）工程

在人们日益注重建筑装饰效果的今天，饰面板(砖)被广泛应用于建筑物的内外装饰，人们对饰面板(砖)的工程质量更为关注。

【装饰石材的分类】

饰面板(砖)的工程质量一般指饰面板安装、饰面砖粘贴的质量。饰面板(砖)工程质量首先取决于材料的品质，故材料及其性能指标必须达到规定的质量标准。必须进行复验的项目如下。

（1）室内用花岗石的放射性。

（2）粘贴用水泥的凝结时间、安定性和抗压强度。

（3）外墙陶瓷面砖的吸水率。

（4）寒冷地区外墙陶瓷面砖的抗冻性。

《验收规范》对饰面板(砖)工程质量的主控项目和一般项目都做出了明确的规定。所以分析饰面板(砖)容易出现的质量缺陷，要抓住主控项目和一般项目的质量要求。

一般常使用的饰面材料有天然石饰面板(大理石、花岗石)、人造石饰面板(大理石、水磨石等)、饰面砖(釉面砖、外墙面砖等)和金属饰面板等。

8.3.1 石材饰面板工程

石材饰面板饰面容易出现的质量缺陷：接缝不平、开裂、破损、污染、腐蚀、空鼓、脱落等。

1. 大理石饰面

1）接缝不平

（1）基层没有足够的稳定性和刚度。

（2）镶贴前没有对基层的垂直度、平整度进行检查，基层的凸凹处超过规定偏差时，没有进行凿平或填补处理。基层面与大理石板面最小间距小于50mm。

（3）基层面弹线马虎，没有在较大面积的基层面上弹出中心线和水平通线。

（4）没有按设计尺寸进行试拼，套方磨边，校正尺寸，使尺寸大小符合要求。

（5）对于大规格板材(边长大于400mm)，没有采用正确的安装方法。

（6）大的板材采用铜丝或不锈钢丝与锚固件绑扎，不太牢固。

（7）安装时，没有用板材在两头找平，拉上横线；安装其他板材时，没有勤用托线板靠平靠直，木楔固定不牢。

（8）用石膏浆固定板面横竖接缝处，间距太大(一般不超过100～150mm)。

（9）没有用水泥砂浆进行分层灌注或分层灌注时一次性灌注太高，使石板受挤压外移。

（10）灌浆时动作不精细，使石板受振、位移。

2）开裂

（1）在镶贴前，没有对大理石进行认真检查，对存在的裂缝、暗痕等缺陷没有清除。

（2）结构沉降还未稳定时进行镶贴，大理石受压缩变形，应力集中导致大理石开裂。

（3）外墙镶贴大理石，接缝不实，灌浆不实，雨水渗入空隙处；尤其在冬季，渗入水结冰，体积膨胀，使板材开裂。

（4）石板间留有孔隙，在长期受到侵蚀气体或湿气的作用下，使固体(金属网、金属挂角)锈蚀，膨胀产生的外推力使大理石板开裂。

（5）在承重构造基层上镶贴大理石，镶贴底部和顶部大理石时，没有留出适当缝隙，结构遭垂直方向压力而压裂。

3）破损(碰损)

（1）大理石质地较软，在搬运、堆放中因方法不当，使大理石缺棱掉角。

（2）大理石安装完成后，没有认真做好成品保护，尤其对饰面的阳角部位(如柱面、门面等)缺乏保护措施。

4）污染

大理石颗粒间隙大，又具染色能力，遇到有色液体，会渗透吸收，造成板面污染。

(1) 在运输过程中用草绳捆扎，没有采取防雨措施，草绳遇水渗出黄褐色液体渗入大理石板内。

(2) 灌浆时，接缝处没有采取有效的堵浆措施，被渗出的灰浆污染。

(3) 镶贴汉白玉等白色大理石时，用于固定的石膏浆没有掺适量的白水泥。

(4) 没有防止酸碱类化学溶剂对大理石的腐蚀。

5) 纹理不顺，色泽不匀

(1) 在基层面弹好线后，没有进行试拼。对板与板之间的纹理、走向、结晶、色彩深浅，没有充分理顺，没有按镶贴的上下、左右顺序编号。

(2) 试拼编号时，对各镶贴部位选材不严，没有把颜色、纹理最美的大理石用于主要显眼部位，或出现编号错误。

6) 空鼓、脱落

(1) 湿作业时，灌浆未分层，灌浆振捣不实，上下板之间未留灌浆结合处。

(2) 采用胶粘剂粘贴薄型大理石板材，选用胶粘剂不当或粘贴方法不当。

薄型大理石饰面板(厚度为7～10mm) 目前在国际上被普遍采用。饰面板改用薄型板石材是发展趋势。这一材料的改革，减少了板材安装前对板的修边打眼，可以省去固定锚固件，减少工序，施工方便。

薄型板材一般采用胶粘剂粘贴，对采用新工艺中出现的质量问题，要及时总结经验和教训，找出分析的重点和方法。

2. 碎拼大理石饰面

对碎拼大理石饰面，可以创意配成各种图案，变换格调，增强建筑的艺术美。

碎拼大理石容易出现的质量缺陷主要是颜色不协调、表面不平整。

1) 颜色不协调

碎拼大理石饰面随意性很大，镶贴没有进行预先选料和预拼。

2) 表面不平整

主要是块材厚薄不一，镶贴不认真，没有采取措施，导致不平整。

3. 花岗石饰面

花岗石同大理石一样，都属于装饰材料，品质优良的花岗石结晶颗粒细，且分布均匀，用于室外，装饰效果很好。

花岗石比大理石抗风化、耐酸，使用年限长。其抗压强度远远高于大理石。

按加工方法不同，用于饰面的花岗石面板可分为剁斧板材、机刨板材、粗磨板材、磨光板材4类。

鉴于花岗石板材的安装方法同大理石板材的安装方法基本相同，故常见的质量通病及产生的原因也基本相同。

花岗石板材饰面接缝宽度的质量要求略低于大理石板材的接缝要求。花岗石饰面接缝宽度的要求：光面、镜面1mm；粗磨面、磨面5mm；天然面10mm。

4. 人造大理石饰面

人造大理石比天然大理石色彩丰富鲜艳、强度高、耐污染，并因其质量轻给安装带来了方便。

人造大理石根据采用材料和制作工艺的不同，可分为水泥型、树脂型、复合型、烧结型等。常用的为树脂型人造大理石板材，其化学性能和物理性能最好。

人造大理石饰面容易出现的质量缺陷如下。

1）粘贴不牢

（1）基层不平整，洒水湿润不够。

（2）打底层没有找平划毛。

（3）板缝和阴阳角部位没有用密封胶嵌填紧密。

2）翘曲

（1）板材选用不当。

（2）板材选用的尺寸偏大，大于400mm×400mm的板材容易出现翘曲。

3）龟裂

（1）选用水泥型板材，特别是采用硅酸盐或铝酸盐水泥为胶结材料的，因收缩率较大，易出现龟裂。

（2）耐腐蚀性能较差，在使用过程中容易出现龟裂。

4）失去光泽

（1）树脂型人造大理石板材，在空气中易老化、失去光泽。

（2）在污染较重的环境下使用。

应用案例8-8

某会所大理石和花岗岩固定不牢固，饰面空鼓，接缝不平，嵌缝不实。

其原因分析如下。

（1）施工方法不规范，大理石与花岗岩在粘贴前没有事先在基层按规定留设预埋件，在板材上也没有打孔或割扎线连接口，或绑扎钢丝不紧密、不牢固，或铜丝直径过细，竣工后数年造成贴面板材脱落现象。

（2）灌浆前对基层没有用水湿润，石材背面未清除表面浆膜、灰尘，在灌浆时没有用钢钎(棒)捣实，故砂浆黏结性差，灌浆也不密实。

（3）接缝不平、不匀，嵌缝不实：①基层处理不好，柱、墙面偏差过大；②板材质量不符合要求，使用前未进行严格挑选与加工处理；③粘贴前未全面考虑排缝宽度，粘贴时未采取技术措施，接缝大小不匀，甚至瞎缝，无法嵌缝。

应用案例8-9

某建筑外墙干挂大理石和花岗岩固定不牢固，接缝不平整，嵌缝不密实、不均匀、不平直。

其原因分析如下。

（1）施工方法不规范，在挂大理石或花岗岩前没有事先在基层按规定预埋铁件，或钢构架焊接不牢，不锈钢挂件的材料规格与质量不符合设计要求。

（2）板材上连接槽切割位置偏差。

（3）板嵌缝未嵌实。

8.3.2 饰面砖工程

【砖墙面施工】

【装饰抹灰】

【马赛克饰面】

室内外饰面砖属于传统工艺。其具有保护功能，能延长建筑物的使用寿命，且具装饰效果。

饰面砖常用的陶瓷制品有瓷砖(釉面砖)、面砖、陶瓷锦砖(陶瓷马赛克)等。

粘贴饰面砖质量要求，《验收规范》的主控项目主要有：饰面砖的品种、规格、图案、颜色和性能应符合设计要求；饰面砖粘贴必须牢固。

一般项目质量要求主要有：表面应平整、清洁、色泽一致，无裂痕和缺陷。

饰面砖接缝应平直、光滑，填嵌应连续、密实，宽度和深度应符合设计要求。

有排水要求的部位应做滴水线(槽)。滴水线(槽)应顺直，流向和坡向应正确，坡度应符合设计要求。

另外，《验收规范》对饰面砖粘贴的允许偏差和检验方法也做了规定。

饰面砖常用于内外墙饰面，外墙一般采用满贴法施工。常见的质量缺陷有空鼓、脱落，开裂，分格缝不均、表面不平整，接缝不顺直、缝宽不均匀，污染、变色等。

1. 空鼓、脱落

(1) 饰面砖面层质量大，容易使底层与基层之间产生剪应力。各层受温度影响，热胀冷缩不一致，各层之间产生剪应力，都会使饰面砖产生空鼓、脱落。

(2) 砂浆配合比不当，如果在同一面层上采用不同的配合比，干缩率不一致，会引起空鼓。

(3) 基层清理不干净，表面不平整，基层没有洒水湿润。

(4) 饰面砖在使用前，没有进行清洗，在水中浸泡时间少于2h，粘贴上后很快就吸收砂浆中的水分，影响硬化强度。若饰面砖浸泡后没有晾干，湿的饰面砖表面附水，使贴饰面砖时产生浮动，也容易导致饰面砖空鼓。

(5) 饰面砖粘贴的砂浆厚度过厚或过薄(宜为7～10mm)均易引起空鼓。饰面砖粘贴时表面的砂浆不饱满，饰面砖勾缝不严处，在受雨天渗透、受冻结冰膨胀等共同作用下，容易产生空鼓。若粘贴砂浆过厚，饰面砖难以贴平，只有多敲，但这样会造成浆水反浮，使饰面砖底部干后形成空鼓。

(6) 粘贴饰面砖不是一次成活，上下多次移动纠偏，引起空鼓。

(7) 饰面砖勾缝不严密、连续，形成渗漏通道，冬季受冻结冰膨胀，造成空鼓、脱落。

2. 开裂

(1) 选用的饰面砖材质不密实，吸水率大于18%，粘贴前没有用水浸透，黏结用砂浆和易性差，粘贴时敲击砖面用力过大。

(2) 使用时没有剔除有隐伤的饰面砖，基层干湿不一，砂浆稠度不一、厚薄不均，干缩开裂造成饰面砖裂缝。

由以上原因可以分析出，裂缝产生的直接或间接原因都与饰面砖的吸水率大小有关。

饰面砖吸水率大，内部孔隙率大，减小了饰面砖密实的断面面积，使饰面砖的抗拉、抗弯强度降低，抗冻性变差。

饰面砖吸水率大，湿膨胀大，应力增大，也容易导致饰面砖开裂。

3. 分格缝不均、表面不平整

(1) 施工前没有根据设计图纸尺寸，核对结构实际偏差，没有对饰面砖铺贴厚度和排砖模数画出施工大样图。

(2) 对不符合要求、偏差大的部位，没有进行修整，使这些偏差大的部位的分格缝不均匀。

(3) 各部位放线贴灰饼间距太大，减少了控制点。

(4) 粘贴饰面砖时，没有保持饰面砖上口平直。

(5) 对使用的饰面砖没有进行选择，没有把外形歪斜、翘曲、缺棱掉角的饰面砖剔除。

(6) 不同规格、不同品种、不同大小的饰面砖混用。

4. 接缝不顺直、缝宽不均匀

(1) 粘贴前没有在基层用水平尺找正，没有定出水平标准，没有画出皮数杆。

(2) 粘贴第一层时，水平不准，后续粘贴错位。

(3) 对粘贴时产生的偏差，没有及时进行校正。

5. 污染、变色

(1) 粘贴时没有做到及时清洁饰面砖，或饰面砖粘有水泥浆、砂浆没有进行清洗。

(2) 浸泡面砖没有坚持使用干净水。

(3) 有色液体容易被饰面砖吸收，先向坯体渗透再渗入表面。

(4) 饰面砖釉层太薄，遮盖力差。

应用案例 8－10

某办公楼外墙饰面砖粘贴不牢固、空鼓甚至脱落；排缝不均匀，非整砖不规范；勾缝不密实、不光洁、深浅不统一；饰面砖不平整、色泽不一致；无釉面砖表面被污染、不洁净。

其原因分析如下。

(1) 粘贴不牢固、空鼓甚至脱落：①基层过分干硬，粘贴前未用水湿润或饰面砖粘贴操作不当，饰面砖与基层之间黏结性差，致使饰面砖空鼓，甚至脱落；②砂浆配合比不准确，稠度控制不当，砂子含泥量过大，形成空鼓、脱落；③粘贴饰面砖砂浆不饱满，饰面砖勾缝不密实，被雨水渗透侵蚀，受冰冻胀缩，引起空鼓、脱落。

(2) 排缝不均匀，非整砖不规范：①排砖方法不准确，在粘贴面逐一画线计数，这种“由小到大”以几块饰面砖为基数逐一画线排砖的方法，极易产生累积误差；②外墙刮糙与饰面砖尺寸没有事先统筹考虑，在排砖中出现非整砖又没有按规范妥善处理，而是任意割砖；③操作人员在粘贴饰面砖过程中，没有掌握或少了一道砂浆初凝前应对排缝不均匀的饰面砖进行调整的工序。

(3) 勾缝不密实、不光洁、深浅不统一：①勾缝砂浆配合比不准确，稠度不当，砂浆镶嵌不密实，勾缝时间掌握不当；② 勾缝没有用统一的自制勾缝小工具或操作不得要领。

(4) 面砖不平整、色泽不一致：①粘贴面基层抹灰不平整或粘贴饰面砖操作方法不当；②饰面砖质量差，施工前与施工中没有严格选砖，造成不平整与色泽不一致。

(5) 无釉面砖表面污染、不洁净：无釉面砖，如泰山砖，在粘贴饰面砖与勾缝操作过程中，往往容易使灰浆污染饰面砖，不易清除，若不及时清理，会留有残浆等污染痕迹。

8.3.3 金属外墙饰面工程

金属外墙饰面一般悬挂在外墙面。金属外墙饰面坚固、质轻、典雅庄重、质感丰富，又具有耐火、易拆卸等特点，应用范围很广。

金属外墙饰面按材质分有铝合金装饰板、彩色涂层钢板、彩色压型钢板、复合墙板等。

金属外墙饰面工程多系预制装配，节点构造复杂，精度要求高，使用工具多，在安装工程中如技术不熟练，或没有严格按规范操作，常容易发生质量缺陷。

对于外墙金属饰面安装工程，常见的质量缺陷有饰面不平直、安装不牢固、表面划痕等。

1. 饰面不平直

(1) 支承骨架安装位置不准确，放线弹线时，没有对墙面尺寸进行校核，发现误差没有进行修正，使基层的平整度、垂直度不能满足骨架安装的平整度、垂直度要求。

(2) 板与板之间的相邻间隙处不平。

(3) 安装时没有随时进行平直度检查。

(4) 板面翘曲。

2. 安装不牢固

(1) 骨架安装不牢，骨架表面又没有做防锈、防腐处理，连接处焊缝不牢，焊缝处没有涂刷防锈漆。骨架安装不牢，必定影响饰面安装。

(2) 在安装前没有做好细部构造(如沉降缝、变形缝的处理)，位移造成安装不牢。

(3) 在安装时，没有考虑金属板面的线膨胀，没有根据其线膨胀系数留足排缝，热膨胀致使板面凸起。

3. 表面划痕

(1) 安装时没有进行覆盖保护，容易被划伤。

(2) 在安装过程中，钻眼拧螺钉时被划伤。

应用案例 8-11

铝塑板接缝处有高低差，板间留缝宽窄不均。

其原因分析如下。

(1) 由铝塑板饰块的边角起翘造成。由于铝塑板饰块粘接时周边涂胶不均或漏涂造成起翘，另外对铝塑板进行黏合时，施加的压力不足或晾胶的时间过短或过长，也易造成边角的起翘。

(2) 铝塑板在裁割时，如所用的锯齿较钝，则裁出的铝塑板块就易产生毛边；用壁纸刀进行裁割时，如未将铝塑板块裁透而是折断的，则裁割边易出现跷头。因此铝塑板裁割后，最好用刨子修整边角后再进行粘贴施工。

(3) 铝塑板黏结基层不平整或铝塑板的接缝与基层板的接缝重合，也易造成接缝处的高低差。铝塑板饰块之间一般进行留缝处理，其缝隙应宽窄均匀一致，接缝顺直，否则影响观感质量。

8.4 门窗安装工程

【门的分类及使用范围】

门窗安装工程是建筑物的一个重要组成部分。其主要作用为采光、通风、隔离。其用于建筑物的外立面，还发挥重要的装饰作用。《验收规范》把门窗工程归并到建筑装饰装修分部工程。

门窗按使用的材质大致可以分为木门窗、金属门窗、塑料门窗。

门窗安装是否牢固，既影响使用功能又影响安全。《验收规范》规定，无论采用何种方法固定，建筑外窗安装必须确保牢固，并将这一规定列为强制性条文。

8.4.1 木门窗安装工程

本节重点分析门窗在安装过程中容易出现的质量缺陷。《验收规范》主控项目对木门窗安装工程做出的质量要求如下。

（1）木门窗框的安装必须牢固。预埋木砖的防腐处理，木门窗框固定点的数量、位置及固定方法应符合设计要求。

（2）木门窗扇必须安装牢固，并应开关灵活、关闭严密，无倒翘。

【木窗构造及安装】

（3）木门窗配件的型号、规格、数量应符合设计要求，安装应牢固，位置应正确，功能应满足使用要求。

一般项目对木门窗安装工程做出的规定如下。

木门窗与墙体间缝隙的填嵌材料应符合设计要求，填嵌应饱满。寒冷地区外门窗（或门窗框）与砌体间的空隙应填充保温材料。

同时，《验收规范》对木门窗安装的留缝限值、允许偏差和检验方法也做了规定。

木门窗安装工程容易出现的质量缺陷如下。

（1）木门窗窜角（不方正）。

在安装过程中，卡方不准或没有进行卡方，造成框的两个对角线长短不一，致使门框变形（框边不平行）。

（2）松动。

① 门窗框与墙体的间隙太大，木垫干缩、破裂。

② 预留木砖间距过大，与墙体结合不牢固，受振动与墙体脱离。

③ 门框与墙体间空隙，嵌灰不严密，或灰浆稠度大，硬化后收缩。

（3）门窗扇开关不灵活或自行开关。

① 安装门的上下副合页的轴不在一条垂直线上。

② 安合页一边门框立框不垂直，向开启方向或向关闭方向倾斜。

③ 选用的五金不配套，螺钉帽凸出。

8.4.2 金属门窗安装工程

金属门窗安装工程一般包括钢门窗、铝合金门窗等的安装。

《验收规范》主控项目对金属门窗安装工程做出的质量要求如下。

(1) 金属门窗框和副框的安装必须牢固，预埋件的数量、位置、埋设方式与框的连接方式必须符合设计要求。

(2) 金属门窗扇必须安装牢固，并应开关灵活、关闭严密、无倒翘。推拉门窗扇必须有防脱落措施。

(3) 金属门窗配件的型号、规格、数量应符合设计要求，安装应牢固，位置应正确，功能应满足使用要求。

一般项目对金属门窗安装工程做出的规定如下。

(1) 铝合金门窗推拉窗扇开关力应不大于100N。

(2) 金属门窗框与墙体之间的缝隙应填嵌饱满，并采用密封胶密封。密封胶表面应光滑、顺直、无裂纹。

(3) 金属门窗扇的橡胶密封条或毛毡密封条应安装完好，不得脱槽。

(4) 有排水孔的金属门窗，排水孔应畅通，位置和数量应符合设计要求。

同时，《验收规范》对钢门窗、铝合金门窗安装的留缝限值、允许偏差和检验方法也做了规定。

1. 钢门窗安装工程质量缺陷

1) 门窗框不方正、翘曲、框扇变形

堆放位置不正确(不是竖立堆放，堆放坡度大于20°)或用杠棒穿入框内抬运，门窗上搭设脚手架或悬挂重物，或发生碰撞。

2) 大面积生锈

搬运或安装时撞伤表面，损伤漆膜，防潮防雨措施不力。

3) 安装不牢固

铁脚固定不牢或伸入墙体长度太短，或与预埋铁件脱焊、漏焊。

2. 铝合金门窗安装工程质量通病

1) 门窗框与墙体连接刚度小

(1) 洞口四周的间隙没有留足宽度。

(2) 砖砌体错用射钉连接。

(3) 锚固钉与窗角处间距大于180mm，锚固钉间距大于500mm，外窗框与墙体周围间隙处没有使用弹性材料嵌实。

2) 门窗框与墙体连接处裂缝

门窗框内外与墙体连接处漏留密封槽口，直接用刚性饰面材料与外框接触，形成冷热交换区。

3) 门窗框外侧腐蚀

(1) 用水泥砂浆直接同门窗框接触，对铝产生腐蚀。

(2) 没有做防腐处理(接触处)，保护膜没有保护好。

应用案例 8－12

日常使用中有时会发现铝合金门窗框周边同墙体连接处出现渗漏水，尤其窗下角多见，其次是组合窗的拼接处出现渗水。

出现渗水的原因分析大致有以下3点。

（1）门窗框同墙体连接处产生裂缝，而安装时又未用密封胶填嵌密封，雨水自裂缝处渗入室内。

（2）组合门窗拼接时，没有采用套接、搭接方式，也未采用密封胶密封。

（3）现场门窗框直接固定在保温层上，局部采用了防水加强处理，导致某些部位暴风雨后门窗旁的保温层与墙体间出现渗漏。

8.4.3　塑料门窗安装工程

【塑钢门窗构造及安装】

塑料门窗主要是以聚氯乙烯或其他树脂为主要原料，辅以相应的辅助材料，经挤压成形，做成不同截面的型材，再按规定要求和尺寸组装成的不同规格的门窗。

《验收规范》对塑料门窗安装工程的质量主控项目要求如下。

（1）塑料门窗框、副框和扇的安装必须牢固。固定片或膨胀螺栓的数量与位置应正确，连接方式应符合设计要求。固定点应距窗角、中横框、中竖框150～200mm，固定点间距应大于600mm。

（2）塑料门窗扇应开关灵活、关闭严密、无倒翘。推拉门窗扇必须有防脱落措施。

（3）塑料门窗配件的型号、规格、数量应符合设计要求，安装应牢固，位置应正确，功能应满足使用要求。

（4）塑料门窗框与墙体间缝隙应采用闭孔弹性材料填嵌饱满，表面应采用密封胶密封。密封胶应黏结牢固，表面应光滑、顺直、无裂纹。

一般项目对塑料门窗安装工程的质量要求如下。

（1）塑料门窗表面应洁净、平整、光滑，大面应无划痕、碰伤。

（2）塑料门窗扇的密封条不得脱槽。旋转窗间隙应基本均匀。

（3）玻璃密封条与玻璃及玻璃槽口的接缝应平整，不得卷边、脱槽。

（4）排水孔应畅通，位置和数量应符合设计要求。

同时，《验收规范》对塑料门窗的安装允许偏差和检验方法也做了规定。

塑料门窗安装工程中，容易出现的质量通病为变形、安装不牢固、开关不灵活、表面污染。

1. 变形

（1）存放时，门窗没有竖直靠放，被挤压变形。

（2）没有远离热源。

（3）在已安装好的门窗上铺搭脚手板或悬挂重物，使其受力变形。

（4）门窗框与洞口间隙填料过紧，门窗框受挤变形。

2. 安装不牢固

(1) 单砖或轻质墙砌筑时，与门窗框交接处没有砌入混凝土砖，使连接件安装不牢，必然造成门窗框松动。

(2) 直接用锤击螺钉与墙体连接，造成门窗框中空多腔材料破裂。

3. 开关不灵活

安装顺序不正确。在安装门窗框前，没有将门窗扇先放入框内找正，检查是否开关灵活。

4. 表面污染

(1) 先安装塑料门窗，后做内外粉刷。

(2) 粉刷窗台板和窗套时，没有粘贴纸条进行保护。

(3) 填嵌密封胶时被污染，没有及时清除。

应用案例 8-13

在施工中发现塑钢窗的渗漏部位绝大部分在窗下角，其渗水途径为窗框拼角和墙体与窗框的间隙，以及拼樘料与窗框的间隙。

其原因分析如下。

(1) 窗框与墙体之间的固定距离偏大，固定不牢靠，在外力作用下，密封胶开裂产生渗漏。

(2) 预埋件的质量差，特别是先塞口时，预埋的配件厚度不足、固定马虎，牢固性和使用年限降低。

(3) 对于墙体没有分别采取相应的固定方法和固定措施，特别是采用KP1多孔砖、混凝土小型空心砌块。土建施工中漏放或错放混凝土砖，安装时固定点没有放在混凝土砖上，造成整个门窗总体质量下降，使窗框与墙体间留下隐患。

(4) 漏打或不打发泡剂，安装中窗框固定一般采用木楔垫片，安装工取出木楔后没有及时补打发泡剂或不打发泡剂，后道工序粉刷直接用砂浆嵌填。此外嵌填砂浆不易密实，或者由于砂浆收缩，产生裂缝造成渗漏。

思考题

1. 一般抹灰工程中容易出现哪些质量通病？产生的主要原因是什么？

2. 抹灰工程与基层的处理质量有何关系？你如何认识基层处理在抹灰工程中的重要作用？

3. 举例说明装饰抹灰工程中不同饰面常见的质量缺陷和产生的原因。

4. 举例说明基层质量对地面工程质量的影响。

5. 水泥砂浆面层常见的质量缺陷有哪些？

6. 分别简述块料地面施工的薄弱环节，并说明哪些工序容易失控。

7. 地面工程哪些质量缺陷会影响装饰效果？

8. 分别简述饰面板(砖)工程中，容易产生的质量缺陷及产生原因。

9. 金属板饰面安装工程中产生安装不牢固的原因有哪些？

10. 基层品质不好，会给饰面板(砖)工程带来哪些质量缺陷?

11. 门窗安装工程中，容易出现哪些质量通病? 并说明产生原因。

12. 为什么建筑外墙门窗必须确保安装牢固被列为强制性条文?

项目9 结构缺陷处理方法概述

教学目标

本项目讲述了地基基础、砌体结构、混凝土构件的各种质量事故缺陷，列举了各种有针对性的处理措施，讨论了地基基础、砌体结构、混凝土构件的加固方法和原则，并讨论了建筑结构加固的施工要点。

教学要求

能力目标	知识要点	权重
了解相关知识	建筑结构缺陷的处理方法分类及适用范围	15%
熟练掌握知识点	(1) 质量事故缺陷处理有针对性的处理措施 (2) 建筑结构的加固原则 (3) 建筑结构加固的施工要点	50%
运用知识分析案例	混凝土质量事故缺陷的处理措施	35%

引例

基础错位事故处理实例

1. 工程事故概况

四川某厂房机加工车间扩建工程，边柱截面尺寸为400mm×600mm，施工时，柱基础分段开挖，在挖完5个基坑后即浇筑垫层、绑扎钢筋并浇混凝土。完成后，检查发现每个基础错位300mm，如图9.1(a)所示。

2. 事故原因

经查，事故原因为放线时误把边柱截面中心线当成轴线，从而产生了错位。

3. 事故处理

现场施工人员认为，为避免返工损失，建议以已完工的5个基础为准，完成其余柱基，即厂房跨度加大了300mm。考虑此方案有以下弊端未予采纳：一是上部结构出现非标准构件，需重新设计，施工、安装均麻烦；二是桥式吊车也是非定型产品，要增加设备费用。

根据现场的设备条件，未采用顶推和吊移法，而是采用局部拆除后扩大基础的方法进行处理，处理步骤如下。

（1）将基础杯口一侧短边混凝土凿除。

（2）凿除部分基础混凝土，露出底板钢筋。

（3）将扩大部分与基础的连接面全部凿毛。

（4）浇筑扩大基础下的混凝土垫层，接长底板钢筋。

（5）清洗接触面，浇筑打入部分基础。

4. 处理效果

此方案施工简单，费用低，无须专用设备，结构安全可靠。外侧的部分杯口用同强度混凝土补浇，如图9.1(b)所示。

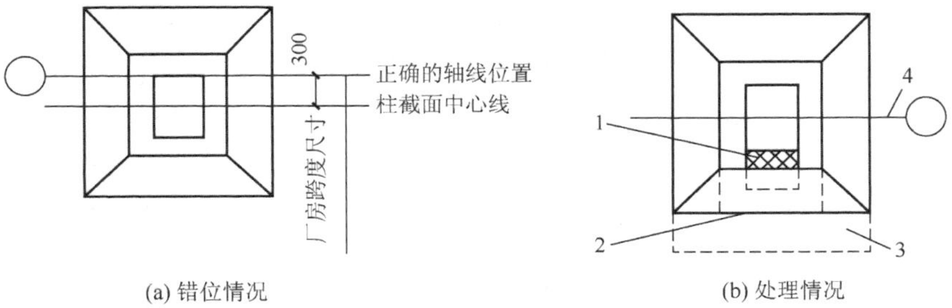

图9.1 柱基础错位处理示意

1—凿除的杯口部分；2—基础凿毛部分；3—扩大基础；4—轴线

9.1 地基基础加固技术

地基基础缺陷事故的处理，指因地基发生过大不均匀变形或地基中的渗流造成建筑结构开裂、倾斜时，对地基和基础的处置和治理(区别于建筑物施工前的地基处理)。它包括地基处理、基础处理和纠偏处理3个组成部分，如图9.2所示。

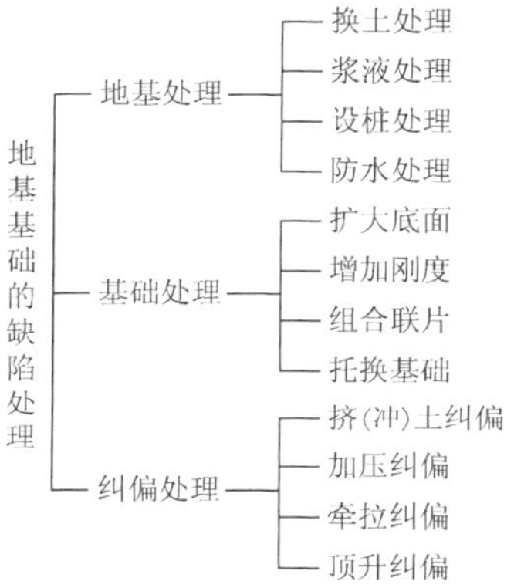

图9.2 地基基础缺陷事故的处理方法

1. 地基处理技术

1) 换土处理

换土处理是指采用强度较大的纯净素土、砂卵石、灰土(1∶9或2∶8)或煤渣等材料代替一部分过硬地基或过软地基，并夯至密实的措施。其目的是使浅基下地基的承载力得到提高，使建筑物各处沉降差保持在许可范围以内。换土处理多用于建筑物建成后出现局部轻度塌陷，或表现为建筑物的个别部位发生墙体开裂的情况，如图9.3(a)、(b)所示。为保证换土质量，应认真选择填料。若采用砂垫层，以中粗砂为好，可掺入一定数量的碎石，但要分布均匀；若采用黏性土，塑性指数宜取7～14，接近最优含水量。每层铺土200～300mm，压实后需进行干重力密度测试，必须达到合格标准。

2) 浆液处理

浆液处理是指采用水泥浆液或者硅酸钠(水玻璃)类、环氧树脂类、丙烯酰胺类等化学浆液在已建基础两侧，通过注射孔，将浆液在竖向、斜向或水平方向压入土中，利用压力浆液的扩散作用强化基础以下周边的土体，从而达到提高这部分土体的强度，减少其压缩性，消除其湿陷性的目的，如图9.3(c)、(d)所示。浆液处理又称化学处理，目前我国应用较多的是水泥浆液。其他化学浆液处理造价昂贵，应用并不广泛，只在重要工程(如人民大会堂)及特殊工程中采用。浆液处理采用的条件是基础埋深较浅，需加固处理的土层不太厚，以及中等或较严重的湿陷性地基。

3) 设桩处理

设桩处理是指在已建基础周围设置一排或多排砂桩、灰土桩、石灰桩或旋喷桩，甚至混凝土桩的方法，利用成桩孔时的侧向挤密作用加强基础下部的部分地基，如图9.3(e)、(f)所示。

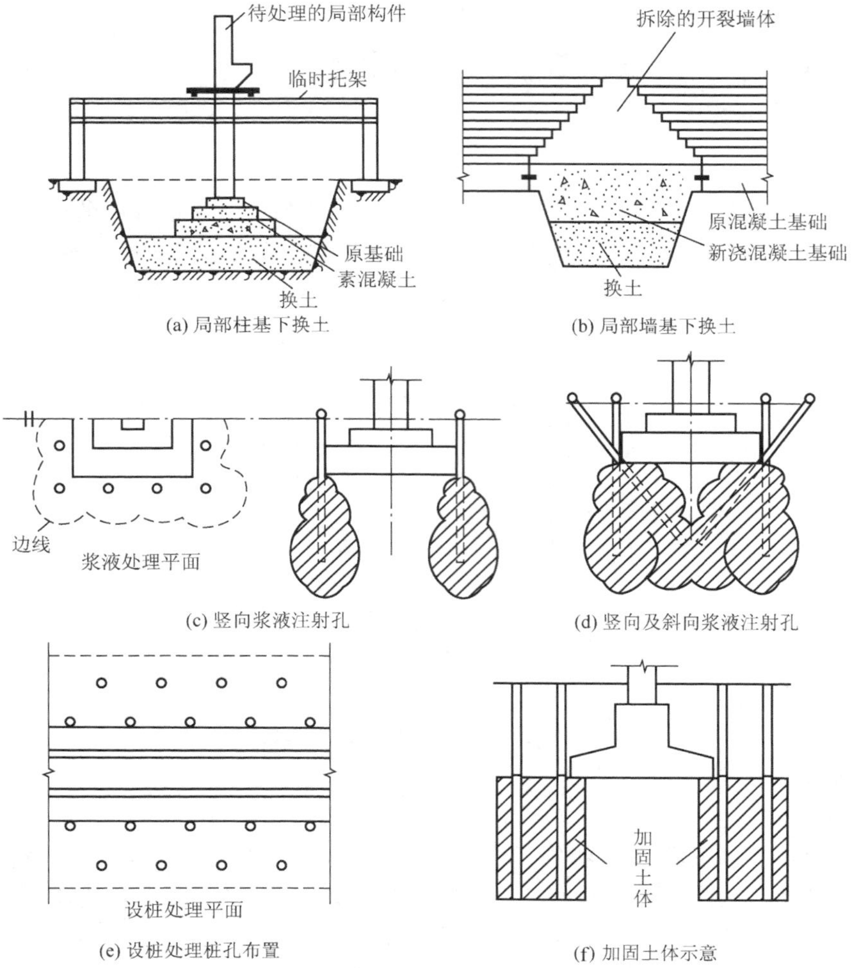

图 9.3　换土、浆液和设桩处理示意

知识链接 9－1

对于砂土来说，砂桩可以通过挤压作用增加砂土地基的相对密度；对于黏性土来说，它可以与砂土共同作用形成复合地基，它们都可以起到提高地基承载力、减少基础沉降的作用。但砂桩仅适用于处理深层松砂、杂填土和黏土含粒量不高的黏性土，而不适用于饱和软黏土地基。

灰土桩的作用是利用分层夯实灰土的效果在基础周围形成一个密实的土围幕，使基础底部土体的侧向变形受到一定的约束，从而提高地基土的承载力，减少其压缩性和湿陷变形。灰土挤密桩适用于下沉变形较小或下沉已趋稳定的一般建筑物。

石灰桩是指在成孔后灌入生石灰块，使石灰吸收土中水分水解为熟石灰，体积膨胀，把周围湿土挤密，从而减少土的含水量和孔隙比，达到加固处理的目的。故石灰桩适用于地下水位较低、基础较窄的建筑物。

旋喷桩的原理是强制浆液与土体进行搅拌混合，在喷射力(工作压力在 20MPa 以上)

的有效射程内形成圆柱形的凝固柱体，其极限强度可达3～5MPa，能起到加固地基的目的(旋喷桩也是一种浆液处理方法)，适用于静压灌浆难以改良的软弱地基，尤其是$N_{63.5}<10$的砂土或$N_{63.5}<5$的黏性土。

4）防水处理

防水处理是指遇到湿陷性黄土地基或膨胀土地基时的综合处理。其防治措施是围绕建筑物四周设置良好的排水系统(如设置宽散水、排水沟、能使排水畅通的地坪等)，确保建筑物内的管道、储水构筑物不漏水，做好有灰土或砂石、炉渣垫层的室内地坪，移走建筑物附近吸水量或蒸发量大的树木等。

2. 基础处理技术

1）扩大底面、增加刚度

这是指采用钢筋混凝土套的办法扩大已建基础的底面积，增加已建基础高度的措施。它往往在以下两种情况下进行。

(1) 勘察、设计或施工错误，造成基础底面积偏小，不能满足承载力要求时；或者建筑物的沉降量超过允许值时；或者建筑物需要增层时。

(2) 基础构件设计有误或施工有误，使得它的承载力或刚度不足时，如砌体强度不足、混凝土强度过低、钢筋配置有误及基础高度不足等。

增设钢筋混凝土套加固基础做法的关键在于新旧混凝土的连接。一般可采用锚筋连接或嵌入连接两种做法。前者是将扩大部分挖至待加固基础的基底，将柱子根部和旧基础表面打毛，并在旧柱基四周直壁上钻孔，用环氧树脂锚入短筋，把新旧基础连接起来，如图9.4(a)所示；后者是将钢筋混凝土套的下端嵌入旧基础底部边缘，呈环抱状，同时将旧基础表面和柱子根部打毛，这就能使新旧基础共同工作，如图9.4(b)所示。嵌入连接做法的缺点是在施工过程中会扰动旧基础下的持力土层，因而在施工时要对柱加临时支撑。

2）组合联片

这是指在做好单独基础扩大底面套的同时，再做基础梁伸入混凝土套的两侧，并在基础梁下设置底板，利用钢筋混凝土底板将待加固的基础组合联片，达到进一步扩大基底面积的目的，如图9.4(c)所示。

3）托换基础

这是指在原基础两旁新设基础，把由原基础承受的荷载通过另设的传力体系转移到新基础的地基上。另设的传力体系是在墙体两侧设置贴墙的托架次梁，次梁将所受的作用力传给穿越墙体的主梁，再传给新设的基础墩台，如图9.4(d)所示。

近年来，有时也会采用锚杆静压桩托换基础。它是将压桩架通过锚杆与原基础连接，利用建筑自重作为压桩反力，用千斤顶将桩分段压入地基中，通过静压桩承担部分荷载，如图9.5所示。锚杆静压桩适用范围广，可用于黏性土、淤泥质土、杂壤土、粉土、黄土等地基。其优点是机具简单，施工作业面小，技术可靠，效果明显。

3. 纠偏处理技术

1）挤(冲)土纠偏

这是指利用挤出(或冲掏)地基中一些土体的办法来纠正建筑物因不均匀沉降而产生的倾斜。其构造做法一般是在倾斜基础一侧设置若干沉井或者钻若干孔洞，使得基础底部土体受压后向一侧挤出以纠偏；或者在沉井内向基

【基础错位】

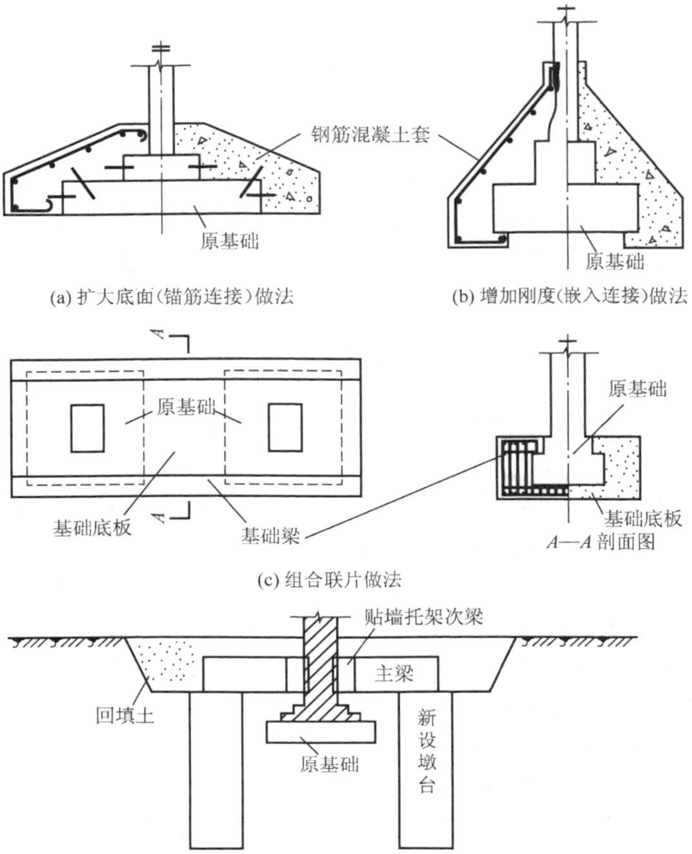

(a) 扩大底面(锚筋连接)做法　(b) 增加刚度(嵌入连接)做法

(c) 组合联片做法

(d) 托换基础做法

图 9.4　基础处理

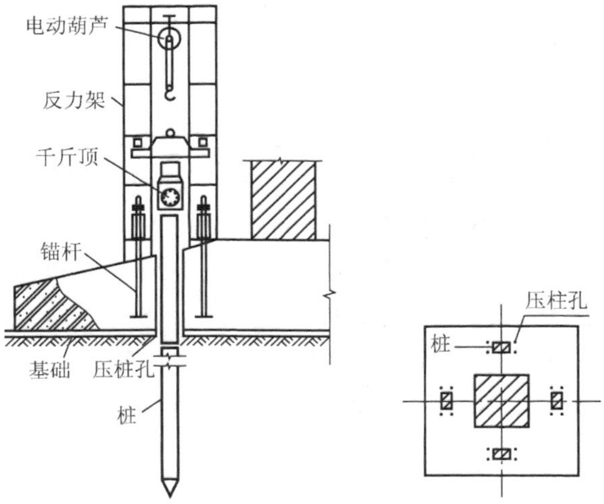

(a) 锚杆静压桩装置示意　(b) 压桩孔和锚杆位置

图 9.5　锚杆静压桩装置示意及压桩孔和锚杆位置

础底部钻孔，使得基础底部一侧土体受压下沉以纠偏；或者在沉井中连续抽水使一侧土体压缩以纠偏；或者在沉井中用水枪冲水掏走部分土体以纠偏；等等。

2）加压、牵拉、顶升纠偏

这是指采用各种在倾斜结构一侧施加作用力的办法，使基础下部的部分地基土进一步压缩，达到纠偏的目的。其中，加压纠偏是常用的一种方法。它可以用重物压沉，如图 9.6(a)实线部分所示，或施加外力压沉，如图 9.6(a)虚线部分所示，使基础在附加偏心荷载作用下发生一侧附加沉降的过程中逐渐消除两侧的沉降差，达到矫正建筑物倾斜的效果。它适用于地基沉降已趋稳定、上部结构无须再做加固处理的工程。而牵拉或顶升纠偏则是用牵引或顶升设备直接纠正倾斜的上部构件和基础就位的办法，如图 9.6(b)、(c)所示。由于倾斜的结构具有整体性，牵引或顶升设备的作用力不可能将倾斜的整体结构矫正过来，故往往要解除被矫正构件和基础的周围联系，设置临时支护措施，矫正就位后尚需用垫块临时固定，最后才能做弥合处理。牵拉或顶升纠偏有时可用于纠正单层工业厂房柱的倾斜。

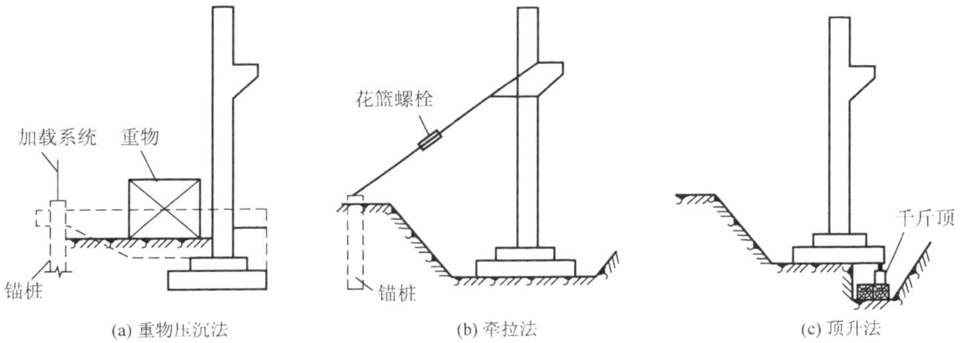

图 9.6 纠偏处理

对整个建筑物进行顶升纠偏，可将建筑物基础和上部结构沿某一特定位置加以分离。在分离区设置若干支承点，通过安装在支承点的顶升设备，使建筑物沿某一直线(点)做平面运动或转动，使有偏差的建筑物得到纠正，如图 9.7 所示。为确保与上部结构连成一体的分离器的整体性和刚度，要采用加固措施，通过分段托换，形成一个全封闭的顶升支承梁(柱)结构体系。显然，在实施顶升前，应对顶升支承梁的结构体系、施工平面图(分段施工顺序和千斤顶位置等)的顶升量和顶升频率进行设计。

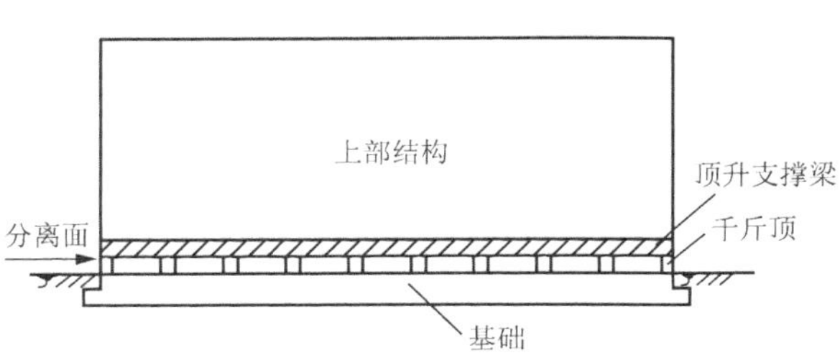

图 9.7 顶升法对整个建筑物纠偏

9.2 砌体结构加固技术

当砌体结构因强度不足而引起开裂，或已有倒塌先兆时，必须采取加固措施。常用的加固方法有以下几种。

1. 扩大砌体的截面加固

这种方法适用于砌体承载力不足，产生的裂缝尚属轻微，扩大面积不是很大的情况。一般的墙体、砖柱均可采用此法。加大截面的砖砌体中砖的强度等级常与原砌体相同，而砂浆应比原砌体中的等级提高一级，且最低不低于 M2.5。

加固后通常可考虑新旧砌体共同工作，这就要求新旧砌体有良好的结合。为了达到共同工作的目的，常采用以下两种方法。

(1) 新旧砌体咬槎连接。如图 9.8(a)所示，在原砌体上每隔 4～5 皮砖，剔去旧砖生成 120mm 深的槽，砌筑扩大砌体时应将新砌体与原砌体仔细连接，新旧砌体成锯齿形咬槎，以保证共同工作。

(2) 插筋连接。在原有砌体上每隔 5～6 皮砖在灰缝内打入ф6 钢筋，当然也可以用冲击钻在砖上打洞，然后用 M5 砂浆裹着插入ф6 钢筋，砌新砌体时，钢筋嵌于灰缝之中，如图 9.8(b)所示。

无论是咬槎连接还是插筋连接，原砌体上的面层必须剥去，必须将凿口后的粉尘冲洗干净并湿润凿口后再砌扩大砌体。

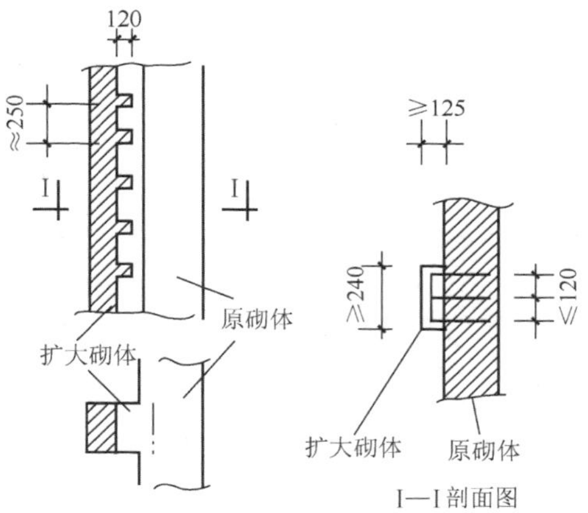

图 9.8 扩大砌体的截面加固

2. 外加钢筋混凝土加固

当砖柱承载力不足时，常用外加钢筋混凝土加固。

外加钢筋混凝土可以是单面的、双面的和四面包围的。外加钢筋混凝土的竖向受压钢筋可用ф8～ф12，横向钢箍可用ф4～ф6，并应有一定数量的闭口钢箍，如间距 300mm 左右设一闭合箍筋，闭合箍筋中间可用开口或闭口箍筋与原砌体连接。如闭口箍的一边必须在原砌体内，则可凿去一块顺砖，使闭口箍通过，然后用豆石混凝土填实，具体做法如图 9.9～图 9.11 所示。

图 9.9 所示为平直墙体外贴钢筋混凝土加固。图 9.9(a)、(b)为单面加钢筋混凝土；图 9.9(c)为双面加钢筋混凝土，即每隔 5 皮砖左右凿掉一块顺砖，使钢筋可以封闭。

图 9.10 所示为墙壁柱外加贴钢筋混凝土加固。

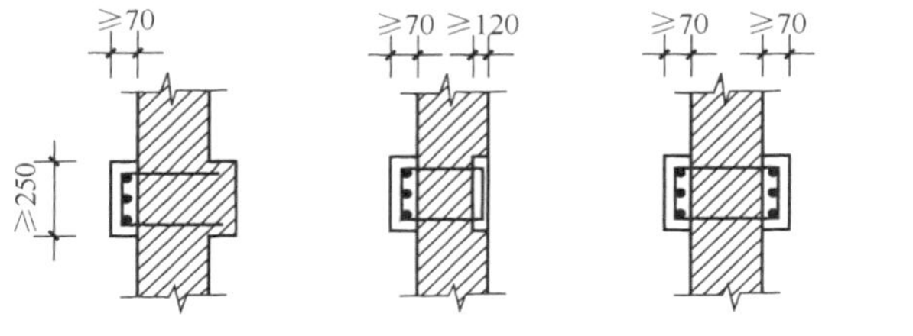

(a) 单面加钢筋混凝土 (b) 单面加钢筋混凝土 (c) 双面加钢筋混凝土

图 9.9 平直墙体外贴钢筋混凝土加固

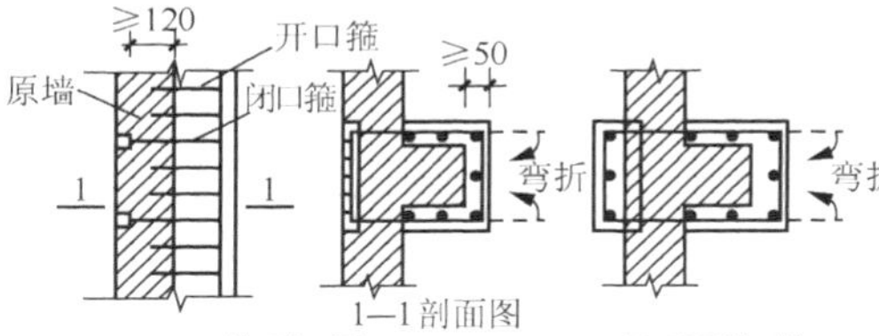

(a) 单面加固 (b) 双面加固

图 9.10 墙壁柱外加贴钢筋混凝土加固

图 9.11 所示为砖柱外包钢筋混凝土加固。为了使混凝土与砖柱更好结合，每隔 300mm(约 5 皮砖)凿去一块砖，使后浇混凝土嵌入砖砌体内。外包层较薄时也可用砂浆。四面外包层内应设置$\phi 4$～$\phi 6$ 的封闭箍筋，间距不宜超过 150mm。

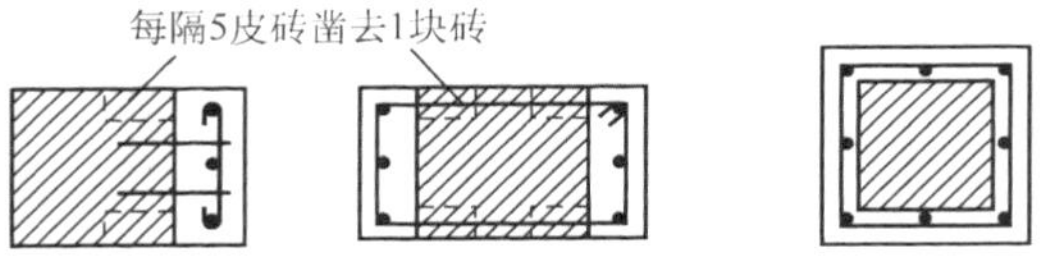

(a) 单侧加固 (b) 双侧加固 (c) 四周外包加固

图 9.11 砖柱外包钢筋混凝土加固

混凝土常用 C15 或 C20。若采用加筋砂浆层，则砂浆的强度等级不宜低于 M7.5。当砌体为单向偏心受压构件时，可仅在受拉一侧加上钢筋混凝土。当砌体受力接近中心受压或双向均可能偏心受压时，可在两面或四面包上钢筋混凝土。

3. 外包钢加固

外包钢加固具有快捷、高强的优点。用外包钢加固，施工快，且不需要养护期，可立即发挥作用。外包钢加固可在基本上不增大砌体尺寸的条件下，较多地提高结构的承载力。用外包钢加固砌体，还可大幅度地提高其延性，在本质上改变砌体结构脆性破坏的特性。

外包钢常用来加固砖柱和窗间墙。对于砖柱，首先用水泥砂浆把角钢粘贴于被加固砌体的四角，并用卡具临时夹紧固定，然后焊上缀板而形成整体。随后去掉卡具，外面粉刷水泥砂浆，既可平整表面，又可防止角钢生锈，如图 9.12(a)所示。对于宽度较大的窗间墙，如墙的高宽比大于 2.5 时，宜在中间增加一缀板(条)，并用穿墙螺栓拉结，如图 9.12(b)所示。外包角钢不宜小于∟50×5，缀板(条)可用 35mm×5mm 或 60mm×12mm 的钢板。注意：加固角钢下端应可靠地锚入基础，上端应有良好的锚固措施，以保证角钢有效地发挥作用。

4. 钢筋网水泥砂浆加固

钢筋网水泥砂浆加固墙体是在墙体表面去掉粉刷层后，附设由$\phi 4$～$\phi 8$ 钢筋组成的钢筋网片，然后喷射砂浆(或细石混凝土)，或分层抹上密实的砂浆层。这样使墙体形成组合墙体，俗称夹板墙。组合墙可大大提高砌体的承载力及延性。

钢筋网水泥砂浆加固的具体做法如图 9.13 所示。

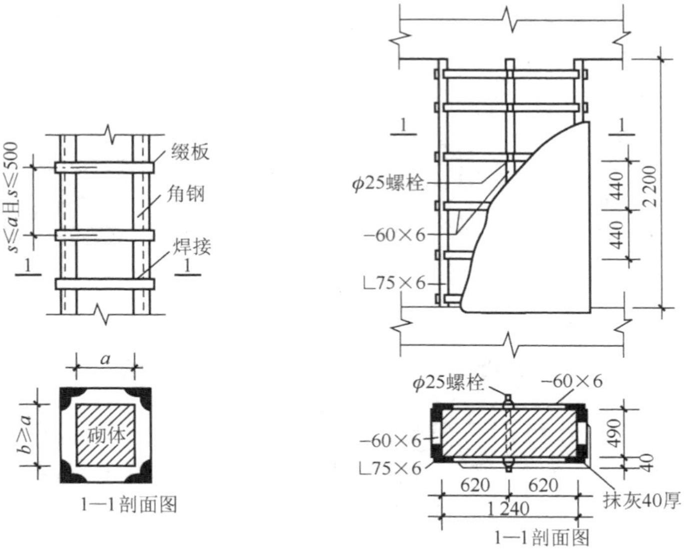

(a) 外包钢加固砖柱　　(b) 外包钢加固窗间墙

图 9.12　外包钢加固

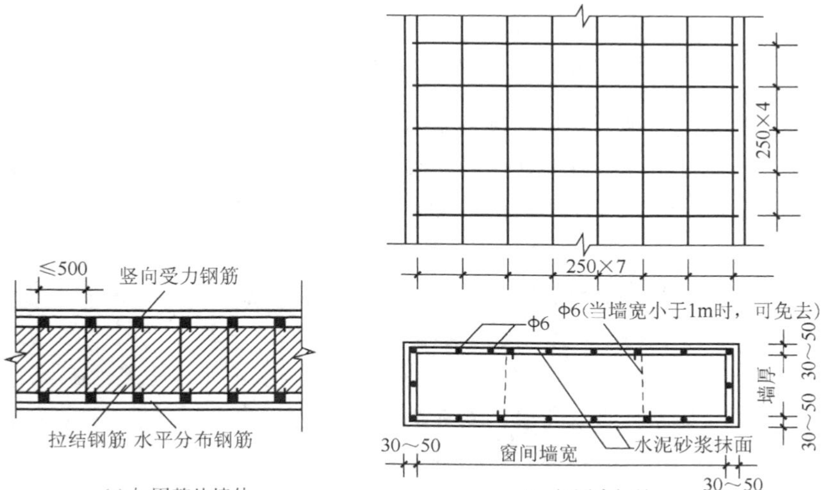

(a) 加固整片墙体　　(b) 加固窗间墙

图 9.13　钢筋网水泥砂浆加固

钢筋网水泥砂浆面层厚度宜为 30～45mm，若面层厚度大于 45mm，则宜采用细石混凝土。面层砂浆的强度等级一般可用 M7.5～M15，面层混凝土的强度等级宜用 C15 或 C20。面层钢筋网需用φ4～φ6 的穿墙拉结钢筋与墙体固定，间距不宜大于 500mm。受力钢筋的保护层厚度不宜小于表 9-1 中的值。

表 9-1 受力钢筋的保护层厚度 单位:mm

构件类别	环境条件	
	室内正常环境	露天或室内潮湿环境
墙	15	25
柱	25	35

受力钢筋宜用 HPB300 钢筋，对于混凝土面层也可采用 HRB335 钢筋。受压钢筋的配筋率：对于砂浆面层不宜小于 0.1%；对于混凝土面层，不宜小于 0.2%。受力钢筋可用直径大于或等于φ8 的钢筋，横向钢筋按构造设置，间距不宜大于 20 倍受压主筋的直径及 500mm，但也不宜过密，应大于或等于 120mm，横向钢筋遇到门窗洞口时，宜将其弯折 90°(直钩)并锚入墙体内。

喷抹水泥砂浆面层前，应先清理墙面并加以湿润。水泥砂浆应分层抹压，每层厚度不宜大于 15mm，以便压密压实。原墙面如有损坏或酥松、碱化部位，应拆除后修补好。

钢筋网水泥砂浆面层适宜于加固大面积墙面，但不宜用于下列情况：①孔径大于 15mm 的空心砖墙及 240mm 厚的空斗砖墙；②砌筑砂浆强度等级小于 M0.4 的墙体；③严重酥松或油污、碱化层不易清除，难以保证面层黏结质量的墙体。

5. 增设圈梁、拉杆

1）增设圈梁

若墙体开裂比较严重，为了增加房屋的整体刚性，可以在房屋墙体一侧或两侧增设钢筋混凝土圈梁，也可采用型钢圈梁。钢筋混凝土圈梁的混凝土强度等级一般为 C15～C20，截面尺寸至少为 120mm×180mm。圈梁配筋可采用φ10～φ14，箍筋可用(φ5～φ6)@(200～250)mm。为了使圈梁与墙体更好结合，可用螺栓、插筋锚入墙体，每隔 1.5～2.5m 可在墙体内凿通一洞口(宽 120mm)，在浇筑圈梁的同时填入混凝土，使圈梁咬合于墙体上。增设圈梁加固砌体如图 9.14 所示。

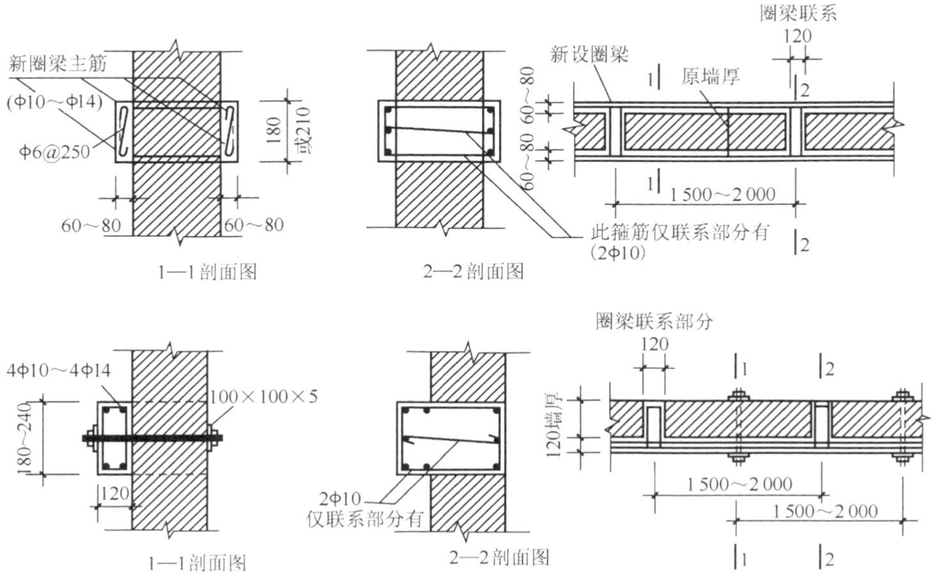

图 9.14 增设圈梁加固砌体

2）增设拉杆

墙体因受水平推力、基础不均匀沉降或温度变化引起的伸缩等原因而产生外闪，或者因内外墙咬槎不良而裂开，可以增设拉杆，如图 9.15 所示。拉杆可用圆钢或型钢。

如采用钢筋拉杆，宜通长拉结，并可沿墙的两边设置。对较长的拉杆，中间应设花篮螺栓，以便拧紧拉杆。拉杆接长时可用焊接。露在墙外的拉杆或垫板螺帽，应做防锈处理，为了美观，也可适当做些建筑处理。

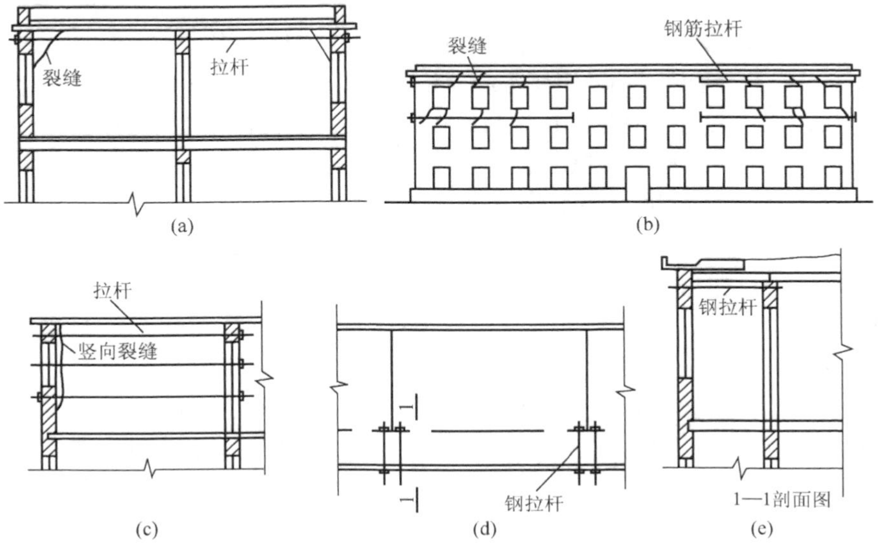

图 9.15　增设拉杆加固砌体

增设拉杆的同时也可增设圈梁，以增强加固效果，并且可将拉杆的外部锚头埋入圈梁中。

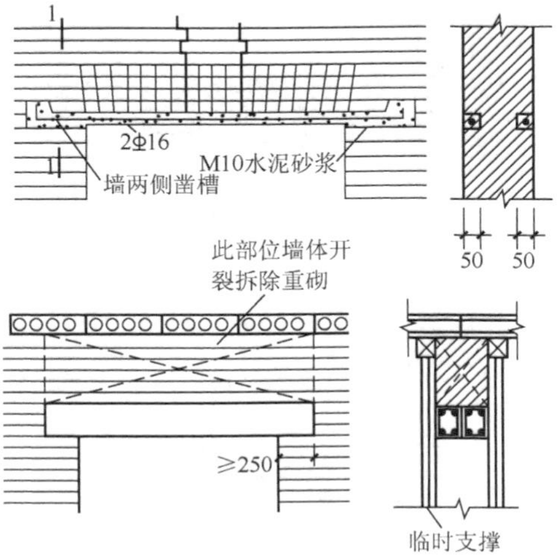

图 9.16　过梁加固

6. 其他加固方法

因砌体破损的情况千差万别，加固砌体也应视具体情况不同而采用不同的方法。除了上述几种主要的加固方法以外，还有不少其他方法。

如门窗上的过梁为砌体过梁，因某种原因产生了裂缝，这时可采用增设加筋砌体过梁或增设钢筋混凝土过梁加固，如图 9.16 所示。

又如，大梁下的砌体产生裂缝是由于局部承压不足产生的，则可用托梁加固，如图 9.17 所示。

当某墙体局部破损严重，难以加固时，可拆除部分墙体，改用混凝土柱，如图 9.18 所示。

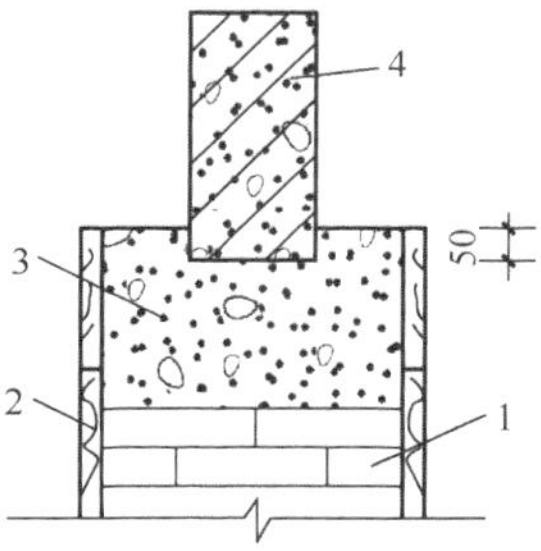

图 9.17 托梁加固

1—砖柱；2—模板；3—现浇梁垫；4—钢筋混凝土梁

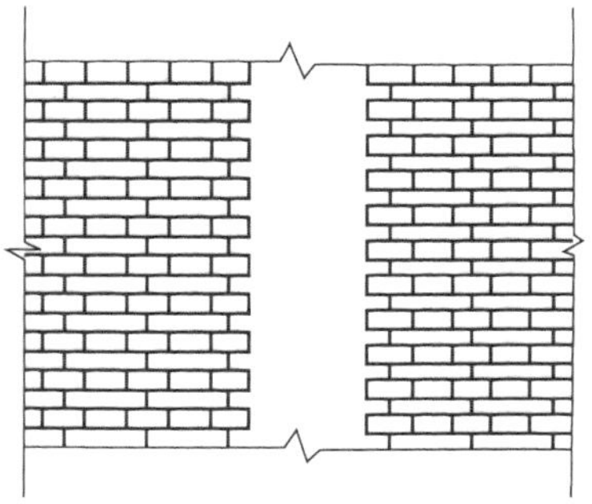

图 9.18 拆墙加柱加固

无论采用何种加固方法，当拆除某部分墙体(包括开洞口)时，应采取临时加固措施，以避免在加固过程中产生破坏。

9.3 混凝土构件的加固技术

钢筋混凝土出现质量问题以后，除了倒塌断裂事故必须重新制作构件外，在许多情况下可以用加固的办法来处理。现将常用的结构补强加固方法、混凝土加固结构受力特点及构造和施工要点做一个总体介绍。

1. 常用的结构补强加固方法

1) 加大截面法

混凝土构件因孔洞、蜂窝或强度达不到设计等级需要加固时，可采用加大截面、增加配筋的方法。加大截面可用单面(上面或下面)、双面、三面甚至四面包套的方法。所需增加的截面一般应通过计算确定，在保证新旧混凝土有良好黏结的情况下可按统一构件(或叠合构件)计算。增加部分截面的厚度较小，故常用豆石混凝土或喷射混凝土等，当厚度小于 20mm 时还可用砂浆。增加的钢筋应能与原构件钢筋组成骨架，并应与原钢筋的某些点焊接良好。这种加固方法的优点是技术要求不太高，易于掌握；缺点是施工繁杂，工序多，现场施工时间长。这种加固方法的技术关键是新旧混凝土必须黏结可靠，新浇筑混凝土必须密实。

2) 外贴钢板法

外贴钢板法是指在混凝土构件表面贴上钢板，与混凝土构件共同作用，一起承受外界作用，从而提高构件的抗力。至于外贴的方法，主要有粘接、焊接和锚接。焊接和锚接是很早就采用的，粘接则是随着高强胶粘剂的出现而逐步得到推广的。

(1) 粘接钢板法。

粘接钢板法是采用高强胶粘剂，将钢板粘于钢筋混凝土构件需要补强部分的表面，以达到增加构件承载力的目的。如对跨中抗弯能力不够的梁，可将钢板粘于梁跨中间的下边缘；

对于支座处抵抗负弯矩不足的梁，则可在梁的支座截面上边缘贴钢板，或者在上边打出一定长度的槽形孔，在其中粘接扁钢；对抗剪性能不够的梁，则可在梁的两侧粘接钢板。

粘接钢板的截面可由承载力计算确定。一般钢板厚度为3～5mm，粘接前应除锈并将粘接面打毛(粗糙化)，以增强黏结力，粘接钢板施工完3天后即可正常受力，发挥作用。外露钢板应涂防腐蚀油漆。

粘接钢板加固的优点：不占用室内使用空间，可以在短时间内达到强度。但其工艺要求较高，并且现在胶粘剂耐高温性能差，当温度达到80～90℃时，胶粘剂强度会下降。此外，胶粘剂的老化问题也需要进一步研究。

(2) 焊接钢板(筋)法。

焊接钢板(筋)法是将钢板、型钢或钢筋焊接于原构件的主筋上，适用于整体构件加固。

(3) 锚接钢板法。

由于冲击钻及膨胀螺栓的应用，可以将钢板甚至其他钢件(如槽钢、角钢等)锚接于混凝土构件上，以达到加固补强的目的。

与粘接钢板法相比较，锚接钢板的优点是可以充分发挥钢材的延性性能，锚接速度快，锚接构件可立即承受外力作用。锚接钢板可以厚一点，甚至用型钢，这样可大幅度提高构件承载力。当混凝土孔洞多、破损面大而不能采用粘接钢板时，用锚接钢板效果更好。但锚接钢板法也有其缺点，即加固后表面不够平整美观，对钢筋密集区锚栓困难，钢材孔径位置加工精度要求较高，并且锚栓对原构件有局部损伤，处理不当会起反作用。

若混凝土表面不够平整，则需要用水泥砂浆或环氧砂浆找平，以使所加钢板与混凝土面紧密结合。

3) 碳纤维布加固法

碳纤维布加固修复混凝土结构是将高强碳纤维布用黏结材料粘于混凝土结构表面，即可达到加固目的。这种方法效益高、施工方便、截面增加很小，因而应用面日益扩大。但其缺点是造价较高。

4) 预应力加固法

预应力加固法是采用预加应力的钢拉杆或撑杆对结构进行加固。钢拉杆的形式主要有水平拉杆、下撑式拉杆和组合式拉杆三种。这种方法几乎可不缩小使用空间，不仅可提高构件的承载力，而且可减小梁、板的挠度，缩小原梁的裂缝宽度甚至使之闭合。预应力能消除或减小后加杆件的应力滞后现象，使后加杆件的材料强度得到充分利用。这种方法广泛应用于加固受弯构件，也可用于加固柱子。但这种方法不适用于高温环境下的混凝土结构。

5) 其他加固方法

混凝土构件的加固方法很多，除上述介绍的常用加固方法外，还有一些加固方法可根据不同的现场情况选用。例如，增设支点法，以减小梁的跨度；另加平行受力构件，如外包钢桁架、钢套柱等；增加受力构件，如增加剪力墙、吊杆等；增加圈梁、拉杆，增加支撑，加强房屋的整体刚度等。

2. 混凝土加固结构受力特点

对已建结构加固后的加固结构，其受力性能与一次建成全新结构有一些不同之处，主要有以下两点。

(1) 加固结构与已有结构结合在一起承载，新、旧两部分结构能否很好地整体工作，取决于新、旧结构结合共同传递剪力的能力。一般来说，结合面混凝土的抗剪强度低于混凝土自身的强度。

(2) 加固结构属于二次受力，加固前原结构已承担荷载(第一次受力)，构件已产生变形及应力，新加结构如在未卸载的条件下完成，则其应力、应变只有在增加荷载时(第二次受力)才开始，这种现象称为应力滞后，即新加结构的应力、应变滞后于原结构的应力、应变，两者不同时达到应力峰值。

因为加固结构具有以上受力特点，所以在进行加固结构的计算和构造处理时必须予以考虑。

特别提示

在实际设计时，考虑偏于安全的简化后，新加截面材料强度设计值应引入强度降低系数 η，η 取 0.8～0.9。当加固截面的受力状态为轴心受压时，η 取偏低值；当偏心受压或受弯时，η 取偏高值。当加固构件直接承受动力荷载或振动荷载时，η 取偏低值；否则，可取偏高值。具体详见《钢结构加固技术规范》(CECS 77—1996)。

3. 构造和施工要点

在确定适宜的建筑结构加固方案后，应进行加固设计。设计时必须考虑适用的施工方法和合理的构造措施，并根据结构上的实际荷载进行承载力、正常使用功能等方面的验算。

不同加固方法有不同的构造和施工要点。

1) 加大截面法

加大截面法有单侧加厚、双侧加厚、三面外包、四面外包等几类，如图 9.19 所示。

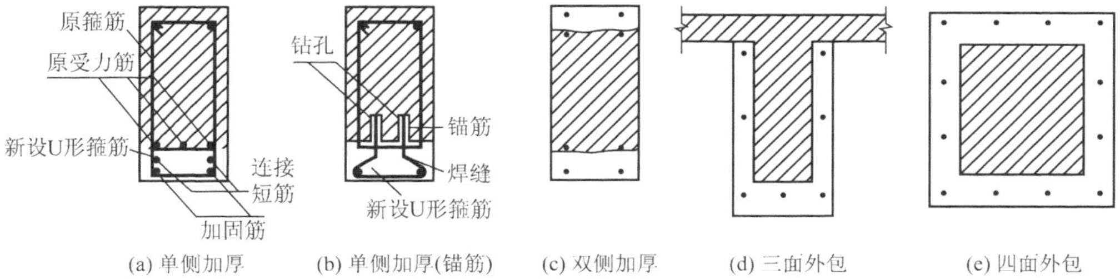

图 9.19 加大截面法示意

(1) 构造要点。

① 混凝土加固层的厚度要求，板≥40mm，梁、柱≥60mm，如果采用喷射法施工时，厚度≥50mm；混凝土的强度等级不低于原构件，且不低于 C20，并宜采用细石混凝土。

② 加固受力筋的直径，板为 6～8mm，梁为 12～25mm，柱为 14～25mm，封闭式加固箍筋的直径为 6～10mm，加固 U 形箍筋与原箍筋直径相同；受力筋宜采用Ⅱ级钢筋，箍筋宜采用Ⅰ级钢筋。

③ 加固受力筋两端应有可靠的锚固；加固 U 形箍筋应焊在原有箍筋或增设锚筋上(锚筋直径 d≥10mm，钻孔直径≥14mm，钻孔深度≥10d，用环氧树脂锚固在钻孔内)，如图 9.19(b)所示，单面焊缝长 10d，双面焊缝长 5d。

(2) 施工要点。

① 原有构件清理至密实部位，表面凿毛或打成沟槽(沟槽深≥6mm，间距≤200mm)，被包混凝土的棱角应打掉，并除去浮渣、尘土。

② 原混凝土表面冲洗干净，浇筑新加混凝土时应用水泥浆等界面剂进行界面处理。

③ 原有钢筋、箍筋和加固筋都应进行除锈处理。

④ 受力筋和箍筋施焊前应对原构件采取卸荷或支顶措施，并逐根、分段、分层进行焊接。

2) 外包型钢法

外包型钢法可用水泥砂浆、乳胶水泥浆或环氧树脂化学灌浆等黏结材料将型钢贴紧被加固构件的四周，如图 9.20 所示。

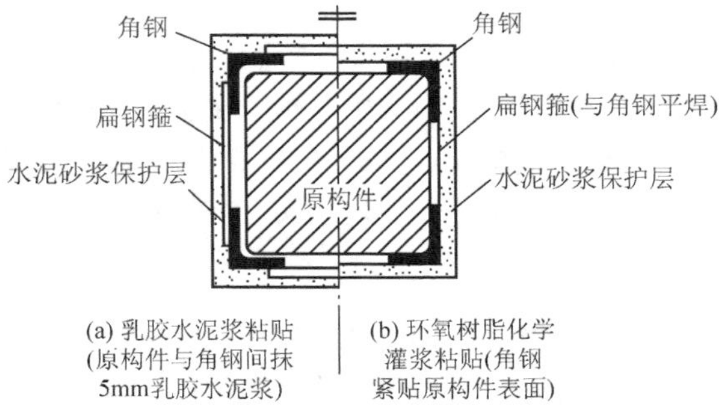

图 9.20　外包型钢法示意

(1) 构造要点。

① 对型钢要求：角钢厚度 3～8mm，边长≥50mm(梁、桁架)，≥75mm(柱)；扁钢箍截面≥25mm×3mm，间距 $20r$(r 为单根扁钢截面最小回转半径)～500mm，节点区间适当减小。

② 型钢两端应有可靠的连接和锚固：加固时，角钢下端应锚固于基础，中间穿过各层楼板，上端伸至上层板底；加固梁时，梁角钢应与柱角钢相互焊接；加固桁架杆件时，角钢应伸过该杆件两端的节点，或设置钢节点板将角钢焊在节点板上。

③ 当采用乳胶水泥浆粘贴时，扁钢箍焊于角钢外面；当采用环氧树脂化学灌浆粘贴时，扁钢箍应紧贴混凝土表面并与角钢平焊连接。

④ 型钢表面宜抹 25mm 厚的水泥砂浆保护层，以防止外包钢的锈蚀。

(2) 施工要点。

① 混凝土表面打磨平整，四角磨出小圆角，用钢丝刷刷毛，并用压缩空气吹净。

② 用乳胶水泥浆粘贴时，抹乳胶水泥浆厚 5mm；用环氧树脂化学灌浆粘贴时，先在混凝土表面刷环氧树脂一道(呈薄层状)。

③ 立即将已除锈擦净的型钢骨架贴在加固构件表面，用夹具夹紧，夹具间距不宜小于 500mm。

④ 将扁钢箍与角钢焊牢，宜采用分段交错施焊法，施焊应在胶浆初凝前完成。

⑤ 若用环氧树脂化学灌浆法，在加固骨架焊成后，要用环氧胶泥将型钢封闭并粘贴灌浆嘴，以 0.2～0.4N/mm^2 的压力将环氧树脂浆液从灌浆嘴压入，当排气孔出现浆液时方能停止加压，并用环氧胶泥堵孔。

3）预加应力加固法

以预应力拉杆分，预加应力加固法有水平拉杆、下撑式拉杆和组合式拉杆 3 种。以张拉方法分，预加应力加固法有人工横向张拉(水平横向张拉和竖直横向张拉)、机械张拉和电热张拉 3 种。预加应力加固法示意如图 9.21 所示。

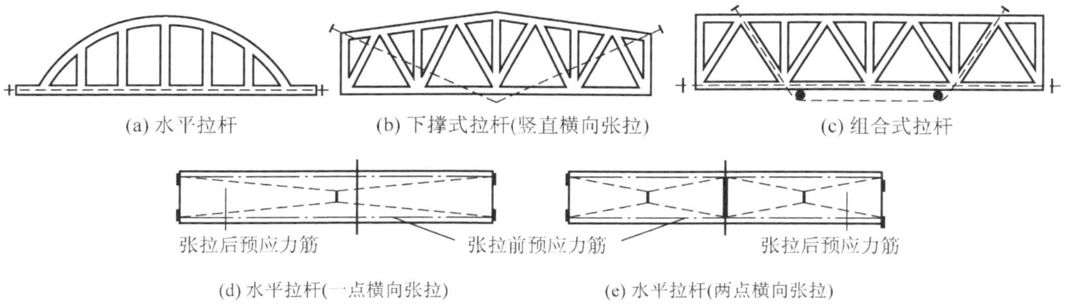

图 9.21 预加应力加固法示意

(1) 构造要点。

① 加固梁时，选用两根直径 12～30mm 的Ⅰ级或Ⅱ级钢筋作为拉杆。水平拉杆或下撑式拉杆水平段距梁底净空 30～80mm，下撑式拉杆两端斜线段宜紧贴梁肋两侧，其弯折处应设足够厚度(≥10mm）的钢垫板和足够直径(≥20mm）的钢垫棒，并用胶和焊点固定位置。拉杆两端的锚固：当梁两端有传力埋设件可利用时，可将拉杆与埋设件焊接；当梁两端无传力埋设件时，应设置专用钢托套，套在梁端，将拉杆与钢托套焊接。横向张拉钢筋通过拧拉紧螺栓的螺帽进行，拉紧螺栓直径≥16mm。

② 加固柱时，要以角钢作为受压撑杆施加预应力，角钢边长≥50mm、厚度≥5mm，角钢间用缀板连接。施加预应力一般采用螺栓横向拉紧法，做法是将撑杆中部切出三角形缺口向外弯折，在弯折处通过拧拉紧螺栓建立预应力，拉紧螺栓直径≥16mm。撑杆末端与设在柱端的传力顶板和承压角钢连接，将预加力传给柱端及梁或基础。传力顶板厚度≥16mm,承压角钢边长≥75mm，厚度≥12mm。

(2) 施工要点。

① 加固梁时，必须在施工前精确计算对水平拉杆或下撑式拉杆横向张拉的控制量(位移)，并对拉杆端头传力处做认真的质量检查(指钢托套与原构件间的空隙、拉杆端头与钢托套的连接、锚具附近混凝土的质量等)。横向张拉时要做好预张拉，以确定横向张拉量的起点。当横向张拉量达到控制量的要求后，用点焊将拉紧螺栓上的螺帽固定，并在预应力拉杆外做防火保护层或涂防锈漆。

② 加固柱时，也必须在施工前精确计算对受压撑杆横向张拉的控制量，并对杆端传力处做认真的质量检查。横向张拉时也要做好预张拉，以确定张拉量的起点。横向张拉完毕后，应用连接板焊接双侧加固的撑杆以固定其位置。焊好连接板后，应用砂浆填补撑杆与柱间的缝隙。对撑杆、缀板、连接板和拉紧螺栓做防火保护层或涂防锈漆。

4）增设构件加固法

在梁、桁架的跨中增设支柱、支撑等构件，可以较大幅度地提高被加固构件的承载力，减小其挠曲变形，这是常用的一种加固措施。它一般分为刚性支点做法和弹性支点做法两种，如图 9.22(a)、(b)所示。前者(如设置支承在基础上的支柱)形成的支点没有变位；后者(如设置支承在梁上的支柱)形成的支点将产生弹性变位。

(1) 构造要点。

增设支柱(或支撑)的主要构造问题是它与被加固构件间有可靠的连接。这种连接有两种构造做法，即湿式连接和干式连接，如图 9.22(c)、(d)所示。

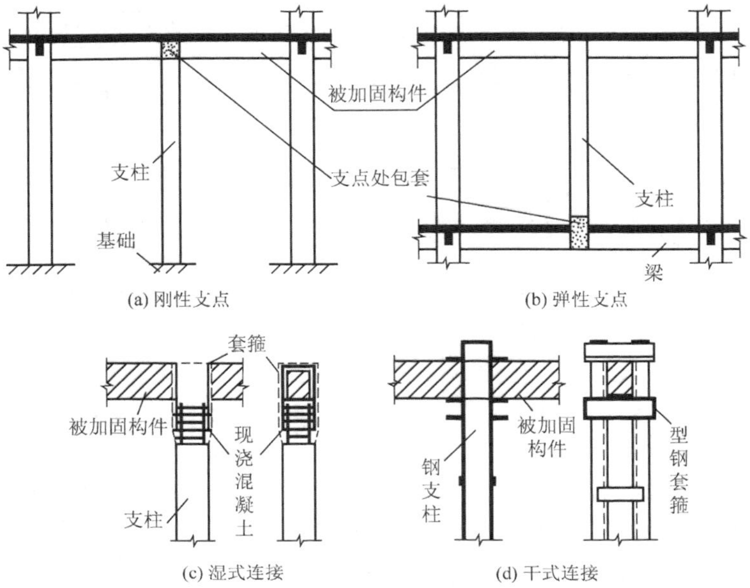

图 9.22　增设构件加固法示意

① 对于钢筋混凝土支柱，可采用湿式连接，做法是使被加固构件露出钢筋，与支柱的钢筋焊接后，再在连接节点处浇筑混凝土。节点处的后浇混凝土的强度等级不低于 C25。

② 对于型钢支柱，可采用干式连接，做法是用型钢做成套箍包住被加固构件，再将支柱与套箍焊牢。

无论哪种连接都要求处理好增设支柱后原构件受力状态的变化，保证原构件在新的传力途径下有足够的承载力和刚度。

(2) 施工要点。

① 湿式连接时，连接节点处的后浇混凝土以微膨胀混凝土为宜。其他施工要求同加大截面法中的新旧混凝土连接要求。

② 干式连接时可采用下列几种施工方法：顶升法(用千斤顶顶升型钢支柱，使它与加固构件的套箍连接焊死就位，再设法将千斤顶拆走)、纵向压缩法(制作型钢支柱时使其尺寸略小于需要的尺寸，支柱就位后在它和套箍间砸入钢楔，并将钢楔焊死)、横向校直法(制作型钢支柱时使其尺寸略大于所需尺寸，并成对地向外侧倾斜就位，就位后用螺栓装置在其一端施加横向压力，使倾斜的支柱校直)。

5) 粘接钢板法

用粘接钢板法加固连续梁示意如图 9.23 所示。加固钢板的设计方法(需要截面面积、布置等)与钢筋混凝土构件中纵向受力筋和箍筋的设计十分相似，但需考虑加固钢板的锚固黏结长度问题。此长度又与加固构件混凝土的抗剪强度、胶粘剂的黏结强度、加固钢板的抗拉强度及加固钢板的截面尺寸等因素有关。

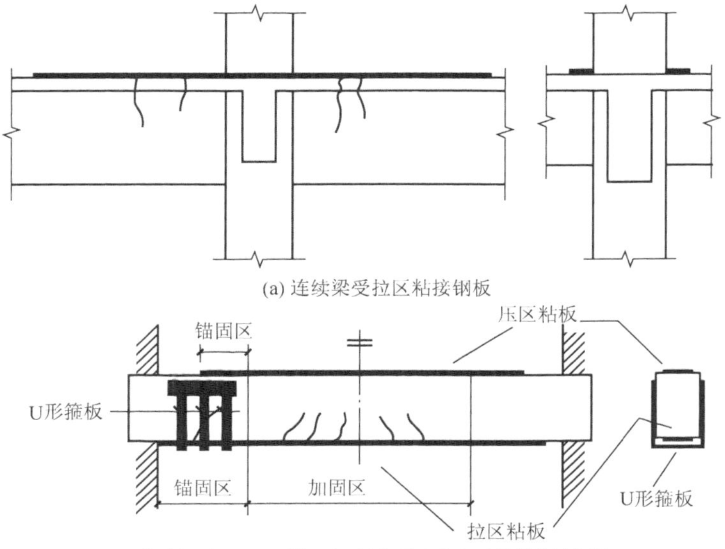

(a) 连续梁受拉区粘接钢板

(b) 简支梁受压区、受拉区、斜截面承载力不足拟粘接钢板

图 9.23　粘接钢板法加固连续梁示意

（1）构造要点。

① 粘接钢板基层混凝土的强度等级应不低于 C15，粘接钢板厚度为 2～6mm。

② 对于受压区的粘接钢板，其宽度不宜大于梁高的 1/3。

③ 加固钢板在加固区以外的锚固长度：对于受拉区，不得小于 $200t$(t 为钢板厚度)和 600mm；对于受压区，不得小于 $160t$ 和 480mm。

④ 加固钢板表面须用 M15 水泥砂浆抹面，对于梁，其厚度应不小于 20mm；对于板，其厚度应不小于 15mm。

（2）施工要点。

① 对加固混凝土构件的黏合面应用洗涤剂刷除油污物并用水冲洗，再对黏合面打磨，除去 1～2mm 表层，直至完全露出新面，待冲洗干燥后用丙酮擦净表面。

② 应对加固钢板的黏合面进行除锈和粗化处理(如用喷砂或砂轮打磨，打磨纹路应与钢板受力方向垂直)。

③ 粘接钢板前应设法对被加固构件卸荷(如采用千斤顶顶升法等)。

④ 将胶粘剂配制好后涂抹在已处理好的混凝土黏合面和钢板黏合面上，厚度为 1～9mm，中间稍厚边缘稍薄，然后，将钢板粘贴于预定位置上。粘贴后用手锤沿贴面轻轻敲击，保证密实。粘贴完毕立即用夹具夹紧，以胶液刚要从钢板边缘挤出为度，24h 后拆除夹具。

⑤ 加固后的钢板表面要抹水泥砂浆保护。

⑥ 胶粘剂施工时应注意防火和防中毒。

应用案例 9-1

某厂的净化车间为 3 层框架结构厂房，在工程的屋面连续梁浇筑完成后，还没有完成屋面的保温层和防水层的施工前，就发现梁有垂直裂缝，如图 9.24 所示。梁裂缝的位置一般离柱轴线1.5～1.9m，梁的裂缝集中于上半部，严重的裂到梁底，裂缝宽度上面大、下面小。查结构设计，符合《混凝土结构设计规范》(GB 50010—2010)计算要求，但对抗裂度没有验算，地基基础没有不均匀沉降现象。查施工原始资料知，梁的隐蔽工程验收记录中梁的配筋数量、直径等符合要求，混凝土试块和实测强度等级高于设计规定。

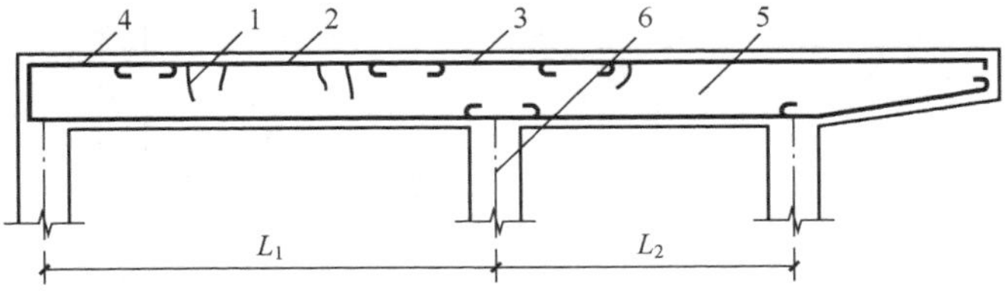

图9.24 屋面连续梁垂直裂缝

1—裂缝位置；2—2 ф12 架立钢筋；3—2 ⌀22 负弯矩筋；4—3 ⌀22 负弯矩筋；5—连续梁；6—框架柱

1. 事故原因分析

(1) 该屋面梁处在高空，环境干燥，造成混凝土构件失水收缩。在历时温差共同作用下，梁产生收缩变形。连续梁受到柱和相邻跨的约束，产生约束变形。当约束应力大于混凝土的抗拉强度时，在梁中的薄弱处出现裂缝。裂缝发生在负弯矩钢筋的端头。由于换用ф12 架立钢筋，该处含钢筋量少，抗裂性能差。

(2) 建筑物的顶层自然环境差，日温差、年温差大，空气相对干燥。该连续梁的混凝土浇筑时气温在30℃以上，随后气温逐渐下降，降温冷缩产生裂缝。同一设计中，与连续梁的配筋和混凝土强度等级相同的楼面的连续梁没有裂缝，原因是楼面的温差值没有屋面梁的大。

2. 处理方法

(1) 用压力灌注环氧树脂浆液的方法处理，封闭缝隙，防止钢筋锈蚀；使浆液渗入缝隙将裂缝黏合成整体，恢复连续梁的原有功能。

(2) 控制钢筋混凝土梁的温差裂缝，必须考虑钢筋的作用。屋盖结构受弯构件的配筋率宜为1%～1.5%，必须把连续梁上面两边的负弯矩短配筋改为到头的通长筋，不要再在梁的正弯矩处配置ф12 的架立钢筋，即不宜用换接钢筋的方法。经多次将负弯矩钢筋改为通长配筋的屋面连续梁的实践证明，该屋面连续梁处就没有发现裂缝，因此该方法是可行的。

(3) 合理选用优质原材料，先做好混凝土试配比试块，经试压后从中优选配合比。提高混凝土强度的同时，要选用高强度等级水泥，掺用高效减水剂，控制混凝土的水胶比不大于0.5，因水胶比越大，混凝土的收缩增大；每立方米混凝土中的水泥用量和用水量的总质量不宜超600kg。如每立方米混凝土中多用100kg水泥，则会增加混凝土构件的收缩值，使之达到5×10^{-5}mm/m以上。

(4) 加强构件的早期湿养护，湿养护的时间不少于1d。

思考题

1. 地基基础加固技术有哪些？各有何要求？

2. 砌体结构加固技术各有何特点？

3. 混凝土结构加固技术有哪些？熟悉其构造措施。

项目10 自然灾害事故及处理简介

教学目标

本项目重点阐述了常见的几类自然灾害，即火灾、震灾、洪灾、风灾等事故及处理方法。

教学要求

能力目标	知识要点	权重
了解相关知识	（1）自然灾害的发生条件及危害性 （2）自然灾害的预警及预防	15%
熟练掌握知识点	（1）对火灾、洪灾、风灾的认识及基本处理方法 （2）对震灾的认识及处理方法	50%
运用知识分析案例	如何在建筑工程施工及管理中减少自然灾害造成的损失	35%

引例

2010 年 8 月 7 日 22 时左右，甘南藏族自治州舟曲县城东北部山区突降特大暴雨，降雨量达 97mm，持续 40 多分钟，引发三眼峪、罗家峪等四条沟系特大山洪地质灾害，泥石流长约 5km，平均宽度 300m，平均厚度 5m，总体积 750 万 m^3，流经区域被夷为平地。截至 8 日下午 14 点，由于甘肃舟曲泥石流涌进县城，导致省道 313 线部分路段交通中断，省道 210 线多处路段交通阻断。图 10.1～图 10.3 为灾区现场图片。

甘肃省 9 日晚举行新闻发布会，通报舟曲县特大山洪泥石流灾害灾情及抢险救灾情况。中共甘南藏族自治州州委书记陈建华通报称，“5·12”汶川地震致使山体松垮，半年多长期干旱，加之瞬时性强降暴雨，是造成这次特大自然灾害的主要原因。

截至 12 日 16 时 30 分，甘南藏族自治州舟曲县特大山洪地质灾害共造成 1 144 人遇难；重伤住院 64 人，其中转院 58 人，出院 5 人，门诊治疗 567 人；已解救人员 1 243 人；失踪 600 人。水毁房屋 307 户、5 508 间，其中农村民房 235 户，城镇职工及居民住房 72 户；进水房屋 4 189 户、20 945 间，其中农村民房 1 503 户，城镇民房 2 686 户；水毁机关单位办公楼 21 栋；损坏车辆 38 辆。

截至 2010 年 9 月 7 日，舟曲“8·7”特大泥石流灾害共造成 1 557 人遇难，284 人失踪，累计门诊治疗 2 315 人。

图 10.1　舟曲泥石流现场

图 10.2　被冲毁的街道

图 10.3　被冲毁的建筑

10.1 火灾事故

1. 火灾概述

【夺命60秒】

火与人类的生产和生活密不可分，火的利用是人类文明过程中的重大标志之一，但一旦失控则会酿成灾害。世界上的多种灾害中，发生最频繁、影响面最广的首属火灾。火灾是指在时间或空间上失去控制的燃烧所造成的灾害。在各种灾害中，火灾是较普遍地威胁公众安全和社会发展的主要灾害之一。人类能够对火进行利用和控制，是文明进步的一个重要标志。火给人类带来文明进步、光明和温暖。但是，失去控制的火就会给人类造成灾难。所以说，人类使用火的历史与同火灾做斗争的历史是相伴相生的，人们在用火的同时，不断总结火灾发生的规律，尽可能地减少火灾及其对人类造成的危害。对于火灾，在我国古代，人们就总结出“防为上，救次之，戒为下”的经验。随着社会的不断发展，在社会财富日益增多的同时，导致发生火灾的危险性也在增大，火灾的危害性也越来越大。

据联合国“世界火灾统计中心(WFSC)”的不完全统计，全球每年发生600万～700万起火灾，全球每年死于火灾的人数有6.5万～7.5万人。

据统计，20世纪70年代我国火灾年平均损失接近2.5亿元，80年代火灾年平均损失接近3.2亿元。进入20世纪90年代后，特别是近几年来，统计数据表明我国每年发生火灾20多万起，死亡人数为2 000～4 000人，受伤人数为3 000～5 000人，每年火灾造成的直接财产损失上升到年均十几亿元，尤其是造成几十人、几百人死亡的特大恶性火灾时有发生，给国家和人民群众的生命财产造成了巨大的损失。严峻的现实证明，火灾是当今世界上多发性灾害中发生频率较高的一种灾害，也是时空跨度最大的一种灾害。

2. 火灾的特点

1） 高层建筑的火灾

国家标准《建筑设计防火规范》(GB 50016—2014)规定：高层民用建筑是指10层及10层以上的居住建筑(包括首层设置商业服务网点的住宅)；建筑高度超过24m，且层数为10层及10层以上的其他民用建筑。建筑高度为建筑物室外地面到其檐口或屋面面层的高度。随着国民经济的高速发展，我国的高层建筑如雨后春笋，发展十分迅速，防火设计也积累了比较丰富的经验。但国内外许多高层建筑的火灾经验教训告诉人们，在高层建筑设计中，防火设计十分重要，如果缺乏考虑或考虑不周，一旦发生火灾，将会带来巨大的损失。由此可见，根据高层建筑防火设计的实践和经验，在高层建筑中贯彻防火要求，防止和减少高层建筑发生火灾的可能性，保护人身和财产的安全，是必不可少的。在防火条件相同的条件下，高层建筑比低层建筑火灾危害性大，而且发生火灾后容易造成重大的损失和伤亡，其火灾特点主要有火势蔓延的途径多、速度快，安全疏散比较困难，扩散难度相对较大，高层建筑功能复杂、隐患多，人员伤亡损失惨重。

2） 公共场所的火灾

随着经济和社会的发展，大跨度、大空间建筑将大量增加，这些建筑主要集中在大型商场、市场、展览场馆、会议中心、娱乐中心等使用功能复杂、人员密集的场所，并采用大量易燃可燃材料进行装修。目前国际上该类建筑还没有有效的防火及灭火措施，一旦发生火灾，由于空气流动快，供氧充分，极易形成立体燃烧，很难进行扑救，致使短时间内烧掉整个建筑。近年来国内外发生多起此类型火灾，造成大量人员伤亡和巨大财产损失。1993 年，江西南昌市万寿宫商城火灾造成直接经济损失 586 万元；1994 年，新疆克拉玛依友谊馆火灾死亡 325 人；1996 年，辽宁沈阳商业城火灾直接经济损失 3 509 万元；1999 年，北京市丰台区玉泉营环岛家具城火灾造成直接经济损失 2 087 万元；2000 年，安徽合肥市城隍庙市场庐阳宫火灾造成直接经济损失 2 179 万元，河南洛阳东都商厦火灾死亡 309 人；2002 年，山东德州百货大楼在火灾中化为灰烬，造成直接经济损失近亿元；2009 年，北京中央电视台新台址北配楼发生火灾，火灾损失保守估计为 6 亿～7 亿元。

【海底大火之英法隧道火灾】

3）地下空间和隧道的火灾

随着经济的发展、城市规模的扩大和功能的完善，处于地面以下的建筑日益增多，地下车库、隧道、人防工程的兴起，虽然节约了用地，扩大了城市空间，增强了现代城市的立体感，但是地下建筑内部结构复杂，通道弯曲，一旦发生火灾，扑救和疏散困难，会造成重大的人员伤亡和财产损失。

应用案例 10－1

【特大火灾事故动画模拟演示】

2010 年 11 月 15 日，上海市静安区胶州路 728 号公寓大楼发生一起因企业违规操作造成的特别重大火灾事故，造成 58 人死亡、71 人受伤，建筑物过火面积 12 000m^2，直接经济损失 1.58 亿元。调查认定，这起事故是一起因企业违规操作造成的责任事故。火灾事故现场如图 10.4 所示。

图 10.4　火灾事故现场

1. 事故基本情况

上海市静安区胶州路 728 号公寓大楼所在的胶州路教师公寓小区于 2010 年 9 月 24 日开始实施节能综合改造项目施工，施工内容主要包括外立面搭设脚手架、外墙喷涂聚氨酯硬泡体保温材料、更换外窗等。

A 公司承接该工程后，将工程转包给其子公司 B 公司，B 公司又将工程拆分成建筑保温、窗户改建、脚手架搭建、拆除窗户、外墙整修、门厅粉刷、线管整理等，分包给 7 家施工单位。其中 C 公司出借资质给个体人员张某分包建筑保温工程，D 公司出借资质给个体人员支某和沈某合伙分包脚手架搭建工程。支某和沈某合伙借用 D 公司资质承接脚手架搭建工程后，又进行了内部分工，其中支某负责胶州路728号公寓大楼的脚手架搭建，同时支某与沈某又将胶州路教师公寓小区3栋大楼脚手架搭建的电焊作业分包给个体人员。

2010年11月15日14时14分，电焊工在加固胶州路728号公寓大楼10层脚手架的悬挑支架过程中，违规进行电焊作业引发火灾，造成58人死亡、71人受伤，建筑物过火面积12 000m^2。

2. 事故原因

直接原因：在胶州路728号公寓大楼节能综合改造项目施工过程中，施工人员违规在10层电梯前室北窗外进行电焊作业，电焊溅落的金属熔融物引燃了下方9层位置脚手架防护平台上堆积的聚氨酯保温材料碎块、碎屑，引发火灾。

间接原因：一是建设单位、投标企业、招标代理机构相互串通、虚假招标和转包、违法分包；二是工程项目施工组织管理混乱；三是设计企业、监理机构工作失职；四是建设主管部门对工程项目的监督管理缺失；五是静安区公安消防机构对工程项目监督检查不到位；六是对工程项目的组织实施工作领导不力。

3. 事故教训

这起特别重大火灾事故给人民的生命财产带来了巨大损失，后果严重，造成了很大的社会负面影响，教训十分深刻。

10.2 震灾事故

1. 地震概述

地震是一种破坏极其严重的自然灾害，严重威胁着人类社会的生存和发展。我国是一个多地震的国家。我国20世纪发生的破坏性地震占全球总数的1/3，死亡人数占全球总数的1/2，高达60多万人。例如，1966年在河北省邢台地区隆尧县东发生的6.8级强烈地震，一瞬间便袭击了河北省的邢台、石家庄、衡水、邯郸、保定、沧州6个地区，造成这些地区共计8 064人死亡，38 451人受伤，倒塌房屋508万余间；1976年唐山发生的7.8级强烈地震是我国近代损失最为严重的一次城市型地震，顷刻之间，100万人口的城市化为瓦砾，人民的生命财产受到严重损失，共造成24万余人死亡，16万余人重伤。

2008年5月12日发生在汶川的大地震造成了巨大的人员伤亡和经济损失。地震还引发数以万计的山崩、滑坡、塌方和泥石流等严重地质灾害，毁坏了交通、通信等生命系统。深入、系统地分析和总结地震震害，对灾区的恢复重建及提高我国整体抗震防灾能力具有重大的意义。

地震预报是世界范围内的难题，人类距离准确预报的道路还非常漫长，大部分国家都没有把地震预报作为目前防灾、减灾的重点。所以对新建房屋，在设计时要考虑好本身的抗震设防，对达不到抗震设防要求的建筑物进行加固及对震后建筑物进行事故处理。因此，为了更好地减少地震造成的损失，研究城市的抗震减灾防灾及地震灾害工程事故处理措施是非常重要的。

地震的发生是十分突然的，一次地震持续的时间往往只有几十秒，在如此短暂的时间内造成大量的房屋倒塌、人员伤亡，这是其他的自然灾害难以相比的。地震可以在几秒或者几十秒内摧毁一座文明的城市，像2010年的海地和智利大地震，事前没有明显的预兆，以致人们来不及逃避，造成大规模的灾难。

2. 地震引起建筑破坏的主要因素

1）自然因素

（1）强震作用力。

强震作用力可以直接导致房屋倒塌损毁，其不仅发生在平原地区，还发生在山区。"5·12"大地震之前的汶川是一个山川秀美的旅游风景区，震后的汶川遭受强震作用力，造成建筑物倒塌、山川变貌、滑坡等。汶川地震中一些建筑物未遭受山体滑坡、崩塌、泥石流的影响，建(构)筑物地基也未产生液化、震陷，但是却有明显的地震力破坏规律，即呈现出整体倒塌、部分整体倒塌或局部倒塌加严重破坏、未整体倒塌但严重破坏或局部倒塌加严重破坏、未整体倒塌但有破坏甚至严重破坏4种破坏状态。

（2）地震引起的地质灾害。

① 山体滑坡。山体滑坡次生灾害破坏规律在山区县镇非常典型和普遍。"5·12"汶川地震的震中在汶川，重灾区却在北川。除了强震作用力外，大面积山体滑坡的次生灾害给北川县城带来了毁灭性的破坏：新城区近1/4被埋没、破坏，老县城近1/3被埋没。山体滑坡还会形成堰塞湖，这些都会造成更加严重的灾情。

② 泥石流。汶川地震发生在山区，加上震后的降雨造成了多处泥石流，其影响范围和灾害程度十分突出。

2）人为因素

（1）建筑物平面布置不规则。不规则且具有明显薄弱部位的建筑物，地震时扭转作用会对其薄弱部位(底层角柱)造成严重破坏，导致整栋楼被破坏。因此，不规则的建筑结构应按要求进行水平地震作用计算和内力调整，并应对薄弱部位采取有效的抗震构造措施。

（2）建筑物整体性差。大量非结构构件(如填充墙、围护墙)破坏严重。建筑物中梁无拉结或拉结不够，多孔空心砖大量劈裂导致拉结筋失效，预制板之间连接很差，这些都导致房屋的整体性变差，从而倒塌伤人。

（3）抗震缝宽度不够。在汶川地震中，相当比例的抗震缝宽度不足50mm，有些建筑物由于施工误差甚至紧挨在一起，导致两侧房屋碰撞破坏。

（4）未按建筑抗震设计规范进行正规设计。凡是按建筑抗震设计规范进行正规设计，且施工质量有保障的房屋，在高烈度地区大部分建筑只是开裂而不倒塌，在低烈度地区大部分建筑震害较轻；而没有按抗震设计规范进行正规设计的很多建筑物都遭受了一定程度的破坏，甚至是整体倒塌。

（5）框架结构中维护墙和隔墙布置不合理。上下楼层的墙体数量相差较大，导致上刚下柔。采用普通砖、空心砖的砌体填充墙尤其明显，填充墙不到柱顶，形成短柱剪切破坏。

（6）没有按设计要求施工。部分建筑施工质量未达标，导致在地震中严重破坏甚至倒塌。

3. 震害处理措施

1）对地质灾害的处理措施

对于危险地段，对地震时可能发生滑坡、崩塌、地陷、地裂、泥石流等，以及发震断裂带上可能发生地表错位的部位，强调“严禁建造甲、乙类的建筑，不应建造丙类的建筑”。

建造于条状突出的山嘴、高耸孤立的山丘、非岩石和强风化岩石的陡坡、河岸和边坡边缘等不利地段的建筑结构，地震作用应乘以增大系数1.1～1.6。该增大系数的取值与突出地形的高度、平均坡降角度及建筑场地至台地边缘的距离有关。

山区建筑的地基基础要设置符合抗震要求的边坡工程，并避开土质和强风化岩石的边缘。

2）对不规则建筑物的改造措施

《建筑抗震设计规范》(GB 50011—2010)明确规定，不规则的建筑结构应按要求进行水平地震作用计算和内力调整，并应对薄弱部位采取有效的抗震构造措施。该规范进一步强调了建筑方案符合抗震概念设计对于结构抗震安全的重要性，并规定对于不规则的建筑方案，应按规定采取加强措施，对于特别不规则的建筑方案应进行专门研究和论证，采取特别的加强措施。

3）对框架结构的改造措施

汶川地震的少数框架结构房屋倒塌，其主要原因是围护墙和隔墙布置得不合理，可能导致结构形成了刚度和承载力突变的薄弱部位。因此“围护墙和隔墙应考虑对结构抗震的不利影响，避免不合理的设置而导致主体结构的破坏”，设计时应当予以注意。

高层建筑不应采用单跨框架结构。实践证明，采用了单跨悬挑走廊形式的混凝土框架结构的建筑在地震中倒塌了很多，而在走廊的外侧设置框架柱的则损坏轻微。

4）对独立砖柱的改造措施

独立砖柱对于抗震非常不利，尤其是支撑大跨度的楼面梁的砖柱更加危险。在汶川地震中，大部分以独立砖柱作为竖向支撑构件的建筑物损毁十分严重。

《建筑抗震设计规范》中将7.3.6条作为强制性规定，即楼、屋盖的钢筋混凝土梁或者屋架应与墙、柱(包括构造柱)或者圈梁可靠连接，梁与砖柱的连接不应削弱柱截面，各层独立砖柱顶部应在两个方向均有可靠连接，并且特别规定7°～9°时不得采用独立砖柱，跨度不小于6m的支撑构件应采用组合砌体等加强措施，并满足承载力要求。其中的“组合砌体等”意味着在支撑部位仅仅设置构造柱是不够的，还需要进行沿楼面大梁平面内、平面外的静力和抗震承载力验算。

5）对产生鞭梢效应的建筑的改造措施

突出屋面的屋顶间、女儿墙、烟囱等突出部分的地震作用效应，宜乘以增大系数3，此增大部分不应向下传递，但与该突出部分相连的构件应予以计入；采用振型分解法时，突出屋面部分可作为质点直接参与计算。

6）对整体性差的房屋的改造措施

汶川地震中很多房屋倒塌的一个主要原因就是整体性差，所以提高房屋的整体性是非常有必要的。其应满足如下规定。

(1) 要求生土房屋相邻墙体之间应采用简单的拉接材料相互连接，以提高墙体的整体性。

(2) 木柱房屋的围护墙应与木柱可靠拉结，并提高土坯等围护墙的构造要求，以避免土坯倒塌伤人。

(3) 对村镇石砌体房屋的高度和层数应予以严格控制。

(4) 要求砌体墙应采取措施减少对主体结构的不利影响，并应按规定设置拉结筋、水平系梁、圈梁、构造柱等与主体结构进行可靠拉结，同时要求应能适应主体结构不同方向的层间位移。

7）对楼梯间的改造

历次地震中，作为逃生通道的楼梯间都破坏得非常严重。其原因是砌体结构的楼梯间整体性不足，地震中楼梯间的墙体破坏甚至倒塌造成楼梯段的支座失效，从而导致整个楼梯间的破坏。在钢筋混凝土框架结构中，由于支撑效应使楼梯板承受较大的轴向力，地震时楼梯段处于交替拉弯和压弯的受力状态，当楼梯段的拉应力达到或者超过混凝土的极限抗拉承载力时就会发生受拉破坏。楼梯间的平台梁在地震时受到上下梯段的剪力作用，产生剪切、扭转破坏。另外，有些楼梯钢筋采用冷轧扭钢筋，延性不够，在地震作用下导致钢筋脆断。

8）对短柱剪切破坏的处理措施

混凝土柱因填充墙等非结构构件砌筑不当，受到约束而形成短柱。短柱对抗震非常不利，在地震中易发生剪切破坏。因此规定填充墙在平面和竖向的布置宜均匀对称，避免形成薄弱层或短柱。而且在施工时应当先砌墙再浇筑柱子，避免因填充墙砌筑不当而形成短柱。

特别提示

从汶川地震及玉树地震中发现，很多人特别是中小学生都缺乏必要的防灾减灾的常识，遇到危险时自救能力比较弱。建议应当把防灾减灾的常识和基本要求放入中小学的教学内容中，并定期开展紧急情况下的逃生训练演习，不断提高全民的防灾减灾意识和普及应急避难的常识。

另外，地震发生时场面往往比较混乱，所以建立完善的应急处理制度是非常有必要的。灾害发生时，民众可以有秩序地前往紧急避难场所，以避免发生逃生路线不明确和逃生过程中出现踩踏的现象。

应用案例 10－2

（1）地震简况。2008 年 5 月 12 日 14 时 28 分 04 秒，四川省汶川、北川地区，8 级强震猝然袭来，这是中华人民共和国成立以来破坏性最强、波及范围最大的一次地震。此次地震重创约 50 万 hm^2（$1hm^2=10^4m^2$）的中国大地！

地震烈度：汶川地震的震中烈度高达 11 度，以四川省汶川县映秀镇和北川县县城两处为中心呈长条状分布，面积约 2 419hm^2。其中，映秀 11 度区沿汶川—都江堰—彭州方向分布，北川 11 度区沿安县—北川—平武方向分布。

（2）损失及伤亡情况。汶川地震造成的直接经济损失为 8 451 亿元人民币，其中四川的损失占到总损失的 91.3%，甘肃占 5.8%，陕西占 2.9%。在财产损失中，房屋的损失很大，民房和城市居民住房的损失占总损失的 27.4%，学校、医院和其他非住宅用房的损失占总损失的 20.4%，另外还有基础设施，如道路、桥梁和其他城市基础设施的损失占到总损失的 21.9%。这 3 类是损失比例比较大的，70%以上的损失是在这 3 方面造成的。

汶川地震是继 1950 年 8 月 15 日的西藏墨脱地震(8.5 级)和 2001 年的昆仑山大地震(8.1 级)后的第三大地震，直接严重受灾地区达 10 万 hm^2。这次地震危害极大，共遇难 87 000 多人，受伤 374 643 人。图 10.5～图 10.8 所示为此次地震受灾的情况。

为表达全国各族人民对四川汶川大地震遇难同胞的深切哀悼，国务院决定，2008 年 5

月 19—21 日为全国哀悼日。自 2009 年起，每年的 5 月 12 日为全国防灾减灾日。

图 10.5　震后的汶川

图 10.6　地震引起的房屋倒塌

图 10.7　震后的道路

图 10.8　震后的唐家山堰塞湖

知识链接 10－1

中国地处环太平洋地震带和地中海喜马拉雅地震带上，地震活动频繁；中国的地震主要是板块内部发生的地震，具有震源浅、频度高、强度大、分布广的特征；中国人口众多，建筑物抗震性能差，因而成灾率较高。中国历史上发生过很多次地震，其中伤亡及经济损失比较严重的有唐山大地震和汶川大地震。

10.3 洪灾事故

1. 洪水概述

人类赖以生存的三大要素是阳光、空气和水。人们常说“水可载舟，亦可覆舟”。这句话表明了人类要靠水生存，但水又给人类带来巨大的灾害。在我国许多自然灾害中，洪水灾害是主要的自然灾害之一。在各种自然灾难中，洪水造成死亡的人口占全部因自然灾难死亡人口的 75%，经济损失占到 40%。

中国内地东临太平洋，面临世界最大的台风源，西部为世界地势最高的青藏高原，地势西高东低、地形复杂，陆海大气环流系统相互作用，天气复杂多变，降雨时空分布不均，因此洪涝海洋灾害随时会发生。加上我国 13 亿多人口对食品的巨大需求，迫使人们对自然进行索取，产生毁林开荒、围湖造田、乱采乱挖、过度放牧等一系列破坏生态行为，导致生态失衡、环境恶化，从而加剧了水旱灾害发生的可能性。同时，中国正处在工业化的中后期，大规模的工业污染降低了生态系统的稳定性，尤其是水污染加剧了水灾害的发生。

洪水灾害既破坏自然环境，又危及人类社会经济的持久发展。洪水灾害的频繁发生，已成为中国国民经济发展的长期性制约因素。当前我国的科技水平不是很高，防灾、救灾设施落后，承灾能力低下，遇到特大的洪水灾害往往使生态更为脆弱。

洪水大都是由于连续降雨，河流排水不畅造成的。由于水文气象的不利组合(如气旋、台风、地形等)，在一定的范围内出现历时长、强度大的大暴雨，从而形成地面径流。如果流域内的地面坡降大，又缺少植被，土层又薄，支流汇入时间集中，则将使地面径流的绝大部分以较快的速度向主河流汇集，在河道中形成很大的洪水。我国大部分地区的河流是由于连降暴雨或久雨不晴而形成洪水的。在这些地区，一般是春、夏季降雨较多。当河流汇集了大量的水流时，往往形成洪水，进入洪水季节；而秋、冬季降雨较少，河流的来水也较少，则进入枯水季节。我国东北和西北地区的河流也有因融雪而形成洪水的。

洪水灾害的形成受气候、下垫面等自然因素与人类活动因素的影响。洪水可分为河流洪水、湖泊洪水和风暴潮洪水等。其中河流洪水依照成因的不同，又可分为暴雨洪水、山洪、融雪洪水、冰凌洪水、溃坝洪水等类型。

我国幅员辽阔，除沙漠、戈壁和极端干旱区及高寒山区外，大约 2/3 的国土面积存在着不同类型和不同危害程度的洪水灾害。

作为一种复杂的自然现象，洪水灾害在空间上既具有普遍性，又具有区域性。大量研究表明，洪水灾害具有不均匀性、差异性、多样性、突发性、随机性与可预测性、规律性等复杂的特点。

2. 洪水灾害对建筑物的损害作用

1）泛洪期间洪水的冲击和冲刷作用

(1) 洪水对建筑物的直接冲击作用。泛洪区的许多建筑物，如城镇的土坯墙房屋、空斗墙房屋等，结构性能较差，房屋的墙体抵抗不住洪水的冲击力作用而损坏，甚至墙倒屋塌。

(2) 洪水对地基土的冲刷作用。洪水流动过程中，将一些较疏松的表层土冲走形成地坑，当建筑物位于地坑周围时，随着洪水作用时间的延长，建筑物的地基土被洪水冲刷、掏空，导致建筑物基础滑移、断裂，使建筑物倾斜、墙体开裂、结构构件损坏或建筑物倒塌。

2）洪水灾害中山体滑坡对建筑物的损害作用

(1) 对于处于滑坡山体上的建筑物。①建筑物倒塌。这类建筑物建于滑坡山体上，随山体滑坡的移动而倒塌。②建筑物部分悬空。这类建筑物建于滑坡山体旁，建筑物的部分地基土随滑坡的移动而导致其倒塌。

例如，2004 年 7 月 19、20 日广西宾阳县普降暴雨，宾阳县部分乡镇发生洪涝灾害，导致山体滑坡、房屋倒塌。

(2) 处于滑坡山体下的建筑物。山体滑坡过程中，处于山坡脚下的建筑物易被泥沙冲击损坏而倒塌或被土体覆盖掩埋。

3) 洪水灾害引起的建筑物的损伤

(1) 洪水长期浸泡对建筑物地基及基础的影响。地基土被雨水长期浸泡后，水分子楔入土颗粒之间，破坏联结薄膜，土体的抗剪强度有所下降，并表现出较高的压缩性。如果建筑物场地地质分布不均匀，将导致基础的差异沉降，严重的会引起建筑物开裂、结构受损。

(2) 洪水长期浸泡对墙体结构的影响。对于砌筑砂浆质量较差或等级较低的建筑物，在长期的洪水浸泡中其砂浆软化、强度降低，严重的将影响到结构的安全性。这类建筑主要是城镇旧房屋和村镇建筑。

另外，洪水的长期浸泡将使墙体粉刷层砂浆软化、剥落，造成建筑物构造损坏。还有洪水浸泡使钢结构锈蚀也是一个严重的问题。

4) 暴雨对建筑物的损坏作用

连续的暴雨可使部分建筑物，特别是旧建筑物的屋面损坏漏水。同时，与暴雨相伴的大风、台风、龙卷风也会造成建筑物的瓦材、屋面结构及悬挑结构的损坏，严重的可造成建筑物的倒塌。

5) 洪涝灾害对城镇公共设施的影响

城镇自来水厂一般地势较低，洪涝灾害中常受损较重。

3. 建筑物洪涝灾害损伤的鉴定与处理

对遭受洪涝灾害的房屋要进行全面的检测鉴定，必要时要采取加固措施，主要的检测内容为：地基及基础受损检测；建筑倾斜、沉降及不均匀沉降测量；砌体结构及砌筑砂浆质量检测；钢筋混凝土结构损伤检测；钢结构损伤及锈蚀程度检测；屋盖系统漏水及结构检测。

在全面检测的基础上，对损伤建筑物进行科学鉴定，并采取必要的加固措施。

4. 建筑物的防洪措施

随着经济的发展，洪水灾害也愈加频繁，一旦发生洪水灾害，将会给人们的生命和财产带来巨大的损失，对社会稳定也会造成一定的影响。因此，采取一定的措施有效抵御洪水灾害还是很有必要的。

从防洪减灾的角度来讲，建筑防洪措施主要包括以下几方面。

(1) 建筑物的选址是十分关键的环节。为保证建筑物的防洪安全，首先应避开大堤险情高发区段，远离旧的溃口，防止直接经受洪水的冲击。地势较高的场地、有防洪围护设施的地段可优先作为建筑场地。

建筑物选址应在可靠的水文地质和工程地质勘察的基础上进行，基础数据不全就难以形成正确的设计方案。建筑选址的基础数据主要包括地形、地貌、降水量、地表径流系数、多年洪水位、地质埋藏条件等。特别需要指出的是，拟建建筑应选择在不易发生滑坡和泥石流的地段，应避开孤立的山咀和不稳定土坡的下方。另外，膨胀土地基对水的浸入比较敏感，从防洪设计来看，也是不利的建筑场地。

(2) 应采用对防洪有利的基础方案。房屋应坐落在沉降稳定的老土上，基础以深基为宜，如采用桩基，可以加强房屋的抗倾倒、抗冲击性，以保证抗洪安全。有些复合地基，如石灰、砂桩地基，在防洪区则不宜采用。多层房屋基础浅埋时，应注意加强基础的刚性和整体性，如采用片筏基础、加设地圈梁。在许多农房建筑中，采用新填土夯实，地基并没有沉降稳定，基础若采用砖砌大放脚方案，则对上部房屋抗洪极为不利。

(3) 从防洪设计出发，也应加强上部结构的整体性。对多层砌体房屋设置构造柱和圈梁是行之有效的方法。有些农房建筑的楼面处不设圈梁，以为用水泥砂浆砌筑的水平砖带就可以代替圈梁的作用，这是一种误解。还有的房屋仅用黏土做砌筑砂浆，砌体连接强度极差，又不能经受水的浸泡，使得房屋抗洪能力低、整体性差，应予改正。有些地区试验的框架轻板房屋是抗洪建筑中较好的结构体系，应在降低造价上做进一步的工作，以便在广大防洪地区推广。

(4) 选择防水性能好、耐浸泡的建筑材料对抗洪是有利的。混凝土具有良好的防水性能，应当是首选材料。砖砌体应有防护面层，采用清水墙容易受水剥蚀，必须采取防水措施。过去在洪水多发区采用的木框架结构已逐渐被砖和混凝土结构取代，如仍采用木框架结构，应对木材做防腐处理。

(5) 制订居民应急撤离计划和对策。在洪水易淹区设立各类洪水标志，并事先建立救护组织和准备抢救器材，根据发布的洪水警报进行撤离。

(6) 建立洪水预报警报系统。把实测或利用雷达遥感收集到的水文、气象、降雨、洪水等数据，通过通信系统传递到预报部门分析，有的直接输入电子计算机进行处理，做出洪水预报，提供具有一定预见期的洪水信息，必要时发出警报，以便提前为抗洪抢险和居民撤离提供信息，以减少洪灾损失。它的效果取决于社会的配合程度，一般洪水预见期越长，精度越高，效果就越显著。中国 1954 年的长江洪水预报和 1958 年的黄河洪水预报，以及美国 1969 年的密西西比河洪水预报，均取得了良好效果。

从实践来看，采用单一的措施控制洪水效果是有限的。因此，只有多种措施相结合，才能更有效地达到防洪减灾的目的。

应用案例 10－3

"八八"水灾是 2009 年 8 月 6—10 日发生于我国台湾地区中南部及东南部(南台湾)的一起严重水灾。该起水灾源自台风"莫拉克"侵袭台湾所带来的打破台湾气象史诸多降雨纪录的雨势，造成上述地区发生水患及土石流(即泥石流)，为台湾自 1958 年"八七"水灾以来最严重的水患，总死亡人数推测超过 500 人。

2009 年 8 月 5 日 20 时 30 分，台湾"中央气象局"发布轻度台风"莫拉克"海上台风警报。2009 年 8 月 6 日，"莫拉克"台风的外围环流开始影响台湾，强度增强为中度台风。2009 年 8 月 6 日，美国 CNN 报道此台风将以"超级台风"侵袭台湾，预估降雨量达 1 000mm。

2009 年 8 月 7 日，"莫拉克"台风朝台湾直扑而来，于 23 时 50 分在花莲市附近登陆，兰屿测得 17 级强阵风，致使降雨时间延长，各地雨量开始迅速攀升。由于受地形影响，台风引来的旺盛西南气流雨带集中于屏东及高雄地区，于短时间内在山区及平地下起豪雨，加上当日适逢大潮，致使屏东及高雄沿海地区海水倒灌。2009 年 8 月 8、9 日，台湾受"莫拉克"台风影响，嘉义及高屏山区自动雨量站 8 日单日累积雨量破千，气象站中台南的 8 月 8 日雨量 523.5mm 及玉山的 8 月 9 日 709.2mm，均创下该站单日降雨的最大纪录；阿里山站在8日降雨1 161.5mm，9日降雨1 165.5mm，创台湾所有气象站中单日最大雨量纪录。

高雄市8月8日对外海、陆、空交通大受影响；南部豪雨造成屏东林边溪暴涨，台湾铁路南下列车仅能行驶至潮州，南回线也停驶，国道10号燕巢交流道出口匝道因积水封闭。桥梁被河水冲断约20座，其中省道级桥梁有8座。此次水灾造成全台湾至少产生16个以上的堰塞湖，随时有溃堤的危险。图10.9所示为台湾“八八”水灾情况资料。

全台湾共有128人死亡、307人失踪、45人受伤、1 373人受困，死伤人数多集中在嘉义、台南、高雄、屏东、南投等地区。

图10.9　台湾“八八”水灾情况资料

10.4 风灾事故

风灾是自然灾害中破坏性较大、影响范围较广的灾种之一，其发生频率远远高于其他自然灾害，且次生灾害大。近几十年来，由于全球变暖，气候环境发生很大的变化，导致我国东南沿海地区的热带气旋(台风)有增加的趋势。

【江苏盐城塔式起重机事故】

热带气旋(台风)来临时，不仅带来了强大的风力，而且给土木工程建(构)筑物造成了严重的威胁。

1. 风灾对建筑物的影响

风灾会造成建筑物的破坏，主要影响到大跨度结构、建筑物围护结构和低层房屋。大跨度结构由于其屋盖结构具有质量轻、柔性大、阻尼小等特点，在8级以上风吹袭时，其屋盖容易被强风的吸力卷走。建筑物围护结构，如建筑门窗、幕墙、采光顶、屋面板及墙体覆面材料等构件，在直接承受风荷载时，也容易产生局部脱落。低层房屋的屋面、屋檐、山墙顶边、女儿墙、侧墙等，在8级以上风作用下也容易开裂以致严重破坏或倒塌。

1）大跨度结构风灾事故原因分析

一般而言，大跨度结构在8级以上风作用下的破坏都是从屋面开始的，有的是屋面覆盖物的一部分或屋面桁架整个被吹走或破坏，有的甚至整个屋面结构都被吹走。这种破坏的原因是多方面的，主要有以下几个因素。

（1）大跨度结构设计的因素。屋面采用了轻质柔性的屋面材料或是建筑膜材，这些材料建成的屋面是柔性的，容易产生共振而破坏，同时也容易被8级以上风卷走。另外，屋面覆盖物与檩条或屋面桁架的连接较差时，也容易在风灾中受到损坏；屋顶圈梁与墙体的拉结较差时，一旦屋顶被风破坏，顶层外墙便会由于失去横向支承而成为竖向悬臂构件，也极易被横向风力破坏。

（2）大跨度结构施工的因素。大跨度结构的施工工期安排不当，工程还没有完工时就遭到了8级以上风的吹袭，所以风就对该结构造成破坏。

（3）其他方面的因素。建筑选址在离江堤、海塘很近的地方时，也容易遭受8级以上风和海潮的同时袭击。另外，风灾来临时，没有对风灾的应急机制，也是不能减少风灾损失的原因之一。

2）风灾对围护结构的影响

建筑物围护结构主要是指建筑门窗、幕墙、采光顶、屋面板及墙体覆面材料等构件组成的围护体系。围护结构直接承受风荷载，其抗风压能力、抗雨水渗透性能等可靠性性能直接关系到整个建筑物的使用功能，所以要重视围护结构的抗风设计。

（1）风致幕墙破坏。幕墙的破坏以局部破坏为主，具体形式为玻璃板块破裂、开启扇破坏等，其中最为普遍的是板块的强度破坏，破坏部位相对集中，即某一部位的几块玻璃板块均发生破坏。

幕墙绝大部分的破坏部位均为明显的受风荷载较大的部位，即台风正面来袭时建筑迎风面的最大正风压部位；建筑平面为凹形布置时的凹形内转角处，幕墙发生的破坏明显大于建筑物的其他部位，主要表现为正风压破坏，而在建筑檐口部位主要表现为负风压破坏。

（2）风致屋面板破坏。对于轻型屋面和弧状屋面，风荷载有可能是屋面结构设计的控制性荷载。近年来，弧状屋面由于其优美的造型，被广泛应用于车站、体育馆等大型公共建筑。弧状屋面的局部风压系数、屋面内外压及体型系数，对屋面材料选择和屋面整体设计至关重要。

总之，围护结构的破坏机理与房屋的尺寸和比例有关，应将较高的房屋和低层房屋、大跨度结构加以区别，其中较高房屋的围护结构抗风设计关注的重点应是幕墙、门窗的风灾破坏。

3）低层房屋风灾事故原因分析

低层房屋在我国一般是指两层或三层的各类建筑，包括住宅、厂房、商业及公共建筑等。它们在建筑体型、屋面形式、平面布置上千差万别。这类房屋在8级以上风作用下容易损坏甚至倒塌。

低层房屋的受风破坏，几乎都是从表面围护结构的破坏开始的，特别是屋面围护结构。而低层房屋的体型与屋面形式对其所受的风压分布规律有着重要的影响。这些因素主要包括房屋的高宽比、横向尺寸、墙体开洞情况、屋面坡角和屋面形式(平屋顶、单坡屋顶、双坡屋顶、四坡屋顶、锯齿形屋顶、圆筒形屋顶、圆形屋顶等)等。

（1）屋顶被风吹走。大多数低层房屋的屋顶无特别的加强措施，在8级以上风来临时，屋顶被吹走的破坏例子很多。低层房屋的屋面材料对屋面的风压分布有着重要的影响。风灾中屋面覆面材料(如屋面瓦片、保温隔热板等)在遭遇8级以上风作用时的脱落和损坏，虽然是一个局部问题，但在很多情况下屋面的破坏乃至整座低层房屋的破坏都是由此引发的。

（2）侧墙被吹倒。低层房屋多为砖混结构，其侧墙一般为一顺一丁，多数为三顺一丁，且进深过大，层高过高，中间无纵墙、无构造柱，以致承重侧墙的稳定性很差，在8级以上风的作用下，侧墙难以承受侧向风力。另外，侧墙开窗过大，窗间墙宽度过小，使整片墙的刚度和承载能力削弱过大，容易被风吹倒。

（3）涡流脱落破坏。屋檐、山墙顶边或女儿墙在气流中属于钝体的棱边，气流在那里产生明显的分离，形成涡流脱落，有交变力的作用，在尾流区又有很大的负压区，造成屋檐、山墙顶边或女儿墙的破坏，长此以往会形成整体破坏。

2. 减小风灾对建筑物的破坏措施

（1）建筑物应当远离江堤、海塘，并且选择对建筑抗风有利的场地和环境。

（2）建筑物应当选择合适的长宽比、高宽比，进行合理的设计优化。

应当选择对抗风有利的建筑体型。除屋面形式外，房屋的长宽比、高宽比、层高和总高度等对结构的风荷载或结构构件的抗风承载能力也有较大的影响，大跨屋盖的悬挑长度、悬挑倾角、前缘外形等，对前缘局部风压影响更为显著，应进行合理优化。

（3）选择良好的建筑布局。应当选择对抗风有利的建筑布局。建筑物间的相互气动干扰不但与建筑物间的相对位置、建筑物的密集程度有关，还与相邻建筑物的形状有关。加强对房屋建设的统一规划，采取联片建造的方法，可以大大提高房屋的抗风性能。

（4）应当选择对抗风有利的建筑结构体系。结构体系应具备良好的变形能力，通过整体结构的变形或位移来消耗风能。例如，采用框架结构，一方面可以利用其较好的变形能力来消耗风能，另一方面框架结构表面的围护结构破坏时也不会导致结构主体的破坏。结构体系应具有良好的整体性，在8级以上风的作用下，房屋的破坏往往始于表面围护构件的脱落或局部损坏，因此加强屋面覆盖体系与屋面桁架之间及屋面桁架与其承重结构之间的连接，提高结构的整体性，对于改善房屋的抗风能力十分重要。

（5）应当重视非结构构件的抗风设计。在进行建筑物非结构构件设计时，既要考虑突出结构构件(屋面角部、檐口、雨篷、遮阳板等)的影响，又要考虑围护结构(卷帘门、玻璃幕墙、铝合金门窗等)的影响。

（6）复杂的结构应进行风洞试验，确定最不利荷载并进行设计。

（7）结构的施工期应与风灾来临的季节错开。

（8）应在8级以上风到来前对结构进行临时加固措施。

在8级以上风到来前，在屋顶上堆置重物、临时打斜撑、加拉索等，可以增强建筑物的抗风能力。

（9）建立一套风灾应急措施，把风灾对建筑物的影响降到最低。

应用案例 10-4

2012年8月5日17时，第11号热带风暴“海葵”进入我国东海东部海面，并加强为强热带风暴，并以15km/h左右的速度向西偏北方向移动，强度继续加强，并逐渐向浙江东部一带沿海靠近，中央气象台发布台风黄色预警。

8日凌晨3时20分，台风“海葵”在象山县鹤浦镇登陆，在“海葵”影响期间，宁波市内陆地区普遍出现10～12级大风，沿海地区出现12～14级大风；10级大风持续42h，

12级以上大风持续27h以上，象山石浦镇实测极大风速为50.9m/s，舟山海上浮标站测得最大实测波高为12.7m。从6日起，宁波市出现暴雨到大暴雨，局部特大暴雨，全市平均雨量为230mm。市内主要河流中，姚江流域降水260mm，水量2.62亿m^3；奉化江及甬江干流流域267mm，水量7.01亿m^3；甬江流域221mm，水量9.63亿m^3。降水导致河网水位迅速上涨，泄洪压力巨大。

受强台风影响，宁波市各地出现不同程度受灾，特别是南部地区首当其冲，损失严重。台风造成全市11个县(市)区受灾，受灾乡镇达136个，受灾总人口143.2万人，转移人员34.2万人；因灾造成直接经济损失101.946 7亿元。全市有2 642间房屋倒塌，停产工矿企业8 062家，公路中断131条次，供电中断661条次，通信中断126次，全市损坏堤防412处、近315km，损坏护岸761处，损坏水闸180处，冲毁塘坝187座，损坏灌溉设施1 084处、机电泵站877座。

受第11号台风"海葵"影响，浙江、上海、江苏、安徽4省(市)有6人死亡，217.3万人被紧急转移。其中，浙江省700.1万人受灾，154.6万人紧急转移，5 100余间房屋倒塌，1.5万间房屋不同程度受损；上海市36.1万人受灾，2人死亡，31.1万人被紧急转移，50余间房屋倒塌，700余间房屋不同程度受损；江苏省66.2万人受灾，1人死亡，12.6万人被紧急转移，近600间房屋倒塌，2 400余间房屋不同程度受损；安徽省216.6万人受灾，3人死亡，19万人被紧急转移，2 400余间房屋倒塌，2.2万间房屋不同程度受损。图10.10和图10.11所示为倒塌的建筑。

图10.10 宁波摩天轮倒塌

图10.11 杭州著名景点集贤亭倒塌

知识链接10-2

雪荷载是土木工程中常见的外界作用之一，因雪灾引起的工程事故在北方地区是一个由来已久的问题。随着环境的改变，进入21世纪后世界气候变化异常，又带来了新的问题，有着新的特点。

2008年年初，我国南方地区遭受了历史罕见的低温雨雪冰冻灾害。这次灾害影响范围之广、持续时间之久，为50年一遇的极端气候，有些地区甚至是百年一遇，给我国南方人民的生活生产带来了极大的影响。没有电，收音机没有信号，手机用不了，通信成了大问题。图10.12所示为2008年雪灾引起的输电线路及交通运输的灾害情况。这次灾害带给人们的教训值得深刻汲取。

图 10.12 雪灾引起的输电线路及交通运输的灾害情况

思考题

1. 火灾有何特点？对建筑有何主要影响？
2. 引起地震的自然及人为因素有哪些？
3. 你对地震防灾处理还有何新的想法？
4. 洪灾对建筑物的主要影响有哪些？
5. 主要的防洪措施及实践中的应用方法有哪些？
6. 风灾对建筑物有哪些影响？
7. 减少风灾对建筑物的破坏的措施有哪些？

参考文献

[1] 刘广第．质量管理学 [M]．3 版．北京：清华大学出版社，2018.

[2] 龚晓南．地基处理手册 [M]．3 版．北京：中国建筑工业出版社，2008.

[3] 江正荣，朱国梁．建筑施工工程师手册 [M]．4 版．北京：中国建筑工业出版社，2017.

[4] 王赫．建筑工程事故处理手册 [M]．2 版．北京：中国建筑工业出版社，1998.

[5] 潘金祥．施工员必读 [M]．2 版．北京：中国建筑工业出版社，2005.

[6] 胡兴福，杜绍堂．土木工程结构 [M]．北京：科学出版社，2004.

[7] 中国建筑工程总公司．建筑工程施工工艺标准汇编 [M]．缩印本．北京：中国建筑工业出版社，2005.

[8] 上海市质监总站．装饰工程创无质量通病手册 [M]．北京：中国建筑工业出版社，1999.

[9] 建设部标准定额研究所．建筑装饰装修工程质量与安全管理 [M]．2 版．北京：中国建筑工业出版社，2005.

[10] 同济大学，等．钢结构基本原理 [M]．北京：中国建筑工业出版社，2000.

[11] 郑文新．工程资料管理 [M]．上海：上海交通大学出版社，2007.

[12] 郑文新，等．建筑施工与组织 [M]．上海：上海交通大学出版社，2007.

[13] 赵志缙，应惠清．建筑施工 [M]．4 版．上海：同济大学出版社，2004.

[14] 武明霞．建筑安全技术与管理 [M]．北京：机械工业出版社，2007.

[15] 陈业宏．中外司法制度比较 [M]．北京：商务印书馆，2004.

[16] 尹长海，贺翀．建筑事故认定与法律处理 [M]．长沙：湖南人民出版社，2003.

[17] 崔千祥，张耀军．工程事故分析与处理 [M]．2 版．北京：科学出版社，2007.

北京大学出版社高职高专土建系列教材书目

序号	书　名	书　号	编著者	定价	出版时间	配套情况
"互联网+"创新规划教材						
1	建筑构造(第二版)	978-7-301-26480-5	肖　芳	42.00	2016.1	PPT/APP/二维码
2	建筑装饰构造(第二版)	978-7-301-26572-7	赵志文等	39.50	2016.1	PPT/二维码
3	建筑工程概论	978-7-301-25934-4	申淑荣等	40.00	2015.8	PPT/二维码
4	市政管道工程施工	978-7-301-26629-8	雷彩虹	46.00	2016.5	PPT/二维码
5	市政道路工程施工	978-7-301-26632-8	张雪丽	49.00	2016.5	PPT/二维码
6	建筑三维平法结构图集(第二版)	978-7-301-29049-1	傅华夏	68.00	2018.1	APP
7	建筑三维平法结构识图教程(第二版)	978-7-301-29121-4	傅华夏	68.00	2018.1	APP/PPT
8	建筑工程制图与识图(第2版)	978-7-301-24408-1	白丽红	34.00	2016.8	APP/二维码
9	建筑设备基础知识与识图(第2版)	978-7-301-24586-6	靳慧征等	47.00	2016.8	二维码
10	建筑结构基础与识图	978-7-301-27215-2	周　晖	58.00	2016.9	APP/二维码
11	建筑构造与识图	978-7-301-27838-3	孙　伟	40.00	2017.1	APP/二维码
12	建筑工程施工技术(第三版)	978-7-301-27675-4	钟汉华等	66.00	2016.11	APP/二维码
13	工程建设监理案例分析教程(第二版)	978-7-301-27864-2	刘志麟等	50.00	2017.1	PPT/二维码
14	建筑工程质量与安全管理(第二版)	978-7-301-27219-0	郑　伟	55.00	2016.8	PPT/二维码
15	建筑工程计量与计价——透过案例学造价(第2版)	978-7-301-23852-3	张　强	59.00	2017.1	PPT/二维码
16	城乡规划原理与设计(原城市规划原理与设计)	978-7-301-27771-3	谭婧婧等	43.00	2017.1	PPT/素材/二维码
17	建筑工程计量与计价	978-7-301-27866-6	吴育萍等	49.00	2017.1	PPT/二维码
18	建筑工程计量与计价(第3版)	978-7-301-25344-1	肖明和等	65.00	2017.1	APP/二维码
19	市政工程计量与计价(第三版)	978-7-301-27983-0	郭良娟等	59.00	2017.2	PPT/二维码
20	高层建筑施工	978-7-301-28232-8	吴俊臣	65.00	2017.4	PPT/答案
21	建筑施工机械(第二版)	978-7-301-28247-2	吴志强等	35.00	2017.5	PPT/答案
22	市政工程概论	978-7-301-28260-1	郭　福等	46.00	2017.5	PPT/二维码
23	建筑工程测量(第二版)	978-7-301-28296-0	石　东等	51.00	2017.5	PPT/二维码
24	工程项目招投标与合同管理(第三版)	978-7-301-28439-1	周艳冬	44.00	2017.7	PPT/二维码
25	建筑制图(第三版)	978-7-301-28411-7	高丽荣	38.00	2017.7	PPT/APP/二维码
26	建筑制图习题集(第三版)	978-7-301-27897-0	高丽荣	35.00	2017.7	APP
27	建筑力学(第三版)	978-7-301-28600-5	刘明晖	55.00	2017.8	PPT/二维码
28	中外建筑史(第三版)	978-7-301-28689-0	袁新华等	42.00	2017.9	PPT/二维码
29	建筑施工技术(第三版)	978-7-301-28575-6	陈雄辉	54.00	2018.1	PPT/二维码
30	建筑工程经济(第三版)	978-7-301-28723-1	张宁宁等	36.00	2017.9	PPT/答案/二维码
31	建筑材料与检测	978-7-301-28809-2	陈玉萍	44.00	2017.10	PPT/二维码
32	建筑识图与构造	978-7-301-28876-4	林秋怡等	46.00	2017.11	PPT/二维码
33	建筑工程材料	978-7-301-28982-2	向积波等	42.00	2018.1	PPT/二维码
34	建筑力学与结构(第三版)	978-7-301-29209-9	吴承霞等	59.50	2018.5	PPT/二维码/APP
35	建筑力学与结构(少学时版)(第二版)	978-7-301-29022-4	吴承霞等	46.00	2017.12	PPT/答案
36	建筑工程测量(第三版)	978-7-301-29113-9	张敬伟等	49.00	2018.1	PPT/答案/二维码
37	建筑工程测量实验与实训指导(第三版)	978-7-301-29112-2	张敬伟等	29.00	2018.1	答案/二维码
38	安装工程计量与计价(第四版)	978-7-301-16737-3	冯钢	59.00	2018.1	PPT/答案/二维码
39	建筑工程施工组织设计(第二版)	978-7-301-29103-0	鄢维峰等	37.00	2018.1	PPT/答案/二维码
40	建筑材料与检测(第2版)	978-7-301-25347-2	梅　杨等	35.00	2015.2	PPT/答案/二维码
41	建设工程监理概论（第三版）	978-7-301-28832-0	徐锡权等	44.00	2018.2	PPT/答案/二维码
42	建筑供配电与照明工程	978-7-301-29227-3	羊　梅	38.00	2018.2	PPT/答案/二维码
43	建筑工程资料管理(第二版)	978-7-301-29210-5	孙　刚等	47.00	2018.3	PPT/二维码
44	建设工程法规(第三版)	978-7-301-29221-1	皇甫婧琪	44.00	2018.4	PPT/素材/二维码
45	AutoCAD 建筑制图教程(第三版)	978-7-301-29036-1	郭　慧	49.00	2018.4	PPT/素材/二维码
46	房地产投资分析	978-7-301-27529-0	刘永胜	47.00	2016.9	PPT/二维码
47	建筑施工技术	978-7-301-28756-9	陆艳侠	58.00	2018.1	PPT/二维码
48	BIM 应用：Revit 建筑案例教程	978-7-301-29693-6	林标锋等	58.00	2018.8	PPT/二维码/APP
49	建筑工程质量事故分析(第三版)	978-7-301-29305-8	郑文新等	39.00	2018.8	PPT/二维码
50	工程项目招投标与合同管理(第三版)	978-7-301-29692-9	李洪军等	47.00	2018.8	PPT/二维码
"十二五"职业教育国家规划教材						
1	★建筑工程应用文写作(第2版)	978-7-301-24480-7	赵立等	50.00	2014.8	PPT

序号	书　　名	书　　号	编著者	定价	出版时间	配套情况
2	★土木工程实用力学(第 2 版)	978-7-301-24681-8	马景善	47.00	2015.7	PPT
3	★建设工程监理(第 2 版)	978-7-301-24490-6	斯　庆	35.00	2015.1	PPT/答案
4	★建筑节能工程与施工	978-7-301-24274-2	吴明军等	35.00	2015.5	PPT
5	★建筑工程经济(第 2 版)	978-7-301-24492-0	胡六星等	41.00	2014.9	PPT/答案
6	★建设工程招投标与合同管理(第 3 版)	978-7-301-24483-8	宋春岩	40.00	2014.9	PPT/答案/试题/教案
7	★工程造价概论	978-7-301-24696-2	周艳冬	31.00	2015.1	PPT/答案
8	★建筑工程计量与计价(第 3 版)	978-7-301-25344-1	肖明和等	65.00	2017.1	APP/二维码
9	★建筑工程计量与计价实训(第 3 版)	978-7-301-25345-8	肖明和等	29.00	2015.7	
10	★建筑装饰施工技术(第 2 版)	978-7-301-24482-1	王　军	37.00	2014.7	PPT
11	★工程地质与土力学(第 2 版)	978-7-301-24479-1	杨仲元	41.00	2014.7	PPT
	基础课程					
1	建设法规及相关知识	978-7-301-22748-0	唐茂华等	34.00	2013.9	PPT
2	建筑工程法规实务(第 2 版)	978-7-301-26188-0	杨陈慧等	49.50	2017.6	PPT
3	建筑法规	978-7-301-19371-6	董伟等	39.00	2011.9	PPT
4	建设工程法规	978-7-301-20912-7	王先恕	32.00	2012.7	PPT
5	AutoCAD 建筑绘图教程(第 2 版)	978-7-301-24540-8	唐英敏等	44.00	2014.7	PPT
6	建筑 CAD 项目教程(2010 版)	978-7-301-20979-0	郭　慧	38.00	2012.9	素材
7	建筑工程专业英语(第二版)	978-7-301-26597-0	吴承霞	24.00	2016.2	PPT
8	建筑工程专业英语	978-7-301-20003-2	韩薇等	24.00	2012.2	PPT
9	建筑识图与构造(第 2 版)	978-7-301-23774-8	郑贵超	40.00	2014.2	PPT/答案
10	房屋建筑构造	978-7-301-19883-4	李少红	26.00	2012.1	PPT
11	建筑识图	978-7-301-21893-8	邓志勇等	35.00	2013.1	PPT
12	建筑识图与房屋构造	978-7-301-22860-9	贠禄等	54.00	2013.9	PPT/答案
13	建筑构造与设计	978-7-301-23506-5	陈玉萍	38.00	2014.1	PPT/答案
14	房屋建筑构造	978-7-301-23588-1	李元玲等	45.00	2014.1	PPT
15	房屋建筑构造习题集	978-7-301-26005-0	李元玲	26.00	2015.8	PPT/答案
16	建筑构造与施工图识读	978-7-301-24470-8	南学平	52.00	2014.8	PPT
17	建筑工程识图实训教程	978-7-301-26057-9	孙　伟	32.00	2015.12	PPT
18	建筑制图习题集(第 2 版)	978-7-301-24571-2	白丽红	25.00	2014.8	
19	◎建筑工程制图(第 2 版)(附习题册)	978-7-301-21120-5	肖明和	48.00	2012.8	PPT
20	建筑制图与识图(第 2 版)	978-7-301-24386-2	曹雪梅	38.00	2015.8	PPT
21	建筑制图与识图习题册	978-7-301-18652-7	曹雪梅等	30.00	2011.4	
22	建筑制图与识图(第二版)	978-7-301-25834-7	李元玲	32.00	2016.9	PPT
23	建筑制图与识图习题集	978-7-301-20425-2	李元玲	24.00	2012.3	PPT
24	新编建筑工程制图	978-7-301-21140-3	方筱松	30.00	2012.8	PPT
25	新编建筑工程制图习题集	978-7-301-16834-9	方筱松	22.00	2012.8	
	建筑施工类					
1	建筑工程测量	978-7-301-19992-3	潘益民	38.00	2012.2	PPT
2	建筑工程测量	978-7-301-28757-6	赵　昕	50.00	2018.1	PPT/二维码
3	建筑工程测量实训(第 2 版)	978-7-301-24833-1	杨凤华	34.00	2015.3	答案
4	建筑工程测量	978-7-301-22485-4	景　铎等	34.00	2013.6	PPT
5	建筑施工技术	978-7-301-16726-7	叶　雯等	44.00	2010.8	PPT/素材
6	建筑施工技术	978-7-301-19997-8	苏小梅	38.00	2012.1	PPT
7	基础工程施工	978-7-301-20917-2	董　伟等	35.00	2012.7	PPT
8	建筑施工技术实训(第 2 版)	978-7-301-24368-8	周晓龙	30.00	2014.7	
9	土木工程力学	978-7-301-16864-6	吴明军	38.00	2010.4	PPT
10	PKPM 软件的应用(第 2 版)	978-7-301-22625-4	王　娜等	34.00	2013.6	
11	◎建筑结构(第 2 版)(上册)	978-7-301-21106-9	徐锡权	41.00	2013.4	PPT/答案
12	◎建筑结构(第 2 版)(下册)	978-7-301-22584-4	徐锡权	42.00	2013.6	PPT/答案
13	建筑结构学习指导与技能训练(上册)	978-7-301-25929-0	徐锡权	28.00	2015.8	PPT
14	建筑结构学习指导与技能训练(下册)	978-7-301-25933-7	徐锡权	28.00	2015.8	PPT
15	建筑结构(第 2 版)	978-7-301-25832-3	唐春平等	48.00	2018.6	PPT
16	建筑结构基础	978-7-301-21125-0	王中发	36.00	2012.8	PPT
17	建筑结构原理及应用	978-7-301-18732-6	史美东	45.00	2012.8	PPT
18	建筑结构与识图	978-7-301-26935-0	相秉志	37.00	2016.2	
19	建筑力学与结构	978-7-301-20988-2	陈水广	32.00	2012.8	PPT
20	建筑力学与结构	978-7-301-23348-1	杨丽君等	44.00	2014.1	PPT
21	建筑结构与施工图	978-7-301-22188-4	朱希文等	35.00	2013.3	PPT

序号	书　　名	书　　号	编著者	定价	出版时间	配套情况
22	建筑材料(第 2 版)	978-7-301-24633-7	林祖宏	35.00	2014.8	PPT
23	建筑材料检测试验指导	978-7-301-16729-8	王美芬等	18.00	2010.10	
24	建筑材料与检测(第二版)	978-7-301-26550-5	王　辉	40.00	2016.1	PPT
25	建筑材料与检测试验指导(第二版)	978-7-301-28471-1	王　辉	23.00	2017.7	PPT
26	建筑材料选择与应用	978-7-301-21948-5	申淑荣等	39.00	2013.3	PPT
27	建筑材料检测实训	978-7-301-22317-8	申淑荣等	24.00	2013.4	
28	建筑材料	978-7-301-24208-7	任晓菲	40.00	2014.7	PPT/答案
29	建筑材料检测试验指导	978-7-301-24782-2	陈东佐等	20.00	2014.9	PPT
30	建筑工程商务标编制实训	978-7-301-20804-5	钟振宇	35.00	2012.7	PPT
31	◎地基与基础(第 2 版)	978-7-301-23304-7	肖明和等	42.00	2013.11	PPT/答案
32	地基与基础	978-7-301-16130-2	孙平平等	26.00	2010.10	PPT
33	地基与基础实训	978-7-301-23174-6	肖明和等	25.00	2013.10	PPT
34	土力学与地基基础	978-7-301-23675-8	叶火炎等	35.00	2014.1	PPT
35	土力学与基础工程	978-7-301-23590-4	宁培淋等	32.00	2014.1	PPT
36	土力学与地基基础	978-7-301-25525-4	陈东佐	45.00	2015.2	PPT/答案
37	建筑工程施工组织实训	978-7-301-18961-0	李源清	40.00	2011.6	PPT
38	建筑施工组织与进度控制	978-7-301-21223-3	张廷瑞	36.00	2012.9	PPT
39	建筑施工组织项目式教程	978-7-301-19901-5	杨红玉	44.00	2012.1	PPT/答案
40	钢筋混凝土工程施工与组织	978-7-301-19587-1	高　雁	32.00	2012.5	PPT
41	建筑施工工艺	978-7-301-24687-0	李源清等	49.50	2015.1	PPT/答案
工程管理类						
1	建筑工程经济	978-7-301-24346-6	刘晓丽等	38.00	2014.7	PPT/答案
2	施工企业会计(第 2 版)	978-7-301-24434-0	辛艳红等	36.00	2014.7	PPT/答案
3	建筑工程项目管理(第 2 版)	978-7-301-26944-2	范红岩等	42.00	2016. 3	PPT
4	建设工程项目管理(第二版)	978-7-301-24683-2	王　辉	36.00	2014.9	PPT/答案
5	建设工程项目管理(第 2 版)	978-7-301-28235-9	冯松山等	45.00	2017.6	PPT
6	建筑施工组织与管理(第 2 版)	978-7-301-22149-5	翟丽旻等	43.00	2013.4	PPT/答案
7	建设工程合同管理	978-7-301-22612-4	刘庭江	46.00	2013.6	PPT/答案
8	建筑工程招投标与合同管理	978-7-301-16802-8	程超胜	30.00	2012.9	PPT
9	工程招投标与合同管理实务	978-7-301-19035-7	杨甲奇等	48.00	2011.8	PPT
10	工程招投标与合同管理实务	978-7-301-19290-0	郑文新等	43.00	2011.8	PPT
11	建设工程招投标与合同管理实务	978-7-301-20404-7	杨云会等	42.00	2012.4	PPT/答案/习题
12	工程招投标与合同管理	978-7-301-17455-5	文新平	37.00	2012.9	PPT
13	建设工程监理概论	978-7-301-15518-9	曾庆军等	24.00	2009.9	PPT
14	建筑工程安全管理(第 2 版)	978-7-301-25480-6	宋　健等	42.00	2015.8	PPT/答案
15	施工项目质量与安全管理	978-7-301-21275-2	钟汉华	45.00	2012.10	PPT/答案
16	工程造价控制(第 2 版)	978-7-301-24594-1	斯　庆	32.00	2014.8	PPT/答案
17	工程造价管理(第二版)	978-7-301-27050-9	徐锡权等	44.00	2016.5	PPT
18	工程造价控制与管理	978-7-301-19366-2	胡新萍等	30.00	2011.11	PPT
19	建筑工程造价管理	978-7-301-20360-6	柴　琦等	27.00	2012.3	PPT
20	工程造价管理(第 2 版)	978-7-301-28269-4	曾　浩等	38.00	2017.5	PPT/答案
21	工程造价案例分析	978-7-301-22985-9	甄　凤	30.00	2013.8	PPT
22	建设工程造价控制与管理	978-7-301-24273-5	胡芳珍等	38.00	2014.6	PPT/答案
23	◎建筑工程造价	978-7-301-21892-1	孙咏梅	40.00	2013.2	PPT
24	建筑工程计量与计价	978-7-301-26570-3	杨建林	46.00	2016.1	PPT
25	建筑工程计量与计价综合实训	978-7-301-23568-3	龚小兰	28.00	2014.1	
26	建筑工程估价	978-7-301-22802-9	张　英	43.00	2013.8	PPT
27	安装工程计量与计价综合实训	978-7-301-23294-1	成春燕	49.00	2013.10	素材
28	建筑安装工程计量与计价	978-7-301-26004-3	景巧玲等	56.00	2016.1	PPT
29	建筑安装工程计量与计价实训(第 2 版)	978-7-301-25683-1	景巧玲等	36.00	2015.7	
30	建筑水电安装工程计量与计价(第二版)	978-7-301-26329-7	陈连姝	51.00	2016.1	PPT
31	建筑与装饰装修工程工程量清单(第 2 版)	978-7-301-25753-1	翟丽旻等	36.00	2015.5	PPT
32	建筑工程清单编制	978-7-301-19387-7	叶晓容	24.00	2011.8	PPT
33	建设项目评估(第二版)	978-7-301-28708-8	高志云等	38.00	2017.9	PPT
34	钢筋工程清单编制	978-7-301-20114-5	贾莲英	36.00	2012.2	PPT
35	建筑装饰工程预算(第 2 版)	978-7-301-25801-9	范菊雨	44.00	2015.7	PPT
36	建筑装饰工程计量与计价	978-7-301-20055-1	李茂英	42.00	2012.2	PPT
37	建筑工程安全技术与管理实务	978-7-301-21187-8	沈万岳	48.00	2012.9	PPT

序号	书　名	书　号	编著者	定价	出版时间	配套情况
建筑设计类						
1	建筑装饰 CAD 项目教程	978-7-301-20950-9	郭　慧	35.00	2013.1	PPT/素材
2	建筑设计基础	978-7-301-25961-0	周圆圆	42.00	2015.7	
3	室内设计基础	978-7-301-15613-1	李书青	32.00	2009.8	PPT
4	建筑装饰材料(第 2 版)	978-7-301-22356-7	焦　涛等	34.00	2013.5	PPT
5	设计构成	978-7-301-15504-2	戴碧锋	30.00	2009.8	PPT
6	设计色彩	978-7-301-21211-0	龙黎黎	46.00	2012.9	PPT
7	设计素描	978-7-301-22391-8	司马金桃	29.00	2013.4	PPT
8	建筑素描表现与创意	978-7-301-15541-7	于修国	25.00	2009.8	
9	3ds Max 效果图制作	978-7-301-22870-8	刘　晗等	45.00	2013.7	PPT
10	Photoshop 效果图后期制作	978-7-301-16073-2	脱忠伟等	52.00	2011.1	素材
11	3ds Max & V-Ray 建筑设计表现案例教程	978-7-301-25093-8	郑恩峰	40.00	2014.12	PPT
12	建筑表现技法	978-7-301-19216-0	张　峰	32.00	2011.8	PPT
13	装饰施工读图与识图	978-7-301-19991-6	杨丽君	33.00	2012.5	PPT
规划园林类						
1	居住区景观设计	978-7-301-20587-7	张群成	47.00	2012.5	PPT
2	居住区规划设计	978-7-301-21031-4	张　燕	48.00	2012.8	PPT
3	园林植物识别与应用	978-7-301-17485-2	潘利等	34.00	2012.9	PPT
4	园林工程施工组织管理	978-7-301-22364-2	潘利等	35.00	2013.4	PPT
5	园林景观计算机辅助设计	978-7-301-24500-2	于化强等	48.00	2014.8	PPT
6	建筑・园林・装饰设计初步	978-7-301-24575-0	王金贵	38.00	2014.10	PPT
房地产类						
1	房地产开发与经营(第 2 版)	978-7-301-23084-8	张建中等	33.00	2013.9	PPT/答案
2	房地产估价(第 2 版)	978-7-301-22945-3	张　勇等	35.00	2013.9	PPT/答案
3	房地产估价理论与实务	978-7-301-19327-3	褚菁晶	35.00	2011.8	PPT/答案
4	物业管理理论与实务	978-7-301-19354-9	裴艳慧	52.00	2011.9	PPT
5	房地产营销与策划	978-7-301-18731-9	应佐萍	42.00	2012.8	PPT
6	房地产投资分析与实务	978-7-301-24832-4	高志云	35.00	2014.9	PPT
7	物业管理实务	978-7-301-27163-6	胡大见	44.00	2016.6	
市政与路桥						
1	市政工程施工图案例图集	978-7-301-24824-9	陈亿琳	43.00	2015.3	PDF
2	市政工程计价	978-7-301-22117-4	彭以舟等	39.00	2013.3	PPT
3	市政桥梁工程	978-7-301-16688-8	刘　江等	42.00	2010.8	PPT/素材
4	市政工程材料	978-7-301-22452-6	郑晓国	37.00	2013.5	PPT
5	道桥工程材料	978-7-301-21170-0	刘水林等	43.00	2012.9	PPT
6	路基路面工程	978-7-301-19299-3	偶昌宝等	34.00	2011.8	PPT/素材
7	道路工程技术	978-7-301-19363-1	刘　雨等	33.00	2011.12	PPT
8	城市道路设计与施工	978-7-301-21947-8	吴颖峰	39.00	2013.1	PPT
9	建筑给排水工程技术	978-7-301-25224-6	刘　芳等	46.00	2014.12	PPT
10	建筑给水排水工程	978-7-301-20047-6	叶巧云	38.00	2012.2	PPT
11	数字测图技术	978-7-301-22656-8	赵　红	36.00	2013.6	PPT
12	数字测图技术实训指导	978-7-301-22679-7	赵　红	27.00	2013.6	PPT
13	道路工程测量(含技能训练手册)	978-7-301-21967-6	田树涛等	45.00	2013.2	PPT
14	道路工程识图与 AutoCAD	978-7-301-26210-8	王容玲等	35.00	2016.1	PPT
交通运输类						
1	桥梁施工与维护	978-7-301-23834-9	梁　斌	50.00	2014.2	PPT
2	铁路轨道施工与维护	978-7-301-23524-9	梁　斌	36.00	2014.1	PPT
3	铁路轨道构造	978-7-301-23153-1	梁　斌	32.00	2013.10	PPT
4	城市公共交通运营管理	978-7-301-24108-0	张洪满	40.00	2014.5	PPT
5	城市轨道交通车站行车工作	978-7-301-24210-0	操　杰	31.00	2014.7	PPT
6	公路运输计划与调度实训教程	978-7-301-24503-3	高福军	31.00	2014.7	PPT/答案
建筑设备类						
1	建筑设备识图与施工工艺(第 2 版) (新规范)	978-7-301-25254-3	周业梅	44.00	2015.12	PPT
2	水泵与水泵站技术	978-7-301-22510-3	刘振华	40.00	2013.5	PPT
3	智能建筑环境设备自动化	978-7-301-21090-1	余志强	40.00	2012.8	PPT
4	流体力学及泵与风机	978-7-301-25279-6	王　宁等	35.00	2015.1	PPT/答案

注： 为“互联网+”创新规划教材；★为“十二五”职业教育国家规划教材；◎为国家级、省级精品课程配套教材，省重点教材。相关教学资源如电子课件、习题答案、样书等可通过以下方式联系我们。

联系方式：010-62756290，010-62750667，yxlu@pup.cn，pup_6@163.com，欢迎来电咨询。